吴良镛院士主编：人居环境科学丛书

自然与道德：
古代永州地区城市规划
设计研究

孙诗萌　著

中国建筑工业出版社

图书在版编目（CIP）数据

自然与道德：古代永州地区城市规划设计研究／孙诗萌著.
—北京：中国建筑工业出版社，2019.12
（人居环境科学丛书）
ISBN 978-7-112-24369-3

Ⅰ.①自…　Ⅱ.①孙…　Ⅲ.①城市规划－建筑设计－研究－永
州－古代　Ⅳ.①TU984.264.3

中国版本图书馆CIP数据核字（2019）第233350号

责任编辑：徐晓飞　张　明
责任校对：张惠雯

感谢以下基金对本研究的支持：
· 国家自然科学基金青年项目（51608292），2017-2019
· 科技部"十三五"国家重点研发计划重点专项课题（2017YFC0702401），2017-2020
· 中国博士后科学基金（2014M550737），2014-2016

吴良镛院士主编：人居环境科学丛书

自然与道德：古代永州地区城市规划设计研究
孙诗萌　著
*
中国建筑工业出版社出版、发行（北京海淀三里河路9号）
各地新华书店、建筑书店经销
北京锋尚制版有限公司制版
北京中科印刷有限公司印刷
*
开本：787×1092毫米　1/16　印张：19¼　字数：324千字
2019年12月第一版　2019年12月第一次印刷
定价：78.00元
ISBN 978 - 7 - 112 - 24369 - 3
　　　（34825）

摘　要

地方城市是我国古代城市中的大多数，其规划设计展现出中国传统城市规划设计的普遍特征与整体水平。对其开展系统研究，不仅对完善我国城市规划设计理论体系具有学术价值，也对当代地方城市的历史保护与文化传承具有现实意义。本书以古代地方城市为研究对象，探索其规划设计的核心价值、基本命题、理论方法与实践机制。

基于对永州地区八座府县城市的历史考察，本书发现"自然和谐"与"道德教化"是古代地方城市规划设计所追求的核心价值。在其引导下，地方城市着力营造与自然环境和谐共生的"自然之境"和旨在辅助地方社会道德教化的"道德之境"，并在长期实践中发展出相应的规划设计理论与方法。地方城市的规划设计实践由中央及地方官员、地理先生、民间工匠、文人士绅等群体共同参与，但其主要实践机制可概括为"三个传统"，即"官方传统"、"民间传统"与"士人传统"。本书分别阐述地方城市中"自然之境"营造的八种原则与方法，"郊野自然"的人居场所及其开发中的郊野胜地、地方八景等规划设计理论，"道德之境"的基本结构及各功能层次与场所要素的规划设计理论与方法，并总结"三个传统"的作用机制、主导群体及相关规划设计理论。

永州地区是中国历史上众多统县政区中的普通一员。一方面，它在历史演进、地理环境、人居建设等方面都表现出一般性。另一方面，优越的山水条件、悠久的文教传统、复杂的民族关系以及贬谪士人的突出贡献等，又使其规划设计表现出对"自然"与"道德"的更强烈追求。本书立足于永州地区府县城市的具体实例，着眼于地方城市规划设计的普遍问题。

Abstract

Administrative cities at prefectural and county levels constitute the majority of cities in ancient China. The way they were planned and designed demonstrates the general character and rich variety of Chinese traditional planning and design system. By taking these historic cities as research objects, this book explores the Chinese traditional planning and design system, focusing on its core value, basic proposition, theories and methods, and its practical mechanism.

Based on a historical analysis of the planning and designing process of the eight prefectural and county level cities in the Yongzhou region from 124 B.C to 1911, this book argues that there were two core values embedded in the planning and design of cities: one of natural harmony, and the other of moral social order. Consequently, cities sought to create "an environment of nature" in which the artificial constructions integrate with the natural order, as well as to shape "an environment of morality" that helps to establish the moral order in local societies in a spatial way. As a result, corresponding planning and design theories and methods were developed in this process. Various groups, such as officials from central and local governments, geomancers, architectural craftsmen, local gentries, and so on, engaged in the planning and design process of cities. Three major planning and design traditions, however, can be summarized to explain its practice mechanism: "the official tradition", "the folk tradition", and "the intellectual tradition". In this book, chapters were organized respectively to elaborate the eight principles and methods of how the "environment of nature" was created; to explore the five major functions in suburban areas outside the walled-cities and the specific planning theories of "suburban scenic spots" and "eight scenes", to explain the general structure of the "environment of morality" and the planning and design methods for its twelve basic spatial elements, and also to conclude the rationale, contribution, and principles of each "three traditions".

Yongzhou region, in Hunan province, is an ordinary unit among hundreds of prefectural level regions in ancient China. The cities of this region share common aspects with many others in terms of their evolution process, geographic condition, and human settlements. Meanwhile, they show strong pursuits towards nature and morality in their planning and design, attributed to a mixture of rich natural landscape, complex ethnic relations, long cultural and educational traditions, and the significant contribution from demoted officials. This book is based on the planning and design cases in Yongzhou region but holds a broader view on the general issue of administrative cities of prefectural and county levels in ancient China.

"人居环境科学丛书"缘起

　　18 世纪中叶以来，随着工业革命的推进，世界城市化发展逐步加快，同时城市问题也日益加剧。人们在积极寻求对策不断探索的过程中，在不同学科的基础上，逐渐形成和发展了一些近现代的城市规划理论。其中，以建筑学、经济学、社会学、地理学等为基础的有关理论发展最快，就其学术本身来说，它们都言之成理，持之有故，然而，实际效果证明，仍存在着一定的专业的局限，难以全然适应发展需要，切实地解决问题。

　　在此情况下，近半个世纪以来，由于系统论、控制论、协同论的建立，交叉学科、边缘学科的发展，不少学者对扩大城市研究作了种种探索。其中希腊建筑师道萨迪亚斯（C. A. Doxiadis）所提出的"人类聚居学"（EKISTICS：The Science of Human Settlements）就是一个突出的例子。道氏强调把包括乡村、城镇、城市等在内的所有人类住区作为一个整体，从人类住区的"元素"（自然、人、社会、房屋、网络）进行广义的系统的研究，展扩了研究的领域，他本人的学术活动在 20 世纪 60～70 年代期间曾一度颇为活跃。系统研究区域和城市发展的学术思想，在道氏和其他众多先驱的倡导下，在国际社会取得了越来越大的影响，深入到了人类聚居环境的方方面面。

　　近年来，中国城市化也进入了加速阶段，取得了极大的成就，同时在城市发展过程中也出现了种种错综复杂的问题。作为科学工作者，我们迫切地感到城乡建筑工作者在这方面的学术储备还不够，现有的建筑和城市规划科学对实践中的许多问题缺乏确切、完整的对策。目前，尽管投入轰轰烈烈的城镇建设的专业众多，但是它们缺乏共同认可的专业指导思想和协同努力的目标，因而迫切需要发展新的学术概念，对一系列聚居、社会和环境问题作进一步的综合论证和整体思考，以适应时代发展的需要。

　　为此，十多年前我在"人类居住"概念的启发下，写成了"广义建筑学"，嗣后仍在继续进行探索。1993 年 8 月利用中科院技术科学部学部大会要我作学术报告的机会，我特邀约周干峙、林志群同志一起分析了当前建筑业的形势和问题，第一次正式提出要建立"人居环境科学"（见吴良镛、周干峙、林志群著《中国建设事业的今天和明天》，中国城市出版社，1994）。人居环境科学针对城乡建设中的实际问题，尝试建立一种以人与自然的协调为中心、以居住环境为研究对象的新的学科群。

建立人居环境科学还有重要的社会意义。过去，城乡之间在经济上相互依赖，现在更主要的则是在生态上互相保护，城市的"肺"已不再是公园，而是城乡之间广阔的生态绿地，在巨型城市形态中，要保护好生态绿地空间。有位外国学者从事长江三角洲规划，把上海到苏锡常之间全都规划成城市，不留生态绿地空间，显然行不通。在过去渐进发展的情况下，许多问题慢慢暴露，尚可逐步调整，现在发展速度太快，在全球化、跨国资本的影响下，政府的行政职能可以驾驭的范围与程度相对减弱，稍稍不慎，都有可能带来大的"规划灾难"（planning disasters）。因此，我觉得要把城市规划提到环境保护的高度，这与自然科学和环境工程上的环境保护是一致的，但城市规划以人为中心，或称之为人居环境，这比环保工程复杂多了。现在隐藏的问题很多，不保护好生存环境，就可能导致生存危机，甚至社会危机，国外有很多这样的例子。从这个角度看，城市规划是具体地也是整体地落实可持续发展国策、环保国策的重要途径。可持续发展作为世界发展的主题，也是我们最大的问题，似乎显得很抽象，但如果从城市规划的角度深入地认识，就很具体，我们的工作也就有生命力。"凡事预则立，不预则废"，这个问题如果被真正认识了，规划的发展将是很快的。在我国意识到环境问题，发展环保事业并不是很久的事，城市规划亦当如此，如果被普遍认识了，找到合适的途径，问题的解决就快了。

对此，社会与学术界作出了积极的反应，如在国家自然科学基金资助与支持下，推动某些高等建筑规划院校召开了四次全国性的学术会议，讨论人居环境科学问题；清华大学于1995年11月正式成立"人居环境研究中心"，1999年开设"人居环境科学概论"课程，有些高校也开设此类课程等等，人居环境科学的建设工作正在陆续推进之中。

当然，"人居环境科学"尚处于始创阶段，我们仍在吸取有关学科的思想，努力尝试总结国内外经验教训，结合实际走自己的路。通过几年在实践中的探索，可以说以下几点逐步明确：

（1）人居环境科学是一个开放的学科体系，是围绕城乡发展诸多问题进行研究的学科群，因此我们称之为"人居环境科学"（The Sciences of Human Settlements，英文的科学用多数而不用单数，这是指在一定时期内尚难形成为单一学科），而不是"人居环境学"（我早期发表的文章中曾用此名称）。

（2）在研究方法上进行融贯的综合研究，即先从中国建设的实际出发，以问题为中心，主动地从所涉及的主要的相关学科中吸取智慧，有意识地寻找城乡人居环境发展的新范式（paradigm），不断地推进学科的发展。

（3）正因为人居环境科学是一开放的体系，对这样一个浩大的工程，我们工作重点放在运用人居环境科学的基本观念，根据实际情况和要解决的实际问题，做一些专题性的探讨，同时兼顾对基本理论、基础性工作与学术框架的探索，两者同时并举，相互促进。丛书的编著，也是成熟一本出版一本，目前尚不成系列，但希望能及早做到这一点。

希望并欢迎有更多的从事人居环境科学的开拓工作，有更多的著作列入该丛书的出版。

1998 年 4 月 28 日

序

中国传统人居博大精深，地方人居既是其丰富的源泉，也是其精彩的表观。2007年起，孙诗萌同志作为我的博士生参与《中国人居史》研究，专注发掘地方人居智慧，作出了积极贡献。正因有了人居史的视野和中国传统文化的积累，她以古代地方城市规划设计为题、以永州地区为例开展博士论文研究。

永州地区的人居发展与柳宗元渊源颇深。他贬永十年，创造出具有鲜明山水特色的人居环境，有实践亦有理论，留下了不起的中华文化遗产，值得深入发掘和继承。孙诗萌同志在探寻柳宗元规划设计踪迹的基础上，发掘出永州地区府县城市人居环境的独特价值，完成了题为《传统地方人居环境规划设计研究：以永州地区为例》的博士论文。她提出"自然和谐"与"道德教化"是指导古代地方城市规划设计的两项核心价值，进而深入剖析地方城市"自然之境"与"道德之境"的构成与创造，并总结其规划设计实践机制的"官方传统""民间传统"和"士人传统"。这项研究对中国传统人居环境规划设计的核心价值、理论与方法的研究有重要突破，具有很高的学术价值，对中国城市设计具有导向意义。

2013年起永州市积极申报国家历史文化名城，孙诗萌同志奔走协助，总结名城价值，为古城保护出谋划策。2016年底经国务院批准，永州成为我国第131座国家级历史文化名城。欣慰之余，我鼓励她尽快将博士论文作为阶段成果出版，并持续关注地方城市的保护与发展，作地方文化的"守护者"与"创造者"。

"地方"是自然与文化相结合的概念。不同地方有不同的创造，这是中国人居文化传统的一个本质特征。中国当代要着重于地方的发展，一方面要继承历史传统，另一方面要明确今天的需求，并把两者巧妙地结合起来，继承、借鉴、发展、创新。青年学者致力于此，大有可为！

清华大学教授、两院院士、国家最高科学技术奖获得者

2019年11月

目　录

第 1 章

———

自然与道德：古代人居规划设计的核心价值

1.1 研究缘起：寻找"被忽视的"地方城市规划设计传统

中国古代城市规划设计实践中蕴藏着丰富而智慧的理念与方法，构成了与西方城市规划设计理论并驾齐驱的东方传统理论体系。近年来，虽然对这一体系的发掘与研究已日渐丰富，但仍然在一定程度上存在着以下问题。

一、重西方，而轻东方。城市规划设计理论与方法是指导实践的重要思想和工具。中国过去几十年的大规模城市规划设计实践中，很大程度上依赖着西方城市规划设计理论的指导，而对中国传统城市规划设计思想与方法认识不深、继承不足[1]。在当前的规划设计专业教育中，对中国传统理论体系的教授也往往是"有条件的"，"传统"常常被视同于"复古"或"仿古"而被特殊对待。近年来，过分依赖西方理论的弊端逐渐显现：例如过分强调专业分工，缺乏融贯整体的理念；过分重视功能与效率，缺乏对本土文化的关照；过分依赖人工干预和改造，缺乏对自然生态与山水特色的尊重等等，造成当代中国城市面貌的泛西方化和传统文化特色的缺失。事实上，中国几千年来广泛的人居实践中蕴藏着解决本土人居问题的非凡智慧，形成了一整套规划设计理念与方法，并塑造出和谐而多样的中国特色人居环境。深入研究中国传统城市规划设计理念与方法体系，具有应对中国问题、完善学术体系、增强文化自信的重要意义。

二、重都城，而轻地方。在中国古代城市规划设计研究领域中，都城的发展演进和规划思想历来是研究重点。长期以来，瞄准中国古代都城的个案研究和群体研究都层出不穷，但关于地方城市的研究有限。学术界对中国古代地方城市的学术价值重视不足，甚至存在"以都城模式套用地方城市"的误解[2]。既有的地方城市规划设计研究则往往以个案发掘整理为主，较少着眼其群体共性或规划设计通法者。事实上，地方城市是中国古代城市中的"大多数"，也是延

---

① 详见：吴良镛（2000）《寻找失去的东方城市设计传统：从一幅古地图所展示的中国城市设计艺术谈起》、王树声（2009）《黄河晋陕沿岸历史城市人居环境营造研究》、张松（2001：63）《历史城市保护学导论》。
② 成一农. 古代城市形态研究方法新探[M]. 北京：社会科学文献出版社，2009：7-8.

续至今的历史城市中的"大多数"。它们见证着中华人居文明发展演进的主流，体现着中国传统城市规划设计的普遍特征和整体水平。深入研究古代地方城市的规划设计理念与方法，不仅具有完善我国传统城市规划设计理论体系的重要学术价值，也对当代地方城市的历史保护与文化传承具有重要现实意义。

三、重技法，而轻原理。由于城市规划设计学科的应用导向，关于规划设计的历史研究也往往被要求"务实"、"有用"。这在一定程度上造成研究重点往往偏重规划设计的技法、技艺，而较少探究规划设计的深层本源问题。事实上，中国传统城市规划设计体系有其独特而完整的哲学、理念、制度、技术与方法，从对天地自然的认知到对人间秩序的建构，逻辑严密，体系完整。如若不深究规划设计的本源与目标，而单论其技术方法，不仅无法真正认识这一体系的整体面貌，更可能造成"只见树木，不见森林"的误读。

基于对上述三个问题的思考，本研究以中国古代地方城市的规划设计为研究对象，尝试通过对具体规划设计实例的考察，总结其理念与方法，并探究古代地方城市规划设计的核心价值、基本命题与实践机制。

此外，作为中国古代人居史研究框架中的一项"规划设计"专题研究，本书也希望在研究路径和方法上做些有益尝试。

1.2　基本概念与研究对象

本书以中国古代地方城市人居环境的规划设计为研究对象，首先有必要对书中涉及的若干基本概念，如人居环境、地方城市、规划设计等做一说明。

1.2.1　中国古代的"人居环境"观念

古汉语中，"环"原意为"璧"之形，引申为"周回环绕"之义①。"境"，疆也②，主要指空间范围。古时"环境"二字联用常指特定疆界的周边地区，如《新

---

① 据《康熙字典》："环。《说文》：'璧属'。……又《玉篇》：'绕也'。《正韵》：'回绕也'。《礼·杂记》：'小敛环绖。[疏]：环绖是周回缠绕之名'。《周礼·冬官考工记》：'环涂七轨。[注]：故书环或作轘，环涂谓环城之道。……又《韵会》：'绕也，周回也'"。（[清]张玉书等编撰，王引之等校订. 康熙字典[M]. 上海：上海古籍出版社，1996：742.）
② 据《康熙字典》："境。《说文》：'疆也。一曰竟也，疆土至此而竟也'。《鲁语》：'外臣之言不越境'。《史记·诸侯王表》：'诸侯比境。[注]：地相接次也'。《前汉·地理志》：'开地斥境'"。（[清]张玉书等编撰，王引之等校订. 康熙字典[M]. 上海：上海古籍出版社，1996：184.）

唐书·王凝传》："时江南环境为盗区"；《元史·余阙传》："乃集有司与诸将议屯田战守计，环境筑堡寨"。直到近代，"环境"二字才具有了指代周围事物、情境、景象、状况的意义。现代的"环境"概念在内容上已发生了极大的拓展，它指对象周围的所有条件，可以是空间的、物质的，也可以是非空间、非物质的。对于不同的对象和领域，"环境"也指向不同的内容。

关于人所居处的"人居环境"，它"是人类聚居生活的地方，是与人类生存活动密切相关的地表空间，它是人类在大自然中赖以生存的基地，是人类利用自然、改造自然的主要场所"①。人居环境包含有丰富的空间层次，大至城市、区域，小至村落、建筑。但究其本质而言，人居环境是"环绕着以人或事物为中心的一定的空间范围"，它"包括着'人'与'物'的因素，也存在着'人'与'物'的交互关系"②。因此，人居环境因人而存在，由人所创造，它是人在自然天地之中所创造的聚居环境整体，强调人与周围事物的相互关联。

中国古代并未产生"人居环境"的专门词汇，但整体的环境观念是真实存在的。中国传统文化中历来表现出对环境的关注、依赖和尊崇，这甚至成为一种思维范式，体现在中国人生活与艺术的方方面面。例如，文学作品中对事物的描写常常是从对其周围自然环境的介绍开始，如欧阳修《醉翁亭记》"环滁皆山也"，张衡《西京赋》"左有崤函重险，右有陇坻之隘，于前终南太一，于后则高陵平原"，人的故事在环境中展开。又如，中国古代城图中总是对城市周围的山水环境有整体描绘，如宋代《平江府图》《静江府图》、清代《福州城图》（图1-1）等，都力图呈现一个个自然与人工共同构成的完整人居环境。再如，在宋以降逐渐固定的地方志体例中，山川、形势等关于一地自然环境的叙述总是居于志首，其中不仅记述客观事实，还透露出古人对人居环境选址的认知与评价。甚至在极富中国传统文化特色的"地方八景"中，每一"景"并非旨在表现单纯而独立的景物，而是传达由时间、空间、天气、活动等多元素构成、待人置身其中的"境"（图1-2）。这些有关空间的传统文学艺术均以再现"境"为其至高追求，表明环境观念（或人居环境观念）在中国传统文化中的重要地位。

---

① 吴良镛. 人居环境科学导论[M]. 北京：中国建筑工业出版社，2001：38.
② 吴良镛. 从绍兴城的发展看历史上环境的创造与传统的环境观念[J]. 城市规划. 1985（02）：6-17.

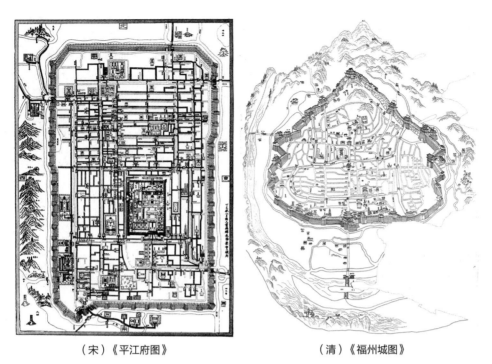

（宋）《平江府图》　　　　　　　　　（清）《福州城图》

图 1-1　中国古代城市地图

（图片来源：左：《苏州民居》，1991：5；右：吴良镛藏）

图 1-2　（元）张远《潇湘八景图》

（图片来源：上海博物馆藏）

1.2.2 "地方城市"与地方人居环境

地方城市，指都城以外的各级政区治所城市，主要包括作为最基本治理单元的县级政区的治所城市县城，各级统县政区的治所城市如郡 / 州 / 府城，以及高层政区的治所城市如省城等①。

县是中国古代最基本的行政区划单位，也是最基本的地方人居治理单元。县城是最基层的城市，反映出地方城市最基本的功能组成、空间结构和人居环境特征。郡 / 州 / 府是管理县级政区的统县政区。郡 / 州 / 府城（下文简称府城）也具有地方城市的基本结构，但相比于县城又有更大的人口规模、更复杂的功能组成、更宏阔的空间尺度、更丰富的空间形态。相比于都城而言，地方城市所反映的人居环境规划设计问题更为单纯而本质。因此，本书以府、县二级地方城市为研究对象，结合具体案例讨论其规划设计的相关问题。

地方城市是中国古代城市的绝大多数。自西汉至明清，我国县级政区数基本在 1180 ～ 1590 的范围内浮动，统县政区数基本在 100 ～ 350 的范围内浮动②。除去府州县同城的重复计算，历代地方城市数量大约在 1200 ～ 1500 的范围内。这些历史城市中很多延续至今仍然是县级或统县政区的中心城市。对古代地方城市的规划设计开展研究，不仅是中国城市史、人居史研究的结构性需要，也将裨益于当代地方城市的历史保护与文化传承。

1.2.3 中国古代的"规划设计"

人居环境的"规划设计"是人根据其理想与需求，对所居处的物质空间环境进行选择、安排、布置，以指导实际建设的实践活动。现代人居实践中，已形成区域规划、城市规划、城市设计、建筑设计、景观设计等若干细分专门领域，成为一种高度专门化、体系化、职业化的实践活动。它通常由经过专业教育的

---

① 周振鹤（2005：80-81）将中国古代各级政区归纳为三个层次——县级政区、统县政区和高级政区。其中，县级政区"也可称为基本政区，是历史上最稳定的一级政区"。统县政区"也可称郡级政区，如秦汉的郡，隋唐五代宋辽金的州，元代的路、府、州，明清的府，民初的道"。高层政区"即不直接辖县的政区，也就是统县政区的上一级政区，在魏晋南北朝为州，在唐宋为道、路，在元明清与民国为省"。又据成一农（2009：160），"地方城市指的是设有各级国家地方管理机构衙署的城市，具体而言是秦汉的郡、县治城市；魏晋南北朝的州郡、县治城市；隋唐的州（府）、县治城市；宋代的府（州、军）、县治城市；元代的省、路、府、州、县治城市；明清的省、府（州）、县治城市。先秦以前，地方行政体系尚处于萌芽状态，就这一时期而言，地方城市泛指国都之外的其他城市"。
② 据周振鹤《中国地方行政制度史》（2005：207）数据统计。其中，南北朝时期的统县政区数量由于特殊原因而超高，未计入统计。

职业规划师、建筑师等，在相关法律法规、技术规范的约束或引导下，依据共识性的专业理论与方法而开展。已建立起较为成熟的组织体系与运作模式。

然而在中国古代似乎并不存在一个清晰明确的"规划设计"概念。文献记载中，古人常用"度"、"经度"、"措（厝）意"、"规画"、"规度"、"规谋"、"模规"、"规制"、"规摹"、"制宜"、"画"、"经画"、"擘画"、"图"、"意营"等词汇表达规划设计的意涵。其中有些以规划设计中的某一步骤指代整个过程，如"度"、"画"；有些则泛指整个前期筹备、谋画过程，如"规谋"、"经画"等。术语的不确定，本身也说明当时规划设计活动的模糊性与复杂性。但这并不妨碍规划设计活动的实际开展。事实上在古代社会，地方城市的规划设计是通过官方制度与民间创造共同完成的，地方官员、地理先生、民间工匠等共同构成了规划设计的主体，参与和实现着规划设计的决策。

因此，本研究中对"规划设计"采取一种较为宽泛的理解——即规划设计者在进行人居环境的物质建设之前及其过程中，对人居环境的选址、布局、择向、立形等进行的构思、筹画、决策等行为。规划设计实践有其目标理想、价值原则、理论方法以及实践机制，这是本书探讨的重点。

1.3 从古代人居环境的理想谈起：基于三个文本的考察

规划设计活动总是遵循着一定的目标与理想而开展。那么，古人究竟对人居环境有着怎样的理想？本节首先从古人的自述中寻找答案。事实上，许多古代文献中都记录着人们对这一问题的思考。本节选取三位不同时代、不同身份的叙述者，从他们关于三个不同空间尺度的理想人居文本中，考察共同的人居追求。

1.3.1 边疆城邑：晁错的理想人居

晁错（前200—前154）是汉文帝的智囊，对于当时国之北境屡遭匈奴侵袭的问题，曾多次提出"移民实边"的战略对策。除去对移民实边的理由、目的及具体部署等详细设想外，晁错对边地人居环境的规划建设也有所论述，反映出他对边地城邑理想人居环境的主张。他说：

"臣闻古之徙远方以实广虚也，相其阴阳之和，尝其水泉之味，审其土地之宜，观其草木之饶。然后营邑立城，制里割宅。通田作之道，正阡陌之界。先为筑室，家有一堂二内，门户之闭，置器物焉。民至有所居，作有所用，此民所以轻去故乡而劝之新邑也。为置医巫，以救疾病，以修祭祀，男女有昏，生死相恤，坟墓相从，种树畜长，室屋完安，此所以使民乐其处而有长居之心也"[①]。

在这个文本中，晁错以规划者、管理者的立场提出了一个边疆城邑人居环境从无到有的规划建设过程。其中不仅有物质环境的规划建设，也包括制度环境的建构。他提出的理想人居主要包含6个方面：

（1）选择水土丰饶、适宜居处的自然环境。要求气候光照适宜（相阴阳之和）、水质优良（尝水泉之味）、土地肥沃（审土地之宜）、草木茂盛（观草木之饶），总体上生态健康、适宜人居。

（2）建造坚固、实用的居住环境。建立城池以保障安全（营邑立城），合理规划以分配宅地（制里割宅），营建住宅以满足家庭需求（先为筑室，家有一堂二内）。

（3）营造公平、高效的生产环境。合理划分土地，兴建道路（通田作之道，正阡陌之界），使人们从事农耕、畜牧、种植（种树畜长），以获取足够的生活必需品。

（4）提供完善、便利的公共服务及设施。包括医疗救护（置医巫以救疾病）、精神信仰（修祭祀）、社会保障（生死相恤）、殡葬纪念（坟墓相从）等，以满足不同群体、不同阶段的生活需求。

（5）形成有序、融洽的社会秩序。以制度及法律手段保障人们的居住权益、财产安全（至有所居、室屋完安），形成伦理有序、仁爱互助的社会风气（男女有昏、生死相恤）。

（6）实现人民安居乐业、城邑长久发展的人居目标。正所谓"民所以轻去故乡而劝之新邑"，"民乐其处而有长居之心"也。

1.3.2　桃花源：陶渊明的理想人居

东晋诗人陶渊明（369—427）则以一个"虚构"的桃花源来表达他"真实"的理想人居。在《桃花源记》中，陶渊明描述了一个渔人缘溪而行，在桃林尽头穿过山洞进入桃花源的故事。桃花源中，豁然开朗，"土地平旷，屋舍俨然，有良田美池桑竹之属。阡陌交通，鸡犬相闻。其中往来种作，男女衣着，悉如

[①]《汉书》卷49爰盎晁错传第19。

外人。黄发垂髫，并怡然自乐"。源中人热情地款待了渔人，"设酒杀鸡作食"，并告诉他定居桃花源始于"先世避秦时乱"，虽代代相传已数百年，但"不知有汉，无论魏晋"①。

陶渊明笔下的桃花源，像是一个功能简单、生活安逸的普通村落。其人居环境特征主要表现在 4 个方面：

（1）自然环境安全美好。村落外部环境有群山环抱，溪流过境；内部环境则土地宽阔，水土丰盈。"豁然开朗、土地平旷"说明用地宽裕，有子孙后代持续发展的空间。"良田美池桑竹"说明生态环境良好宜居。

（2）规划建设整齐有序。"屋舍俨然"说明村落规划有序，房屋建设整齐；"阡陌交通"说明土地划分得宜，道路四通八达。

（3）社会和谐，生活安逸。"黄发垂髫，怡然自乐"说明老有所养、少有所依，人们身体健康、生活安逸。

（4）聚居时久，持续发展。源中人避乱秦世，不知魏晋，说明桃源人居已存在六百余年，人居环境持久而稳定。

陶渊明笔下的"桃花源"，既是普通村落的真实缩影，也是经过艺术加工的、装满"人居理想"的文学作品。或许正因为这种理想与现实的交融，"桃花源"成为中国文学史上的经典意象。一代代文学家、艺术家不断借用"桃花源"表达属于他们时代、地域中的人居理想（图 1-3，图 1-4）。

图 1-3　（明）文徵明《桃源别境图》（局部）
（图片来源：台北鸿禧美术馆藏）

---

① [晋]陶渊明. 桃花源记并诗//陶渊明集（卷6）[M]. 北京：中华书局，1979：165.

图 1-4 （清）吴伟业《桃源图》（局部）

（图片来源：故宫博物院藏）

1.3.3　八愚宅园：柳宗元的理想人居

柳宗元（773—819）于唐元和元年（806）被贬湖南永州。他被当地山水吸引，在潇水西岸的一条溪流畔购地定居，并对自己的人居小环境开展了一番精心设计。他选取溪、丘、泉、沟、池、堂、亭、岛八种要素构建宅园，以"愚"命名，谓之"八愚"。他在《愚溪诗序》中详细叙述了对这一人居环境的构思与营建过程：

"……爱是溪，入二、三里，得其尤绝者家焉。……愚溪之上，买小丘，为愚丘。自愚丘东北行六十步，得泉焉，又买居之，为愚泉。愚泉凡六穴，皆出山下平地，盖上出也。合流屈曲而南，为愚沟。遂负土累石，塞其隘，为愚池。愚池之东为愚堂，其南，为愚亭。池之中，为愚岛。嘉木异石错置，皆山水之奇者，以余故，咸以愚辱焉"[①]。

柳宗元的规划设计过程包括了"择溪、购丘、得泉、疏沟、挖池、建堂、造亭、为岛"八个步骤。他先发现了溪流并决定定居，而后又购得小丘（愚丘），在丘之东北近百米处买得泉水地（愚泉），确定了宅园选址。泉水涌出汇成沟渠（愚沟），柳宗元便利用地势堆土累石，围成池塘（愚池）。而后又在池东建起厅堂（愚堂）；在池南建起亭台（愚亭），再以挖出的土石在池中堆起小岛（愚岛），最终形成了"八愚"宅园。论规模，"八愚"只是一个建筑群尺度的人居环境，但这却是一次经过清晰选址、至今仍有迹可寻的真实人居实践。

在实践的同时，柳宗元也进行了理论层面的深入思考，通过八种要素建构起

---

① ［唐］柳宗元. 愚溪诗序//柳宗元集[M]. 北京：中华书局，1979：642.

一个宅园人居环境的理想模型 [①]。首先，八个要素各具象征意义。丘、岛象征"山"，溪、沟象征"水"，堂、亭象征"宅"，泉、池象征"园"。"山"、"水"、"宅"、"园"是柳宗元所理解的人居环境的四个范畴，既满足人对环境的基本物质需要，也承托着高层次精神诉求。其次，八个要素强调人工与自然的互补关系。溪、丘、沟、泉属于自然环境，是柳宗元择地的结果。堂、亭、池、岛是人工环境，是他因形就势、人为创造的结果。人工与自然要素的均衡构成，是柳宗元对人居规划设计的追求。第三，八个要素还表现出丰富的层次。溪、丘代表大尺度的生存环境，池、岛代表中尺度的活动环境，堂、亭则代表小尺度的居住环境。不同层次的环境满足不同层次的需要，既分别作用，又构成整体。

"八愚"宅园规模虽小，但体现着柳宗元对人居环境之基本构成、追求境界、空间层次的思考。其实何种规模尺度的人居环境，都包含山、水、居的基本范畴，都追求自然与人工的均衡与交融，也都存在其上、下尺度环境的关联和衔接。从这个意义上说，"八愚"人居模型具有代表性与普遍性（图1-5）。

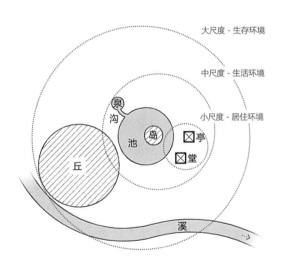

图1-5 柳宗元"八愚"要素及其空间层次示意
（孙诗萌，2012）

1.3.4 三个文本的差异与共性

以上三个理想人居的文本，其叙述者的身份背景、视角立场、所述人居的规模尺度均有差别。这在一定程度上影响着他们对"人居环境"的理解和设想。

---

① 详见：孙诗萌. 中国古代文人的人居环境设计思想初探：以柳宗元永州实践为例//城市与区域规划研究（第5卷第2期）[M]. 北京：商务印书馆，2012：204-223.

晁错是站在规划者、管理者的角度论述一座城市人居环境从无到有的规划建设步骤和要点。城市尺度涉及广阔的地理范围、庞大的人口规模、复杂的社会关系，因此他提出的理想人居更宏观、更综合，不仅关注物质环境的规划建设，同样重视社会环境的营造——包括公共服务的提供、社会秩序的引导、民众归属感的建立等等。他还关注人居环境的实现与治理过程，强调官方的主导作用。

陶渊明作《桃花源记》时已归隐田园16载，他以一个不愿同流合污而归田务农的文人兼农人身份，虚构出一个理想的村落人居环境，抒发着小国寡民、远离纷争的政治理想。"桃花源"是从普通且普遍的中国乡村景象中提炼加工而来——依山傍水，生态富足，社会和谐，秩序井然。其中有对村落空间形态的概括，也充满对社会和谐的强烈愿望。正因为"桃花源"对人类社会与人居理想的代表性，它甚至成为中国式乌托邦的代名词。应该说，"桃花源"代表着更多普通人的人居环境理想，它是排除了政治因素的、更关乎人居本质的理想。

相比之下，柳宗元以"八愚"宅园呈现的小规模人居环境，是他个人的理想人居，也代表着中国文人群体的理想人居。这一理想中尤其强调自然与人工的均衡交融，强调环境要素所具有的象征意义。他在宅园中"以小见大"，以人居"小环境"表达人居"大理想"。正是因为柳宗元的文人身份，他的人居理想中流露出深刻的理论内涵和浓厚的设计意味。总的来说，"八愚"宅园体现着一种更关注个人，尤其文人群体的个人空间与心灵体验的人居理想。

三个文本来自不同时代，对于某些问题的认知也因时代而不同，最明显体现在对"自然"的理解和需求上。在汉臣晁错的人居理想中，自然只是人居环境的基础和资源——"相其阴阳"、"尝其水泉"、"审其土地"、"观其草木"中所体现的人居与自然关系是物质性、实用性的。而到唐人柳宗元的人居理想中，自然具有了重要的审美和象征意义——山水不仅是人居环境的场所，也是居者心灵的伙伴、理想的寄托。此时人居与自然的关系更增加了精神与审美的维度（表1-1）。

三个理想人居文本及叙述者比较　　　　　　　　　　　　　　表1-1

	晁错：边地城邑	陶渊明：桃花源	柳宗元：八愚宅园
人居空间尺度	城邑（大）	村落（中）	建筑群（小）
叙述者身份	政治家	文学家	文学家/实践者

续表

	晁错：边地城邑	陶渊明：桃花源	柳宗元：八愚宅园
文本性质	政策建议	艺术虚构	实践记录
所处时代	西汉	东晋	唐
关注重点	内容体系、实现步骤	空间形态	构成要素、设计方法
理想人居代表群体	管理者	民众	文人

然而，即便是不同时代、身份、立场限定下的人居理想，三个文本中依然表露出强烈的共同追求，主要体现在以下八个方面。

（1）自然丰美。从前述三个文本来看，中国传统人居首先看重自然环境的品质，因为自然环境是人们赖以生存的基础，也是人居环境建构的基底。上述三个理想的叙述都从对自然环境的相度与评价开始，其选择标准也类似，要求气候和宜、形势安全、土地平旷、水木丰美、适宜建设。

（2）功能综合。三个文本中都谈到对人居各项基本功能的满足：如晁错谈到城邑要满足居住、田作、交通、医疗、祭祀、救济等人居基本功能，人民才能"乐其处而有长居之心也"；桃花源中强调居住、生产、交往、休憩等功能；八愚宅园中则至少包括居、园、游三个部分。

（3）道德和谐。除满足基本生活需求外，三个文本中也都强调对社会和谐的追求。在晁错、陶渊明所提供的两个群体性人居文本中，"男女有昏，生死相恤"，"黄发垂髫，怡然自乐"正是理想道德社会的表现。社会秩序和谐、精神价值传承，是传统人居概念的核心价值之一。

（4）审美追求。从三个文本中看到，随着时代的发展，审美追求在人居环境经营中也愈发重要。对西汉边疆城邑而言，自然之"和"、"宜"、"饶"，人居之"恤"、"完"、"安"是最朴实的美。在桃花源中，"良田、美池、桑竹"则开始具有审美意识的自然美。再到"八愚"中，除了山水之奇、溪丘之绝的物质美，还有居者以山水为友、心灵相通的精神美。可见，中国传统人居环境概念中的审美追求更多体现在自然对人工的承托、人工对自然的补足上。自然带来宇宙的智慧、生命的活泼、心灵的抚慰、艺术的灵感，诗意地栖居在这样的自然之中是传统人居永恒的审美追求。

（5）家园归属。从三个文本来看，人居环境不仅是生存的空间、居处的场所，更是充满依恋与情感的心灵家园。晁错提出边地人居的目标是"使民乐其处而有长居之心"；桃花源中人找到能庇护身心的家园而"怡然自乐"；柳宗元"家"愚溪而"甘为永州人"，意欲终老于此山水间。这种强烈的家园感与归属感，始终是地方性人居环境的本质与追求。

（6）层次丰富。三个文本提供了城邑、乡村、宅园三种空间尺度的人居理想。其实在每个尺度中，也存在不同层次；甚至小小的"八愚"也有山水—庭院—厅堂多个层次。人居环境本就是一个具有丰富空间层次的概念。古人常说"身之所处"、"目之所及"、"心之所感"，正表现出中国人居理想重视多空间层次经营，并力求在有限的空间中实现更丰富层次的追求。

（7）整体经营。三个文本中虽然提到人居环境的多层次与多要素，但始终呈现一个环境整体的面貌。晁错论述了方方面面的具体要求与步骤，但核心是实现一个整体安定持久的人居环境；柳宗元的"八愚"更是在"解析"的同时重新"建构"：建筑、园林、山水统一为整体，自然与人工相交融。

（8）人为创造。中国传统人居环境概念中强调人对环境积极选择、利用、改善的态度。正所谓人能"赞天地之化育"也。晁错提出边地人居建设倚赖人之"相、尝、审、观、营、立、制、割、通、正、筑、置"等一系列规划建设行为；桃花源看似天然，实则也离不开源中人的发现与经营；柳宗元"八愚"更是他发掘、构思、实践的结果。人居环境离不开人的创造，而规划设计正是人"赞天地之化育"的重要方式。

上述八个方面，概括了不同时期、不同身份立场下 3 位叙述者对人居环境的共同理想。它们反映出古人对理想人居环境的基本要求，也可以理解为古代地方人居环境规划设计的基本目标。

1.4 古代地方城市规划设计的本质

虽然古代人居实践的具体形式千姿百态，但究其本质，人居是在一个经过选择的自然环境中建立起能满足人类多维需求的人工环境的实践活动及其过程。规划设计是这一实践活动中的重要步骤。地方城市作为中尺度的人居环境，其规划设计的本质是选择适宜的自然环境，并在其中建立起能满足城市多维需求并与其自然环境和谐共处的人工环境。本节将分别考察古代地方城市规划设计活动的外部条件和内在需求，总结其核心价值，进而提出地方城市规划设计的基本命题。

1.4.1 规划设计的基础和参照：自然环境

城市人居环境不是空中楼阁，它需要空间、土地、资源、范本与意义，这些都来自于一个宽广而坚实的基础——自然环境。现代汉语中的"自然"（nature）概念包括自然物和自然界两层含义，指相对于人和人为事物而言的外部世界及其事物。古汉语中的"自然"二字始出老子《道德经》，原指事物本来的样子。直到魏晋南北朝时期，"自然"才开始被用于指代外在世界和物质世界，即作为人类存在环境的"自然"①。更多时候，古人会用"天地"、"山水"、"山林"等词汇表达不同侧重的自然环境概念。

对中国古代城市人居环境而言，自然环境有着非凡的意义：它不仅是生存的空间，而且是人类社会秩序的范本，是被信仰祭祀的对象，以及承载特定功能活动的场所。

1.4.1.1 作为人类生存的基础环境

自然环境对于城市的意义，首先是提供必要的空间场地及土地、水源、材用等生产生活资料。如《商君书·徕民》所云："山陵薮泽谿谷可以给其材，都邑蹊道足以处其民"②。而康熙《永州府志·山川》中说"立国者依乎山川，先王封祀名山大川"，首先是因为它们能"出云雨、滋种植、茂畜牧、供祭祀、育金石材物、备器用"，而后才是"恣游览陟名胜也"③。在农业文明为主的古代中国社会，古人深谙必须依赖自然材赋方能生存，因此要对自然山水环境有审慎的选择，并由此发展出相地尝水、形胜评价的城市选址理论。

1.4.1.2 作为社会秩序的范本

自然环境的要素构成及运行法则也是人类社会秩序的源头和范本。人类的进步是从观察、学习、效法自然开始的，正所谓"人法地，地法天，天法道，

---

① W. 顾彬指出，"魏晋时代人们对自然的理解还不像在作为人类环境的整体自然意义上那样全面……到南朝（420-581）时，景物当作'自然'且游离于人类社会之外的观点才过渡到自然当作人类环境的观点"。（W. 顾彬. 中国文人的自然观[M]. 上海：上海人民出版社. 1990：6.）
② 《商君书》徕民第15（[战国]商鞅著，石磊译注. 北京：中华书局. 2009：110）。
③ （康熙）《永州府志》卷8山川志，209。

道法自然"①也。"古者包牺氏之王天下也，仰则观象于天，俯则观法于地，观鸟兽之文，与地之宜。近取诸身，远取诸物，于是始作八卦，以通神明之德，以类万物之情"②。从对自然现象及人类经验的"直觉、感悟、玄想"和"系连、归纳、拼合"③中，人们开始获得"道""阴阳""五行"等抽象理论④。人们从"自然"中发现万物运行的规律，并开始效仿自然建立起人类社会的道德法则："立天之道，曰阴与阳。立地之道，曰柔与刚。立人之道，曰仁与义"⑤。孔子将君子之德与水类比⑥，董仲舒集各家之大成而创造出一个"天地流通往来相应的自然与社会同构互应理论"⑦。于是，"有天地，然后有万物；有万物，然后有男女；有男女，然后有夫妇；有夫妇，然后有父子；有父子，然后有君臣；有君臣，然后有上下；有上下，然后礼义有所错"⑧。"从阴阳、天地引申到君臣夫妇的尊卑，从五行相生相克的自然现象比附到政治上的发展变化，从四时代序中发挥出父子、兄弟、夫妇、君臣的关系；……'殊途而同归，百虑而一致，皆本于太极两仪三才四时五行，而归于道德义礼也'"⑨。这个由自然法则推演出人伦秩序的思想体系，深刻影响着中国文化的整体走向。

古人因此相信，在城市人工环境的建设中模仿自然天地，将获得自然的庇护，正所谓"与天地相似，故不违"也⑩。从这个意义来说，中国人对自然的依赖不仅仅是物质上、生理上的，更是文化上、心理上的。这正是中国古代城市的规划设计总是以各种方式建立或保持与自然之关联的深层原因。

1.4.1.3 作为信仰崇拜的对象

在古代社会，自然还是人类崇拜与祭祀的对象。在人类尚无法科学地理解各种自然现象的时代，它们被认为是超越人类的自然伟力。古人将与人类生产

---

① 《道德经》25章。
② 《周易正义》卷8系辞下第八（［清］阮元校刻. 十三经注疏：附校勘记（上）. 北京：中华书局. 1980；86。）。
③ 葛兆光. 道教与中国文化[M]. 上海：上海人民出版社. 1987；37-46.
④ 如老子论"道"："道生一，一生二，二生三，三生万物，万物负阴而抱阳，冲气以为和"（《道德经》42章）；邹衍论"阴阳五行"："先验小物，推而大之，至于无垠"（《史记》卷74孟子荀卿列传第14）等。
⑤ 《周易正义》卷9说卦第九（［清］阮元校刻. 十三经注疏：附校勘记（上）. 北京：中华书局. 1980；93。）。
⑥ 据《荀子·宥坐》："夫水，大遍与诸生而无为也，似德；其流也埤下，裾拘必循其理，似义；其洸洸乎不淈尽，似道；若有决行之，其应佚若声响，其赴百仞之谷不惧，似勇；主量必平，似法；盈不求概，似正；淖约微达，似察；以出以入，以就鲜洁，似善化；其万折也必东，似志；是故君子见大水必观焉"。（［战国］荀况著，方勇 李波译注. 荀子[M]. 北京：中华书局，2011；477.）
⑦ 葛兆光. 道教与中国文化[M]. 上海：上海人民出版社，1987；43.
⑧ 《周易正义》卷9序卦第十（［清］阮元校刻. 十三经注疏：附校勘记（上）. 北京：中华书局. 1980；96。）。
⑨ 葛兆光. 道教与中国文化[M]. 上海：上海人民出版社，1987；43-44.
⑩ 《周易正义》卷7系辞上第七（［清］阮元校刻. 十三经注疏：附校勘记（上）. 北京：中华书局.1980；77。）。

生活息息相关的各种要素、现象等奉为神祇[1]，对它们定期祭祀，以保风调雨顺、农业丰收、天下太平。以唐代列入国家祀典的自然神祇为例，有"天神""地祇"之分。按神祇对人类功德之大小而划分祭祀等级，有大、中、小祀之别：昊天上帝、五方帝、皇地祇、神州等天地大神为"大祀"；日、月、星、辰、社稷、岳、镇、海、渎等要素神祇为"中祀"；其他如司中、司命、风师、雨师、众星、山林、川泽、五龙祠及州县社稷等为"小祀"[2]。

祭祀自然神祇的坛壝，被专门布置于城市的"郊野"地带，面向神祇所在的方向。"郊"因而具有空间上的标志性意义——标志着人工环境（城市）向自然环境（荒野）的过渡，标志着城市人居环境的边界。在这条边界上，面向自然的祭祀，正体现出人对外部世界及自然神祇表达敬畏、寻求庇护的姿态。

1.4.1.4 作为承载特定功能活动的场所

城市外围的郊野地带，不止容纳祭祀自然神祇的坛壝，还为其他功能活动提供空间场所，它们主要包括：耕、植、渔、樵、采、祀、居、修、学、游等。其中，耕、植、渔、樵、采等是被动发生于自然环境中的生产活动；祀、居、修、学、游等是主动深入自然环境中的非生产性活动。

上述功能活动主要发生于郊野地带，或源于它们对自然环境的偏爱，或源于它们对人工环境的厌弃或逃避。但究其根本，都是因为它们的环境需求与郊野自然"远"、"净"、"美"的基本特征相符合。容纳这些功能活动的郊野地带，是人工环境与自然环境的过渡地带，也是"人工化"的自然，是对城市人工环境的补充与平衡。

1.4.1.5 自然环境对城市规划设计的意义与影响

综上，自然环境对城市而言具有多层次的意义，也对城市规划设计提出多层次的要求：

其一，自然环境为人居环境提供空间、土地、资源，因此城市规划设计中重视对自然环境的选择与评价；

其二，自然环境为人类社会及其空间秩序提供范本，因此城市规划设计中强

---

[1] 自然要素神祇如天、地、日、月、山、水、社、稷、方位等。自然现象神祇如风、云、雷、雨等。
[2] ［唐］李林甫等撰，陈仲夫点校. 唐六典[M]. 北京：中华书局，1992：120-124.

调其空间秩序对自然秩序的认同与遵循，并强调从自然环境中寻找标准与参照；

其三，自然环境是人类信仰崇拜的对象，并且在城市外围的郊野地带中容纳着祀、修、学、居、游等特定功能，因此城市规划设计中需要为这些功能活动塑造适宜的场所。

以上这些意义和要求，共同催生出紧密结合自然的中国传统城市规划设计理论与方法，并形塑出不同层次的城市"自然之境"。

1.4.2 规划设计的内在需求：人间秩序

如果说对自然环境进行审慎选择并通过特定方式与之建立并保持和谐关系，是城市规划设计应对外部条件的必须，那么建立人工环境的空间秩序并借此树立人伦社会的秩序，则是城市规划设计的内在需求。在中国古代社会，这种空间秩序主要受制于道德教化的影响。

1.4.2.1 中国古代社会对道德教化的突出重视

中国古代社会对道德教化的突出重视是其传统文化的基本特征之一。关于道德精神在中国历史与文化中的重要性，许多学者都曾有过精辟的论述。历史学家钱穆曾以"道德精神"概括中国文化精神之本质："中国文化精神，应称为'道德的精神'。这一种道德精神乃是中国人所向前积极争取薪向到达的一种'理想人格'。中国文化乃以此种道德精神为中心，中国历史乃依此种道德精神而演进。中国的历史、文化、民族，即是以这一种道德精神来奠定了最先的基础"[1]。哲学家牟宗三指出，中国传统哲学的本质即在"道德性"，中国传统哲学的"着重点是生命与道德性，它的出发点或进路是敬天爱民的道德实践，是践仁成圣的道德实践，是由这种实践注意到'性命天道相贯通'而开出的"[2]。伦理学家罗国杰亦指出，中国传统道德"是中华民族在长期社会实践中逐渐凝聚起来的民族精神之所在，是中华民族思想文化传统的核心"[3]。

中国传统道德涉及古代社会生活观念与行为的方方面面。尽管在不同历史时期、不同派系理论中对道德有不同的理解和阐述，但总体而言，传统道德概

---

① 钱穆. 中国历史精神[M]. 北京：九州出版社，2011：124.
② 牟宗三. 中国哲学的本质[M]. 上海：上海古籍出版社. 1997：4，10.
③ 罗国杰等. 中国传统道德[M]. 重排本. 规范卷. 北京：中国人民大学出版社. 2012：1.

念伴随着早期儒家 ① 理论建构而形成其基本理论依据，在汉代国家政权与儒家思想的结合中获得了制度和法律保障，由此形成一种具有相对稳定的价值观念、相对固定的维系机制的社会传统。即便在此后不同时期的理论家和政治家纷纷顺应其时代需求而有所发展，但总体上未偏离自西汉建立的概念框架。

1.4.2.2 道德教化对城市物质空间环境的特殊要求

传统社会中道德教化的实现有其特定的手段和方式。美国社会学者帕森斯指出，社会"价值系统自身不会自动地'实现'，而要通过有关的控制来维系；在这方面要依靠制度化、社会化和社会控制一连串的全部机制"②。传统道德作为一种社会价值体系，也是通过古人逐步建立的一整套相关理论、制度、手段而形成和维系的。政治学者姚剑文认为，中国传统道德的维系机制具体表现为一个以儒家的"道"、"天命"为道德的终极价值依据，由国家政权的道德教化，儒家文化的"道德濡化"和社会精英的"道德承化"构成的有机整体③。哲学学者李承贵指出，中国传统道德的实践途径主要有礼俗、法制、学校、智识等基本方式④。

但往往被忽略的是，在前述非物质的理论、制度、手段之外，还有一个由人创造、为人居处的物质环境也发挥着建立并维系社会道德教化的作用。相比于行政、教育、法律等手段，这一人工环境甚至具有更加广泛存在、全时作用、自动运行、潜移默化的优点。事实上，在城市人居环境营建中有意识地表达和追求社会共识的道德观念、行为准则与文化精神，正是中国古代人居环境的基本特征之一。

一方面，这种对道德教化及相应空间秩序的追求，根植于中国古代共同的人居理想之中，是古人的主观表达。如前文所述，在西汉政治家晁错提出的边地城邑理想人居中，不仅要建造坚固适用的居住环境、公平便利的生产环境，更要通过社会服务和相应的物质建设形成良好的社会秩序，使民"乐其处而有

---

① 指自孔子至董仲舒时期的儒家思想。关于"早期儒家"的论述，详见：姚剑文. 政权、文化与社会精英：中国传统道德维系机制及其解体与当代启示[M]. 长春：吉林人民出版社，2004：54. 任剑涛. 伦理王国的构造：现代性视野中的儒家伦理政治[M]. 北京：中国社会科学出版社. 2005：1-2. 林存光. 儒教中国的形成：早期儒学与中国政治文化的演进[M]. 济南：齐鲁书社. 2003.
② [美]帕森斯著，梁向阳译. 现代社会的结构与过程[M]. 北京：光明日报出版社. 1988：141.
③ 它具体表现为"国家政权的道德教化使儒家文化的道德濡化由上到下关注于整个社会当中，且通过选官制度始终培养和维持着一批道德承化的社会精英"。"儒家文化的道德濡化影响着国家政治法律制度的设计和安排，且涵养着社会成员尤其是社会精英的道德素养"。"社会精英的道德承化使国家政权的道德教化和儒家文化的道德濡化获得了人格性感召力量"。（参考：姚剑文. 政权、文化与社会精英：中国传统道德维系机制及其解体与当代启示[M]. 长春：吉林人民出版社，2004：88，143.）
④ 李承贵. 德性源流：中国传统道德转型研究[M]. 南昌：江西教育出版社，2004：250.

长居之心也"①。又如在东晋陶渊明提出的桃花源理想人居中，同样强调人工环境的整齐有序和社会服务的完备才能形成社会和谐、生活安逸的整体氛围。可见在古人的理想人居中，物质环境的丰美富足与社会环境的和谐有序是缺一不可的。这种理想渗透到最基层、最具体的人居营建中，使其物质结果也反映出人们的价值取向与精神追求。

另一方面，对道德教化及其相应物质环境的重视，也是地方政府及社会实现政治治理、社会教化、文化传播的客观需要。正所谓"谯楼以戒昏旦之节，楼橹以壮金汤之防，亭台以节劳逸之政，坊牌以表贞贤之里，修而治之，亦政教之一助也"②。南宋以降的地方社会，这一物质环境的重要性更加突出。原因有三：其一，相比于中央政令对基层地方的鞭长莫及和时效阻隔，物质环境能更加持久、有效地发挥作用，使外在的道德准则、行为规范"内化"为个人的道德信念与自我约束，从而减低道德教化的社会成本。其二，地方社会的宗族结构本就是传统道德观念生长、传播、维系的土壤，重视相关物质环境的建构是其内在需求与自然表达。其三，对于那些荒远偏僻、汉夷杂居的边地，这一物质环境的着重建设还具有民族融合、文化同化的重要意义。这也正是边疆地区的学宫文庙往往比中原地区规模更大、更华美、更举全邑之力鼎建的原因。

综上，古代社会的道德教化需求，真实地反映在城市物质空间环境的形塑上，同时也要求这一物质环境的空间秩序建构、功能场所设置等为其服务。由此，地方城市中逐渐发展出一系列满足道德教化各层次需求的空间场所，并形成相应的规划设计理论与方法，塑造出独具特色的"道德之境"。

1.4.3 规划设计的核心价值："自然"与"道德"

从前述内、外关系来看，地方城市的规划设计可分解为两个基本逻辑步骤：其一是在广阔的自然环境中选择适当的人居选址，兼顾安全、持久、生态、宜建、交通、景观等多方面；并在大致确定的选址范围中参考自然环境特征而建立起人工环境的空间格局，以满足功能、象征、审美等多层次需求。其二是在与自然互动建构的空间格局中进一步完成人工环境的形塑，以满足实用功能、道德维系、象征审美等多方面需求。在这一过程中，前一步着重处理人工环境与自

---

① 《汉书》卷49爰盎晁错传第19。
② （康熙）《永州府志》卷3建置/宫室：78。

然环境的关系，以"自然和谐"为其核心价值；后一步着重建立人工环境内部的空间秩序，以"道德教化"为其核心价值。故自然和谐与道德教化，构成了古代地方城市规划设计的两项核心价值。

人居对"自然"与"道德"两方面的格外重视，其实源自中国传统文化基因。许多学者都曾用"自然"与"道德"概括中国传统文化的本质特征。例如，钱穆指出"文化与自然合一是中国传统文化的终极理想"[①]。李泽厚以"儒道互补"总结两千年来中国思想的基本线索[②]，指出儒与道是中国人面对道德与自然的不同态度。唐晓峰指出，"自春秋时代以来，'天道'观念的发展曾沿着两条思想线索，一是人文主义，一是自然主义。人文主义的发展体现为对天的道德秩序的意义的重视，天地人合在道德上。而自然主义的发展则向自然法则的意义延伸，天地人合在自然上"[③]。吴良镛也曾指出，"仁义礼智信的道德教化与山水诗画的情趣涵养融合，这是中国人居环境自隋唐开始始终坚持的一个基本精神。中国人总是生活在道德和自然之间，两者相互交融，这是中国文化的基本特点"[④]。

这种文化追求投射在地方城市的规划设计中，使物质空间环境的塑造也主动遵循着"自然和谐"与"道德教化"的基本原则。因此，古代地方城市规划设计的基本命题表现为：如何在千变万化、丰富多彩的自然环境中"嵌入"并"建构"一个遵循人伦空间秩序、满足道德教化需求的人工环境（图1-6）。

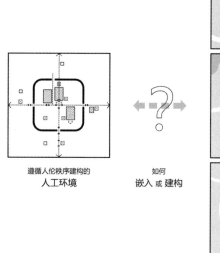

遵循人伦秩序建构的
人工环境

如何
嵌入 或 建构

千变万化、丰富多彩的
自然环境

图1-6 地方城市规划设计的基本命题

① 钱穆. 中国历史精神[M]. 北京：九州出版社，2011：124；钱穆. 中华文化十二讲[M]. 台北：联经出版事业公司，1998：112.
② 李泽厚. 美的历程[M]. 天津：天津社会科学出版社，2001：80.
③ 唐晓峰. 从混沌到秩序：中国上古地理思想史论述[M]. 北京：中华书局，2010：222.
④ 吴良镛在《中国人居史》编写会上的讲话（未公开发表）。

1.5 "自然之境"与"道德之境"：规划设计研究的一种视角

如前节所述，中国古代地方城市的规划设计遵循着"自然和谐"与"道德教化"的核心价值，并发展出相应的规划设计理论、方法、体系以及物质空间结果。为进一步考察这两种核心价值影响下的规划设计活动，本书提出"自然之境"与"道德之境"的概念，以具体阐述和分析古代地方城市规划设计的相关内容（图1-7）。

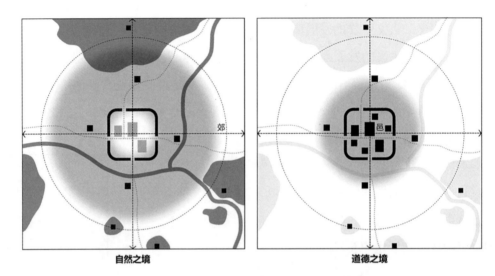

图1-7 "自然之境"与"道德之境"空间范围示意

1.5.1 "自然之境"

"自然之境"指在城市营建过程中以处理人工环境与自然环境之空间关系为主要目的的规划设计所创造的环境总和（或整体）。它以在自然环境中恰当而巧妙地嵌入并建构人工环境为目标，即实现城市与其所处外部环境的"自然和谐"，并由此发展出一系列紧密结合自然的规划设计理念与方法。

在不同空间范围及尺度上，建构"自然之境"所要解决的问题有所不同。古代城市通常包括由城墙围合的核心人工空间和城墙外围一定范围内的郊野空间两部分。就这两部分构成的城市整体而言，规划设计的主要任务包括：在大尺度自然环境中确定人工环境的选址范围；参考中小尺度自然环境特征以建立人工环境的空间骨架格局；并在人工环境的塑造中筛选特定自然要素并与之建立功能、象征或审美关联。就城市郊野空间而言，规划设计任务还包括：处理零散分布于城市外围的小尺度人工环境，以及风景发掘和风景地的经营等。前者处理的是城市整体与其所处大中尺度自然环境的关系，本书中称为城市"自然之境"。后者处理的是城市外围郊野自然中的人居问题，本书中称之为"郊野自然"。下文第3、4两章将分别对这两种类型"自然之境"的规划设计理念与方法展开论述。

1.5.2　"道德之境"

"道德之境"指在城市营建过程中以建构人工空间环境的道德秩序、实现道德教化为主要目的的规划设计所创造的环境总和（或整体）。它通过特定的环境要素和空间手段建立起一个有裨于维系地方社会道德秩序的人居环境，以实现道德教化的目标。

"道德之境"由特定的空间要素组成，既包括人工要素，也包括自然要素。这些空间要素通过承载道德教化相关的功能活动、形成具有特定意义的空间秩序、支撑文字环境等手段，实现道德教化的目标；并由此发展出一系列专门的规划设计理念与方法。下文第5章中将对"道德之境"的基本构成、作用机制及其规划设计理念与方法进行论述。

1.5.3　"自然之境"与"道德之境"的关系

对"自然之境"与"道德之境"的人为界定，是为了更有效地分析涉及不同目标、侧重的规划设计问题。就空间范围而言，"自然之境"的规划设计更多涉及城市整体与其外部自然环境，"道德之境"的规划设计则更多关注城市人工环境内部。就对象而言，"自然之境"的规划设计旨在处理"人与自然"的空间关系；"道德之境"的规划设计则旨在处理"人与人"或"人与社会"的空间关系。人与自然和谐共处，社会秩序井井有条，既是功利的现实需要，也是永恒的文化理想。

不过，作为人居环境整体的组成部分，两者在很多情形下又是边界模糊、相互渗透的。自然环境也常常成为"道德之境"的构成要素，被赋予人文的意义和价值。"道德之境"中的特定场所（如坛壝、书院等）又常分布于郊野自然，脱离不了"自然之境"。中国传统浑然整体的宇宙观念使得"道德"也带有"自然"的意味，"自然"亦载有"道德"之追求，两者互为平衡与补充。

总而言之，从"自然"与"道德"两个方面对古代城市的规划设计进行探索，是本书选取的一种研究视角。它将有助于我们更直观地理解中国传统规划设计的诉求，把握其智慧与价值。

1.6 研究案例、方法与框架

1.6.1 研究案例：永州地区的一般性与特殊性

对古代地方城市的规划设计开展研究，必须依托真实的地区案例。中国古代地方城市数量众多、类型丰富，为兼顾案例的代表性与研究的可行性，笔者选取了一个"普通"的统县政区湖南永州，对该地区历史上的府县城市规划设计进行研究。选择这一地区为案例主要基于以下 4 点考虑。

其一，永州地区是中国历史上众多统县政区中的普通一员，在历史演进、地理环境、人居建设等方面都表现出一般性。永州地区自秦汉设置郡县，两千年来绵延发展。其人居演进历程清晰，各时代特征鲜明。该地区位于湖南省南部、南岭北麓、潇湘上游，地形地貌丰富、山水条件优越，古人在对自然环境的长期选择、利用与改造实践中建立起人居环境，并积累了规划设计经验。该地区府县城市的规划设计既受制于官方规制，也得益于各路地方人士的广泛参与和共同创造，表现出鲜明的地域特色。在历史演进、空间表征、规划设计等方面，永州地区的府县城市与全国大部分其他统县政区一样，表现出地方城市规划设计的基本面貌和一般特征。

其二，永州地区的城市规划设计中表现出对"自然和谐"与"道德教化"的强烈追求和着力塑造，具有古代地方城市规划设计上的典型性。永州地区优越的自然山水条件、悠久的道德文教传统、严峻的边地民族矛盾以及唐宋贬谪士人的集体贡献等，共同塑造了该地区人居环境的自然与人文特色，并形成相应的规划设计理念与方法。在中国古代普遍重视自然和谐与道德教化的地方城市规划设计中，永州案例颇具典型性。

其三，永州地区历史城市的整体空间格局和局部建筑街区仍保存较好，为城市空间的历史复原和规划设计的历史研究提供了可能性。永州地区深处内陆，区位交通条件不及沿海、沿江地区。这些条件一定程度上制约着过去几十年间该地区的经济发展，但也使其历史文化遗存幸免于快速城镇化带来的建设性破坏。今天，永州地区大多数城市的老城区仍保持着明清时期甚至更早形成的山水格局和空间特色。根据历史文献、考古证据和实地勘察，还能对不同历史时期的城市平面进行复原，使对当时规划设计理念、方法与机制的探究成为可能。

其四，当前城市史及人居史领域关于永州地区的研究较少，补充该地区相关的历史研究具有必要性。或许由于永州地区的"偏远"和"普通"，关注其人居发展历程、城市规划设计历史的研究不多，该地区颇为独特的历史价值和建筑学价值尚未被充分认识。因此有必要对该地区的人居演进和规划设计传统深入发掘，为人居历史与理论研究补充地方案例与经验。

本书所论"永州地区"以清代永州府辖域为空间范围，总面积 2.34 万平方公里[①]。研究的时间范围包括自秦汉设立郡县至清末约 2000 余年的时间跨度。历史上，永州地区的行政区划经历过复杂的演变过程，曾存在过 16 个府县治所及20 余个治城选址。至明末崇祯十二年（1640），永州地区最终形成一府八州县之格局。本研究即以这 8 座府县城市——永州（零陵）、祁阳、东安、道州、宁远、永明、江华、新田——为主要研究对象。后文中如未做特殊说明，均以其清代府州县名指称。

1.6.2　研究方法

作为一项关于古代地方城市规划设计的研究，本书的研究方法与特点主要包括：以方志文献为素材，以山水地形为基础，以实地调研为辅助，以人物思想为线索。研究中大量涉及历史城市的空间复原和规划设计事件的空间落位问题，主要通过"方志文献信息提取→山水地形空间落位→实地踏勘空间验证"的方法实现。即首先通过方志爬梳提取必要的城市空间及规划设计信息，然后结合实际地形数据落位，并提出规划设计假设或推测，再通过现场实地调研验证、修正并补充假设和推测。

---

① 今日地级永州市总面积22441平方公里，辖2区9县，即零陵区、冷水滩区、祁阳县、东安县、双牌县、道县、宁远县、新田县、蓝山县、江永县、江华瑶族自治县。与清代永州府相比，仅增加了清代隶桂阳州的蓝山县地，减少了今属衡阳市的祁东县地（1952年由祁阳县析出），总体上变化不大。清代永州府的其他属州县中，原道州于民国2年（1913）改为道县；江华县于1955年改为江华瑶族自治县；永明县于1956年改为江永县。又1964年划零陵县、道县交界地新设潇水林区管理局，1969年撤管理局，改立双牌县。1995年11月，经国务院批准，设立地级永州市。

1.6.2.1 以方志文献为素材

研究古代地方城市的规划设计，还原城市空间的历史真相是第一步。古代城市的真实面貌和营建过程，都在地方志中有详细记载[①]。

根据明清两朝颁布的官方志书纂修体例[②]，地方城市相关的信息主要分布于"舆地"、"山川"、"建置"、"学校"、"秩祀"、"古迹"、"武备"、"寺观"、"艺文"等篇中。《舆地志》中通常载有府县之建置沿革、疆域、形势、乡坊、市镇、风俗、气候等内容。"形势（或形胜）"篇通常概述一邑的山水格局及选址考量，是研究城市选址的重要资料。《山川志》中除记录当地的自然山水条件、资源外，也包括风景发掘、风景地建设等信息，某些山水要素与城市的空间关系也会被强调。《建置志》中一般载有府县城池、官署、坛庙、寺观、街道、坊表、楼阁、桥渡等的空间分布、规模形态和建置沿革，是掌握古代人居环境构成要素及空间形态信息的主要来源。《学校志》中记载学宫、书院、考棚、义学、社学等文教设施的相关情况。《秩祀志》中记载各类官方坛庙设施的情况。《古迹志》中记载故城、古墓、故居等历史文化遗存的情况，对了解城址变迁有重要价值。《艺文志》中常收录历代与人居建设工程相关的"记"体文章；不仅会交代工程项目的缘起、环境、工时经费，还会详细记述建筑空间布局、形制，甚至规划设计构思。相比于《建置志》的信息罗列，"记"体文章的信息更全面，也更侧重对规划设计理念的阐述，有重要参考价值。这些文献提供了详细的一手资料，是历史城市空间复原的基础。

方志图像中也包含历史城市的重要信息。明清府县方志中一般绘有《全境图》、《城池图》、《衙署图》、《学宫图》、《八景图》等类型，对城市的山水格局、城池形态、空间布局、标志建筑等有直观表现。虽然这些图纸没有准确比例，但能反映

---

① 详见：孙诗萌. 基于地方志文献的中国古代人居环境史研究方法初探//董卫. 城市规划历史与理论02[M]. 南京：东南大学出版社，2015：58-69.
② 如明永乐十年（1412）颁布的《修志凡例》十六则规定了各地方志应分设：建置沿革、分野、履域、城池、里至、山川、坊廓、乡镇、土产、贡赋、风俗、形势、户口、学校、军卫、察舍、寺观、祠庙、桥梁、宦绩、人物、仙释、杂志、诗文等24门。成化、正德年间又逐渐将原有门类归并为"地理""田赋""建置""秩官""祠祀""人物""艺文"等志。清初曾颁令全国以顺治十七年（1660）编纂的《河南通志》体例为纂志之"式"。该志平列图考、建置沿革、星野、疆域、山川、风俗、城池、河防、封建、户口、田赋、物产、职官、公署、学校、选举、祠祀、陵墓、古迹、帝王、名宦、人物、孝义、烈女、流寓、隐逸、仙释、方伎、艺文、杂辨等30门。此后，随着雍、乾间《一统志》体例的确立（即其规定各省先立统部，列图表、分野、建置沿革、形势、职官、户口、田赋、名宦；诸府及直隶州再分立部，列分野、建置沿革、形势、风俗、城池、学校、户口、田赋、山川、古迹、关隘、津梁、堤堰、陵墓、寺观、名宦、人物、流寓、列女、仙释、土产等21门），又对各地修志产生了重要影响（参考：巴兆祥，1988；黄燕生，1990）。

出古人规划设计的真实意图与侧重，是研究古代规划设计的重要资料（表1-2）。

明清永州地区府县方志中人居相关篇目设置　　　　　　表1-2

	疆域	形胜	关隘	坊乡	市镇	古迹	山川	城池	街巷	官署	宫室	仓库	坊表	邮传	津梁	学校	坛庙	寺观	艺文	猺峒
（洪武）永州府志	●	●	●	●	●	●	●	●	●	●				●	●	●	●	●		
（隆庆）永州府志	●			●	●		●	●	●	●		●		●	●	●	●	●	●	●
（万历）江华县志	●	●		●	●		●	●	●	●				●	●	●	●	●	●	●
（康熙）永州府志	●	●		●		●	●							●	●	●	●	●	●	●
（道光）永州府志									●	●	●									
（光绪）零陵县志	●	●		●	●		●	●	●	●				●	●	●	●	●	●	
（乾隆）祁阳县志	●			●		●	●		●	●				●	●	●	●	●	●	
（同治）祁阳县志	●			●			●		●	●				●	●	●	●	●	●	
（乾隆）东安县志	●			●		●	●	●	●	●		●		●	●	●	●	●	●	
（嘉庆）道 州 志	●	●	●		●		●	●							●	●	●	●	●	●
（光绪）道 州 志	●	●	●		●		●									●	●	●	●	●
（嘉庆）宁远县志				●		●	●		●	●					●	●	●	●	●	
（光绪）宁远县志	●	●		●		●	●	●	●	●				●	●	●	●	●	●	
（顺治）江华县志	●			●		●	●	●	●	●				●	●	●	●	●	●	●
（同治）江华县志	●			●		●	●	●						●	●	●	●	●	●	●
（康熙）永明县志	●			●		●	●	●	●	●			●	●	●	●	●	●	●	
（光绪）永明县志	●		●	●		●	●		●				●			●	●		●	●
（嘉庆）新田县志	●	●				●	●		●	●					●	●	●	●	●	

注：诸府县方志篇目标题略有不同，按本表分类近似统计。

此外，作为连续出版物的地方志本身也为规划设计研究提供着思路。例如，新旧版本之间的差异提示着人居环境的重要变化；方志内容的取舍反映当时人的人居观念，方志编纂活动也标志着人居环境建设初具规模或告一段落。

根据（清）光绪《湖南通志》卷249、《零陵地区方志源流考》（1983）、《中国地方志联合目录》（1985）所载，今尚存明清及民国时期编纂的永州地区府县方志35种。笔者掌握并主要参考者为19种，包括（洪武）《永州府志》、（隆庆）《永州府志》、（康熙）《永州府志》、（道光）《永州府志》、（光绪）《零陵县志》、（乾隆）《祁阳县志》、（同治）《祁阳县志》、（民国）《祁阳县志》、（光绪）《东安县志》、（万历）《道州志》、（光绪）《道州志》、（康熙）《宁远县志》、（嘉庆）《宁远县志》、（光绪）《宁远县志》、（万历）《江华县志》、（同治）《江华县志》、（康熙）《永明县志》、（光绪）《永明县志》、（嘉庆）《新田县志》（表1-3）。此外，本研究还参考湖广、湖南通志等3种，包括（嘉靖）《湖广图经志书》、（康熙）《湖广通志》、（乾隆）《湖南通志》等；1949年以后编纂的永州地区市区县志7种，包括：《零陵县志》（1992）、《道县志》（1994）、《宁远县志》（1993）、《江华县志》（1994）、《江永县志》（1995）、《新田县志》（1990）、《零陵区志》（2009）；以及永州地区名山志、风景志等若干[①]（图1-8，表1-3）。

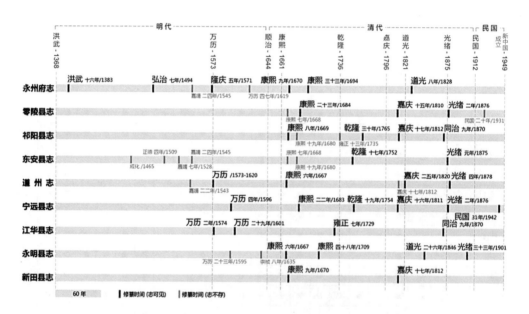

图1-8 明清及民国时期永州地区府县方志纂修频次
(孙诗萌，2015)

本书主要参考的永州地区府县方志（1949年以前） 表1-3

府州县	方志题名	纂修信息
省志	（嘉靖）湖广图经志书（卷13永州）	（明）薛刚纂修，吴廷举续修．嘉靖元年刻本
永州府	（洪武）永州府志（12卷）	（明）虞自明，胡琏纂修．洪武十六年刻本
	（隆庆）永州府志（17卷）	（明）史朝富纂修．隆庆五年刻本
	（康熙）永州府志（24卷首末1卷）	（清）刘道著修，钱邦芑纂．康熙九年刻本
	（道光）永州府志（18卷首1卷）	（清）吕恩湛，宗绩辰修纂．道光八年刊本
零陵县	（光绪）零陵县志（15卷）	（清）稽有庆修，刘沛纂．光绪元年修民国补刊本
新田县	（嘉庆）新田县志（10卷）	（清）黄应培等修，乐明绍等纂．嘉庆十七年刊本

---

① 包括《浯溪志》（桂多荪，2004）《九嶷山志》（2005）等。

续表

府州县	方志题名	纂修信息
祁阳县	（乾隆）祁阳县志（8卷）	（清）李蒢修，旷敏本纂．乾隆三十年刻本
	（同治）祁阳县志（24卷首1卷）	（清）陈玉祥修，刘希关纂．同治九年刊本
	（民国）祁阳县志（11卷）	（民国）李馥 纂修．民国22年刻本
东安县	（光绪）东安县志（8卷）	（清）黄心菊修，胡元士纂．光绪二年刊本
道　州	（万历）道州志（仅存12-14卷）	（明）佚名．万历刻本
	（光绪）道州志（12卷首1卷）	（清）李镜蓉修，许清源纂．光绪三年刊本
宁远县	（康熙）宁远县志（6卷，仅存3-4卷）	（清）沈仁敷纂修．康熙二十二年刻本
	（嘉庆）宁远县志（10卷首1卷）	（清）曾钰纂修．嘉庆十六年刊本
	（光绪）宁远县志（8卷）	（清）张大煦修，欧阳泽闿纂．光绪元年刊本
江华县	（万历）江华县志（4卷）	（明）刘时徽，滕元庆纂修．（清）王克逊，林调鹤补修．万历二十九年刻清修本
	（同治）江华县志（12卷首1卷）	（清）刘华邦纂修．同治九年刊本
永明县	（康熙）永明县志（14卷）	（清）周鹤修，王缵纂．康熙四十八年刻本
	（光绪）永明县志（50卷）	（清）万发元修，周铣诒纂．光绪三十三年刻本
新田县	（嘉庆）新田县志（10卷）	（清）黄应培等修，乐明绍等纂．嘉庆十七年刊本

1.6.2.2　以自然山水地形为基础

方志文献中的历史空间信息必须在实际地形中找到其准确位置，以分析人工建设与自然环境的互动关系。本研究中主要采用 30m 分辨率 DEM 地形数据、Google Earth 卫星影像图等，作为历史城市空间复原及分析的基础。研究过程中参考的其他地形图及历史地图资料还包括：中国科学院地理研究所《中国地势图（1:4000000）》（1958）[1]、《中国陆地卫星假彩色影象图集（1:500000）》（1983）[2]、《湖南省地图集》（2000）[3]、谭其骧《中国历史地图集》[4] 等。

1.6.2.3　以实地调研为辅助

仅依靠地方志信息进行历史城市的空间复原和分析仍存在局限：第一，古

---

[1] 陈述彭，黄剑书．中国科学院地理研究所编制．中国地势图（1:4000000）[M]．北京：科学出版社，1958．

[2] 中国科学院地理研究所编制．中国陆地卫星假彩色影象图集（1:500000）[M]．第二册．北京：科学出版社，1983．

[3] 湖南省地图集编纂委员会编．湖南省地图集[M]．长沙：湖南地图出版社，2000．

[4] 谭其骧．中国历史地图集（全8册）[M]．北京：地图出版社，1987．

代方志文献的记载并不完全准确，特别是考虑到古汉语的简练与模糊性，以及实际自然环境的高度复杂性；第二，古代城市是规划设计者在与自然环境的互动过程中创造的，要研究古代规划设计思想与方法，必须在实际环境中模拟和体验。因此，实地调研是对方志信息的必要验证与补充。

研究过程中，笔者对永州地区 8 座府县城市进行了实地调研。调研重点包括：（1）实地考察城市所处的地形地势特征；（2）对照文献记载核对影响规划设计之主要山水要素的名称、位置、形态及相对关系；（3）寻找自然环境中的天然制高点以模拟古代规划设计人员定基、布局、构思的过程；（4）现场核实城市的城池范围、城门位置、道路格局、主要公建设施位置及山水关系；（5）实地考察现存各类历史文化遗存；（6）访问地方耆老获取文献之外的历史人居信息。

1.6.2.4　以人物思想为线索

人是规划设计活动的主体，规划设计研究不能忽视人的创造性与特殊性。因此，在研究资料支持的情况下，本研究坚持以"人物思想"为线索的研究方法，即在关于规划设计的历史考察中，尽量将事件还原到真实的人及其言论行为上，避免泛泛而谈、一概而论。一方面，抓住对永州地区城市规划设计起到关键作用的若干人物，如唐代的元结、柳宗元，明代的王原骏等，对他们的规划设计实践、思想、论述以及对其他规划设计者的影响等深入研究。另一方面，抓住参与地方规划设计的主要群体，如官员／士人、地理先生、民间工匠等，考察他们在规划设计实践中的参与范围、主要作用、规划设计思想等。

1.6.3　研究框架

本书共分为 7 章。第 1 章提出古代地方城市规划设计的基本命题与核心价值，阐明本研究的基本概念与研究框架。本研究将地方城市的规划设计活动理解为在自然环境中嵌入并建构特定人工环境的实践过程，自然和谐与道德教化是这一实践过程遵循的核心价值。文中进而提出"自然之境"与"道德之境"的概念，以帮助具体考察前述两项核心价值影响下的地方城市规划设计的理论、方法与制度。第 2 章介绍本研究的主要案例地区——永州地区——的自然条件、历史演进、城市营建以及该地区自然人文特色对其地方城市规划设计的特殊要求（图 1-9）。

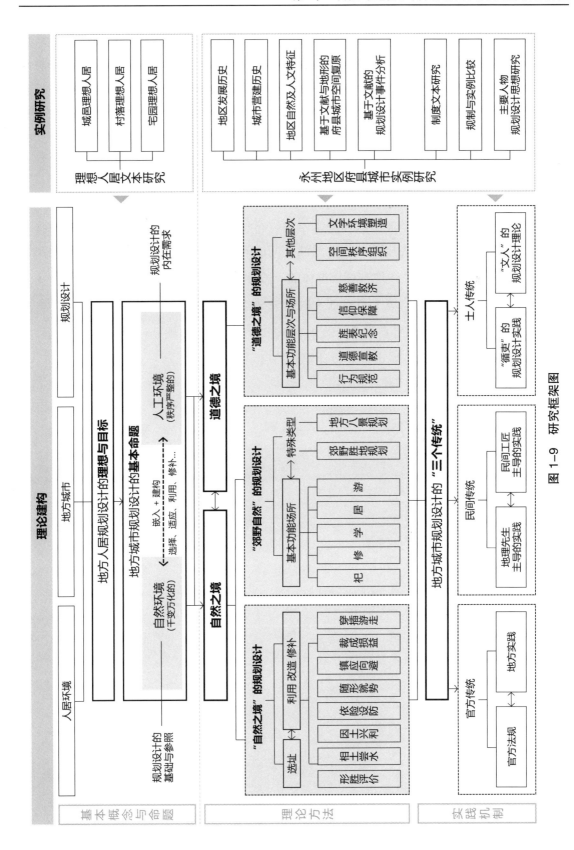

图1-9 研究框架图

第 3 至 6 章分别探讨"自然之境""郊野自然""道德之境"的规划设计理论与方法，并专门考察参与上述规划设计活动的主要群体，包括其主要贡献及所遵循的规划设计法则。其中，第 3 章提出地方城市"自然之境"规划设计的八种原则与方法。第 4 章考察地方城市"郊野自然"中的人居场所类型，并总结"郊野胜地"、"地方八景"的典型规划设计方法。第 5 章提出地方城市"道德之境"的基本构成、空间要素与作用机制，并总结各层次、要素相应的规划设计理论方法。第 6 章考察古代地方城市规划设计的主要参与群体，总结三种规划设计传统。这 4 章的论述主要结合永州地区府县城市的具体案例，同时关注地方实践与中央规制、行业通法之间的互动关系。故本研究不拘泥于永州地区的特殊性，也关注地方城市群体的一般性。

在此基础上，第 7 章对前文的研究要点进行总结，提出地方城市的"自然之境"营造、"郊野自然"开发、"道德之境"建构的规划设计理论与方法，并略论其对当代地方城市规划设计实践的启示。

第 2 章

——

永州地区人居历史演进与特征

永州地区位于湖南省南部，地处湖南、广东、广西三省交界地带[①]。本书所论"永州地区"以清代湖南省永州府为空间范围，总面积 2.34 万平方公里[②]。清代永州府下辖 1 州 7 县，即零陵、祁阳、东安、道州、宁远、永明、江华、新田，全境"袤五百九十里，广三百四十里"[③]。与今日地级永州市辖域相比，清代永州府仅在东北部多了今属衡阳市祁东县的局部地区，在东南部少了今蓝田县地，辖域变化不大。

今日永州为地级市，下辖 2 区 9 县，即零陵区、冷水滩区、祁阳县、东安县、道县、双牌县、宁远县、江永县、江华瑶族自治县、新田县、蓝山县[④]。永州市现有户籍人口 580 万（2011 年）。其中 7.36% 为少数民族人口，在湖南省地级市中少数民族人口比重位列第三。永州市有少数民族 29 个，其中瑶族人口最多，占全市少数民族人口的 94.8%。2016 年 12 月 16 日，永州市获国务院批准列为"国家历史文化名城"，成为我国第 131 个国家级历史文化名城。

本章首先考察永州地区的自然地理环境；然后梳理永州地区的人居演进历程，包括其行政建制变迁、城市选址营建历程和人居发展大势；最后论述历史上永州地区自然及人文特征对其府县城市规划设计的要求与挑战，作为后文论

---

① 永州北接今邵阳市（清宝庆府），东北接今衡阳市（清衡州府），东接今郴州市（清桂阳州），此三市皆属湖南省。东南接今连州市（清连州），属广东省；南接今贺州市（清平乐府），西接今桂林市（清桂林府），此二市皆属广西壮族自治区。
② 毛况生主编．中国人口（湖南分册）[M]．北京：中国财政经济出版社，1987：57．
③ （康熙）《永州府志》卷二舆地：41。
④ 今日地级永州市基本延续了明清时期永州府的辖域范围及分县格局。民国初，永州撤府，原各县属衡阳道。1922 年，湖南省撤道，仅存省、县二级。1937 年，永州各县属第 9 行政督察区，督察专员公署驻零陵县。1940 年，永州诸县改属第七行政督察区。1949 年中华人民共和国成立后，在永州地区设立永州专区，次年改称零陵专区。1952 年，零陵、衡阳、郴州 3 个专区曾合并为湘南行政区。1954 年湘南行政区撤销，原零陵专区所属各县并入衡阳专区（新田县并入郴县专区）。1962 年恢复零陵专区，行政专署仍设于零陵县（今零陵区）。1968 年改零陵专区为零陵地区。1995 年，撤销零陵地区及县级永州市、冷水滩市，设立地级永州市，辖：芝山区、冷水滩区、祁阳县、新田县、道县、蓝山县、东安县、双牌县、宁远县、江永县、江华瑶族自治县。市人民政府驻地设于芝山区（今零陵区）。1997 年，市人民政府迁往冷水滩区。永州地区所辖诸县中，1913 年改道州为道县。1952 年析祁阳县东部地区新置祁东县（属衡阳市）。1955 年改江华县为江华瑶族自治县。1956 年改永明县为江永县。1959 年划新田县入桂阳县，1961 年复置。1960 年升零陵县冷水滩镇为县级冷水滩市，1962 年撤市改区，仍属零陵县管辖。1964 年划零陵县、道县、宁远交界地区新设潇水林区管理局，1969 年改为双牌县。1982 年设立县级永州市。1984 年撤零陵县，设立县级冷水滩市，原零陵县域分由永州、冷水滩市管辖。1995 年设立地级永州市，原县级永州市改为芝山区（2005 年改零陵区），原县级冷水滩市改为冷水滩区。

述的背景。

2.1 永州地区概况及自然地理环境

永州地区位于南岭山系北麓，湘江流域上游，总体上位于长江流域与珠江流域的分界地带。境内山地、平原、岗地、丘陵、水面分别占全境面积的49.5%、14.3%、17.8%、4.5%和3.9%。永州属中亚热带季风湿润气候，气候温和、四季分明。年平均温度18.1℃，多年平均降水量1280～1530毫米，年平均日照1560小时，无霜期296天[①]（图2-1～图2-3）。

永州全境总体呈现"三山围夹两盆地"的地理格局。"三山"指三条西南—东北方向斜亘的山脉，即绵延于西北的"越城岭—四明山"山脉，斜贯于中部的"都

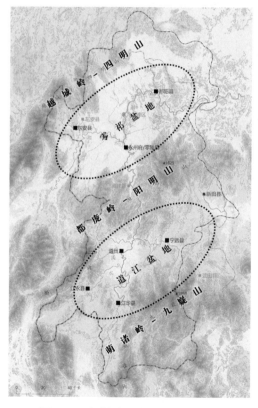

图2-1 永州地区"三山围夹两盆地"的自然地理格局

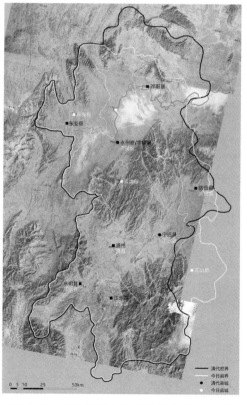

图2-2 清代永州府与今地级永州市行政区划比较

① 湖南省地图集编纂委员会编. 湖南省地图集[M]. 长沙：湖南地图出版社，2000：190.

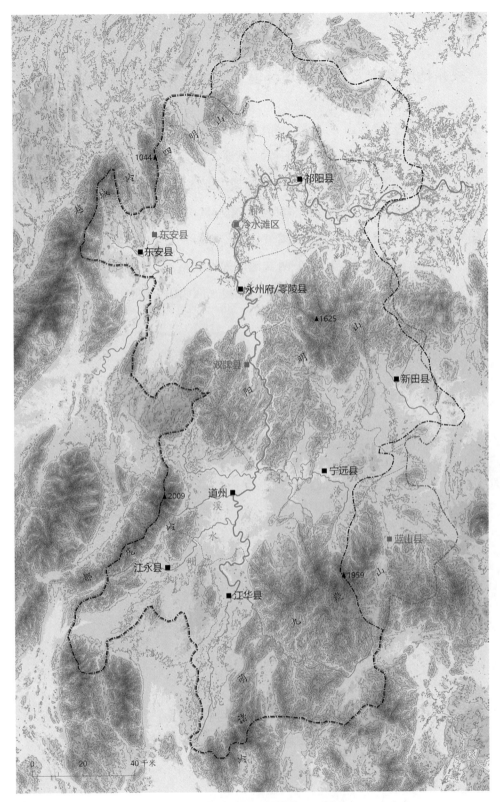

图 2-3 清代永州府县城市与山水环境

庞岭—阳明山"山脉,耸立于南的"萌渚岭—九嶷山"山脉。三条山脉皆崇山峻岭、层峦叠嶂,总体上北低南高。北部"越城岭—四明山"山脉有海拔1500米以上山峰21座、海拔1000米以上山峰85座,在永州境内有四明山主峰海拔1044米。中部"都庞岭—阳明山"山脉有海拔1500米以上山峰35座、海拔1000米以上山峰472座,在永州境内有阳明山主峰海拔1625米、都庞岭主峰海拔2009.3米。南部"萌渚岭—九嶷山"山脉有海拔1500米以上山峰44座、海拔1000米以上山峰1091座,在永州境内有九嶷山主峰海拔1959.2米。

　　三山夹围之间形成南、北两个盆地。北部为"零祁盆地",面积约855.4万亩(5702平方公里),分属零陵、祁阳、东安3县。该盆地南、北、西三面环山,东北与衡阳盆地连通。南部为"道江盆地",面积约1024.27万亩(6828平方公里),分属道州、宁远、新田、江华、永明5县。该盆地东部与郴州、永兴盆地连通,西南由狭长谷地向江华、江永方向延伸,形成连通湖、广的交通走廊。明清永州府8州县城及此前永州地区曾出现过的16个府县治所的20余个城市选址,全部位于这两个相对平坦的盆地及河谷通道中。

　　永州地区河流密布、水系发达,全境有大小河流733条,总长10515公里[①]。境内绝大多数河流从上述三大山脉发源,穿山绕岭,汇聚于潇、湘二水,最后从零祁盆地东北口出永州境,再经洞庭湖而入长江。永州地区整体上位于由南岭山脉向洞庭湖平原的过渡地带,地势南高北低,因此境内水系流向主要为由南向北。

　　其中,潇水干流发源于蓝山县境内的九嶷山南麓[②],古称冯水。它与发源于江华县境内萌渚岭的沱水汇合于江华县城东,继续北流,接纳发源于江永县境内都庞岭的永明河后,入道州境。北行至道州城南,接纳发源于营山而东来的濂溪,转向东北而行。在宁远县境内,发源于九嶷山的冷水东来,流经宁远县城南后继续西行,接纳发源于阳明山的春冷水后,最终汇入南来之潇水,继续向北入零陵县境。在零陵县境内,潇水蜿蜒绕过永州府城之西侧而继续北行,在城北约5里处汇入发源于广西兴安海阳山的湘水,合称为湘江,继续向东北入祁阳境。在东安县境内,发源于越城岭的紫溪流经东安县城南后,与贯穿东安县北部的芦洪水先后汇入湘水。在祁阳县境内,湘江东行经过祁阳县城南,

① 湖南省地图集编纂委员会编. 湖南省地图集[M]. 长沙:湖南地图出版社,2000:190.
② 零陵地区志编委会. 零陵地区志[M]. 长沙:湖南人民出版社,2001:121.

接纳北来之祁水后，继续东流出永州而入衡阳。永州地区诸府县城全部位于潇、湘二水及其主要支流沿岸，且大多选址于二水交汇处。

2.2 永州地区人居演进历程

永州地区自汉武帝元朔五年（前 124）设置郡县以来[①]，距今已有 2200 余年的历史。此过程中，该地区的行政建制时有变迁，城市建设此起彼伏，人居发展总体上经历三个阶段。本节首先考察永州地区的行政建制变迁及城市选址营建历程，在此基础上概述其人居发展之大势。

2.2.1 行政建制变迁

永州地区两汉时分属零陵郡和苍梧郡；隋时合为永州总管府，始有"永州"之名；唐宋时期分永、道二州而治，辖域及分县逐渐稳定；至明末完全形成永州府 1 州 7 县之空间格局。自秦汉迄明清，永州地区的行政建制变迁大致经历了四个时期（图 2-4）。

2.2.1.1 西汉时期：诸县初置

自秦统一中国分设 36 郡，今永州地属长沙郡。西汉时永州地区已设有 6 县，分属零陵郡和苍梧郡。汉武帝元鼎六年（前 111）析长沙国置零陵郡，辖县十[②]。当时的零陵郡范围很大，包括了今湖南永州、邵阳、武冈、衡阳及广西全州、桂林的部分地区。其中位于本书所论永州地区者只有泉陵侯国（今零陵）、营浦（今道县）、泠道、营道（今宁远县地）4 县。当时的零陵郡治零陵县并不在今天的零陵，而位于今广西全州境内。零陵郡以南的苍梧郡中则设有 2 县，即谢沐县（今江永县地）和冯乘县（今江华县地）。

2.2.1.2 东汉至南北朝时期：郡治定基，分县细化

东汉建武元年（25），零陵郡治由全州移至泉陵县（即今零陵区泉陵街一带）。今零陵地开始成为统县政区治所，并一直延续近两千年至今。不过除了郡治迁移，

---

① 西汉武帝元朔五年（前124），永州地区境内始有泉陵侯国、春陵侯国等县级政区设置。
② 即：零陵、营道、始安、夫夷、营浦、都梁（侯国）、泠道、泉陵（侯国）、洮阳、钟武（据《汉书》卷28志8地理/零陵郡）。

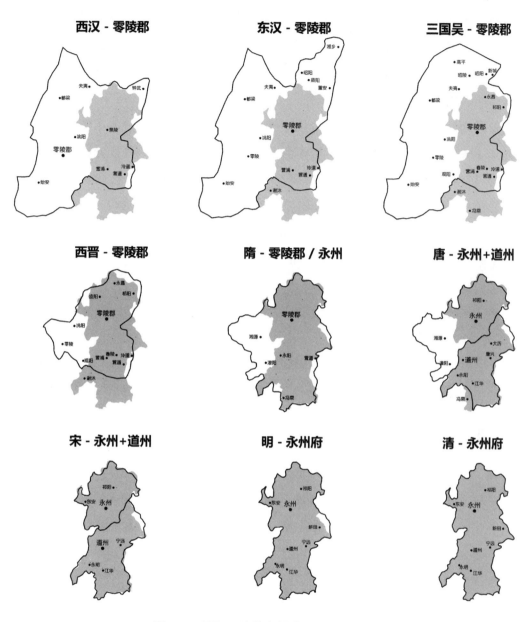

图2-4 西汉至清代永州地区行政区划变迁

东汉时期这一地区的分县格局基本延续西汉。

三国时期，零陵郡地先属蜀，刘备死后（223）归于吴。孙皓时（264—268）零陵郡范围缩小，分县增加：先后分零陵郡南部（始安等县地）置始安郡；分零陵郡北部（邵陵、夫夷、都梁等县地）置邵陵郡；分零陵郡南部（营浦、营道、春陵、泠道四县地）置营阳郡，治营浦县。被分割后的零陵郡仅辖泉陵、祁阳、永昌 3 县，其中后 2 县是分汉泉陵县地而新置之县①。这一时期，永州地区开始形成零陵、营阳二郡分治之格局②，是唐宋时期永、道二州分治之先声。

西晋时期，营阳郡又并入零陵郡，合而为一。此时零陵郡辖县十一③，位于永州地区境内者有泉陵、祁阳、营浦、永昌、营道、春陵、泠道、应阳 8 县。其中，应阳县为西晋永熙元年（290）分洮阳县地新置，治今东安县芦洪市镇；隋开皇九年（589）复并入泉陵县，存续不到 300 年。春陵县前身为西汉元朔五年（前124）析泠道县春陵乡所置春陵侯国，治今宁远县柏家坪镇，汉初元四年（前45）并入泠道县而废；三国吴凤凰元年（272）复置县，隋开皇九年（589）并入营道县后再无复置。东晋时期，穆帝（343—361）时再分零陵郡置营阳郡④。

南北朝时期，仍延续零陵、营道二郡格局，其辖域、分县大体如旧。梁天监十四年（515）改营阳郡为永阳郡，仍治营浦县。

2.2.1.3　隋唐五代时期：永州得名，二州分治

隋开皇九年（589），废零陵、永阳二郡，置永州总管府，"永州"之名始于此。州治零陵县，即两汉泉陵县（今零陵区）。当时永州府辖县五⑤，位于永州地区者有零陵、永阳、营道、冯乘 4 县。其中，零陵县为合并旧泉陵、应阳、永昌、祁阳 4 县地所置；永阳县为合并旧营浦、谢沐 2 县地所置；营道县为合并旧营道、泠道、春陵 3 县地所置；冯乘县仍旧。大业初复改永州府为零陵郡，仍治零陵县。

唐武德四年（621）再废零陵郡，分置永、营二州，隶江南西道。永州领县四⑥，位于本书所论永州地区者有零陵、祁阳 2 县。其中，祁阳县为武德四年（621）复分零陵县地新置。天宝元年（742）改永州为零陵郡；乾元元年（758）复改为永州。营州领县四⑦，即营道、江华、永阳、唐兴，皆在永州地区境内。其中，营道县为隋永阳县改置，为州治；唐兴县为隋营道县改置；江华县为析冯乘县地增置；又于州治营道县西南 110 里新设永阳县。武德五年（622）改营州为南

---

① 当时的祁阳县治在今祁东县南（金兰桥镇新桥头村），永昌县治在今祁东县西（砖塘镇烟合村）。
② 零陵郡辖域相当于明清零陵、祁阳、东安3县地再加上全州、灌阳2县地之和。营阳郡辖域相当于明清道州、宁远、新田3县范围之和。谢沐、冯乘2县属临贺郡。
③ 即：泉陵、祁阳、零陵、营浦、洮阳、永昌、观阳、营道、春陵、泠道、应阳（据《晋书》卷15志5地理/零陵郡）。
④ 《晋书》卷15志5地理/零陵郡。
⑤ 即：零陵、湘源、永阳、营道、冯乘（据《隋书》卷31志26地理/零陵郡）。
⑥ 即：零陵、湘源、祁阳、灌阳（据《旧唐书》卷40志20地理三/永州）。
⑦ 《旧唐书》卷40志20地理三/道州。

营州，贞观八年（634）再改为道州，是为"道州"名之始。天宝元年（742）改营道县为弘道县，改唐兴县为延唐县，改永阳县为永明县，改道州为江华郡。乾元元年（758）复江华郡为道州。大历二年（767）析延唐县增置大历县，治于西汉春陵侯国故城北15里。唐代永、道二州行政区划调整颇为频繁。至唐末，永州领零陵、祁阳、湘源3县（前2县位于永州地区）；道州领弘道、延唐、永明、江华、大历5县（皆位于永州地区）。

五代十国时期，分湘源县地置全州①，使当时永州辖域缩减为仅辖零陵、祁阳2县，相当于明清零陵、祁阳、东安3县总和范围。

整个隋唐五代时期，永州、道州之名相继出现。二州辖域也逐渐缩小至接近后来明清时期永州府之辖域，只是永、道二州仍长期分治。虽然此后诸府县城址仍有变化，但明清州县中已有6个的建制及辖域在这一时期基本稳定下来。

2.2.1.4 宋以降时期：诸县定基，格局甫成

宋代永州地区仍分永、道二州而治，但其辖域之和已与明清永州府大体无异。当时永州领零陵、祁阳、东安3县②。其中，东安县于五代时始设场，宋雍熙元年（984）升为县。道州领县营道、永明、江华、宁远4县③。其中，宁远县为宋乾德三年（965）合并后晋延熹（唐之延唐县）、大历2县而置。永明县为唐代旧县，熙宁五年（1072）降为镇，元祐元年（1086）复为县。二州分县格局经历隋唐时期的调整和宋初的增设已基本稳定，除明末新设新田县外，其他分县均自宋代延续至明清。

元改永、道二州为路，领县仍因宋旧④。

明洪武元年（1368）改永、道二路为府，领县如旧⑤。洪武九年（1376），降道州府为道州，省营道县，并其1州3县入永州府。由此，永、道二州合为一府，辖1州6县。崇祯十二年（1640）又析宁远县之新田堡置新田县⑥，形成永州府

---

① 《新五代史》卷60职方考第三。
② 《宋史》卷88志41地理四/永州。
③ 《宋史》卷88志41地理四/道州。
④ 永州路领零陵（上）、东安（上）、祁阳（中）3县；道州路领营道（中）、永明（下）、江华（中）、宁远（中）4县（据《元史》卷63志15地理六）。
⑤ 明洪武初杨璟攻克永州，改永州路为永州府，辖2州8县。洪武十四年（1381），割全州之清湘、灌阳2县入桂林府，永州府遂领1州6县；即零陵、祁阳、东安、道州、宁远、永明、江华。明崇祯十二年（1639）分宁远县13里新立新田县，永州府遂辖1州7县。清代因之。（据《康熙永州府志》卷2舆地：31）
⑥ 《明史》卷44志25地理。

1 州 7 县之格局，一直延续至清末。

综上，永州地区从秦汉时代分属零陵、苍梧二郡，且两郡辖域与后永州府出入较大，到隋代第一次设立包纳整个永州地区的完整政区，并出现"永州"之名，这是永州历史上第一次分合，也是永州地区整体之雏形的最早出现。不过从当时的设县来看，除零陵、永阳（后之营道、道州）基本稳定外，其他分县并未能延续。之后，再从唐初永、道二州分治，分县屡屡调整，直到明初洪武九年（1376）再次合二为一，形成永州府最终辖域，这是永州历史上第二次分合。经过这一时期的调整，永州地区的分县格局在宋初初具，至明末确立，一直延续至清末。甚至今天地级永州市的行政区划仍较大程度上延续此历史区划格局。

2.2.2　城市选址营建历程

自秦汉迄明清的两千余年间，永州地区曾出现过 16 个县级政区，即 16 个县级治所。它们曾使用过 20 余个治城选址。在这 16 个县级政区中，有 8 个延续至清末，即：零陵、道州、永明、宁远、东安、祁阳、江华、新田。另有 5 个在西汉设郡之初即有设置，但经历隋唐时期的撤并而未能延续，即：营道、泠道、春陵、谢沐、冯乘。再有 3 个在中间时期分旧县析设，亦未能延续很久，即：永昌、应阳、大历（图 2-5）。

延续至清末的 8 个府县政区及其治城是本书的主要研究对象。它们曾使用过 13 个城市选址。其中，零陵、宁远、东安、新田 4 县一直稳定于其设县之初的选址。零陵县城的选址可追溯至西汉元朔五年（前 124）的泉陵侯国，此后历泉陵县、零陵郡、零陵县、永州、永州府而一直沿用此选址，至清末长达 2036 年。宁远县城的选址始于宋乾德三年（965）合并唐延唐、大历二县而新置宁远县，位于泠水北岸，即今县城址，至清末沿用 947 年。东安县城的选址始于宋雍熙元年（984）升原东安镇为县，位于紫溪北岸，即今紫溪市镇，其选址沿用至清末共 928 年。新田县城的选址始于明崇祯十二年（1640）析宁远县地设新田县，位于福音山南麓、东西溪合流之汭，该选址至清末沿用 272 年。这 4 处选址中，使用时间最长者历 2036 年（零陵），使用最短者也有 272 年（新田），4 县平均使用时间长达 1045.75 年（图 2-6）。

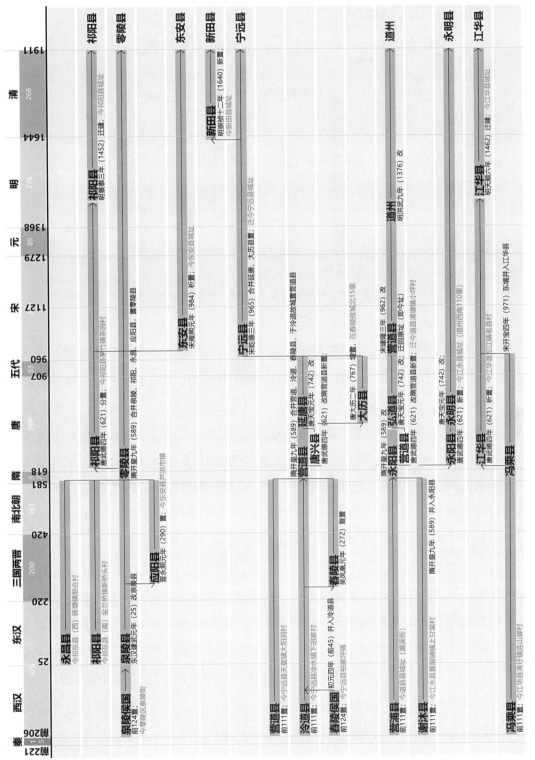

图 2-5　永州地区县级政区（及治所）变迁

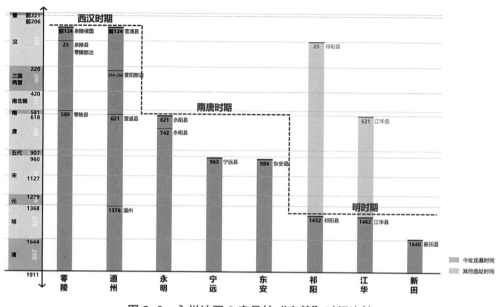

图 2-6　永州地区 8 府县始"定基"时间比较

　　另外 4 州县曾发生过多次城址变迁。其中，道州曾有过 2 次迁建，涉及 2 个选址：西汉元朔五年（前 124）始置营浦县时选址于潇水北岸即今址；唐武德四年（621）改营道县并迁往原址以西 40 里的营山脚下（今道县小坪村）新建县城；唐天宝元年（742）改弘道县并迁回原址（即今址）。道州城诸选址中使用时间最长者为西汉选址即今址，至清末使用 1915 年。祁阳县曾先后有过 2 次迁建，涉及 3 个选址：三国吴太平二年（257）初置祁阳县时选址于今祁东县境内祁山南麓；隋开皇九年（589）并入零陵县遂废；唐武德四年（621）复置祁阳县并于湘水西岸（今茶园村）选址新建县城；明景泰三年（1452）重建县城时又迁往原址东北 2 里的高阜一带。祁阳县城诸选址中使用时间最长者为唐代选址，历时 831 年。江华县曾有过 1 次迁建，涉及 2 个选址：唐武德四年（621）初设江华县时治于冯水南岸（今老县村）；明天顺六年（1462）迁往原址西北 3 里的沱水西岸高地新建县城。江华县城诸选址中使用时间最长者为唐代选址，历时 841 年。永明县曾有过 1 次迁建，涉及 2 个选址：唐武德四年（621）初置永阳县时选址于今圳景村一带，元泰定三年（1325）迁至今址重建县城[①]。永明县城诸选址中使用时间最长者为唐代选址，历时 704 年（表 2-1）。

---

① 又据（光绪）《永明县志》载，唐大历四年、宋熙宁五年及元祐间曾有迁建，但原因及城址均不详。

永州地区诸城迁建时间及原因　　　　　　　　　　　　　　表2-1

府县	选址	选址时间	选址地点	变迁原因
祁阳县	选址1	东汉建武元年（25）	今祁东县（南）金兰桥镇新桥头村	—
	选址2	唐武德四年（621）	今祁阳县茅竹镇茶园村	不明
	选址3	明景泰三年（1452）	今祁阳县城址	战争破坏、近水卑湿
江华县	选址1	唐武德四年（621）	今江华县沱江镇老县村	—
	选址2	明天顺六年（1462）	今江华县城址	旧址狭隘
营道县营浦县	选址1	汉元朔五年（前124）	今道县城址东	—
	选址2	唐武德四年（621）	今道县清塘镇小坪村	战争破坏
	选址1	唐天宝元年（742）	今道县城址	旧址狭隘、交通不便
永明县	选址1	唐武德四年（621）	今江永县圳景村	—
	选址2	元泰定三年（1325）	今江永县城址	战争破坏、旧址狭隘

　　根据方志记载，上述县城迁建的原因主要有四：其一，行政建制调整的需要；其二，旧城受战乱破坏严重而无法继续使用（永州地区尤其多发由民族矛盾引发的战乱）；其三，旧城近水卑湿、屡遭水患而无法继续使用；其四，旧城规模狭小，无法满足增长的人居需求。祁阳县的第1次迁建属于原因一；道州和永明的第1次迁址属于原因二；其他县城的迁建多属于原因三和四。从诸选址的调整幅度来看，大部分是在同一流域内的小范围调整，但表现出两种主要倾向。一是倾向于从河流上游或支流迁往下游或干流，即向交通更便利、用地更开阔的选址迁移：例如祁阳县第3次迁建从湘水回湾之西岸调整至北岸，江华县第1次迁建从沱江支流冯水沿岸调整至冯水入沱江河口，道州第2次迁建从潇水支流濂溪沿岸调整至濂溪入潇水河口，都属这一类型。二是倾向选择更高爽、开阔的基地，如方志所载祁阳、江华县城迁建的理由中都提到其旧城"卑湿狭隘"。

　　若按诸城选址的使用时间排序，8府县使用时间最长的8个选址的使用时间分别为零陵2036年、道州1915年、宁远947年、东安928年、祁阳831年、江华841年、永明704年、新田272年。其中，零陵、道州2城"定基"最早且最为稳定，与这两处选址分别居于零祁盆地、道江盆地之中心且临潇水干流的形势条件密切相关。它们也曾经是永州地区2个次级统县政区（永、道二州）的中心城市。其余6县除新田县外，都在东汉至宋初的900余年间初定了选址，分别位于沿潇水及其主要支流深入两个盆地的边缘地带。

延续至清末的 8 座府县城虽然始定基时间相差 1700 余年，但均在宋明之际的进行了重新规划建设，并基本确定了其明清时期的城市规模及空间格局（详见第 5.2 节）。

2.2.3　人居发展大势

自秦汉迄明清，永州地区的人居发展大致经历了三个阶段。

2.2.3.1　两汉初立

永州地区的早期开发始于汉武帝平南越。据《汉书·武帝纪》载，元鼎五年汉武帝分兵五路攻打南越，分别自桂阳下湟水，自豫章下浈水，自零陵下漓水、下苍梧，自夜郎下牂牁水，跨越南岭而攻番禺 [1]。元鼎六年（前 111），"南越已平矣，遂为九郡" [2]。九郡中有苍梧郡，但不包括零陵郡 [3]，说明零陵郡极可能是在攻打南越的过程中划旧地而新置 [4]。而上述第 4 条水路，正是从泉陵（今零陵）沿潇水南下，经营浦（今道县）、谢沐、富川而顺贺水至苍梧的南岭通道。这条潇贺水道在战时运送军队，在和平时期则成为增置郡县、沟通南北的重要通道。初置零陵郡时，郡治位于湘江上游的零陵（今广西全州境内），主要扼控湘江—漓江通道。而随着潇贺通道的开通和使用，至东汉初，零陵郡治遂转移至位于潇湘合流处的泉陵——这正是区域交通线路影响政区建置、促进人居发展的有力证据。

自此，泉陵作为统县政区中心城市的地位开始确立，郡城开展建设，以郡城为中心的辖域也逐渐调整变化。关于东汉时期零陵郡城的建设情况，《后汉书·陈球传》中曾有"零陵下湿，编木为城"的记载 [5]。但总体而言，这一时期的永州地区仍是民族杂处、战争频发的边疆之区，人居环境发展缓慢。

---

[1] 据《汉书·武帝纪》载，"遣伏波将军路博德出桂阳，下湟水；楼船将军杨仆出豫章，下浈水；归义越侯严为戈船将军，出零陵，下离水；甲为下濑将军，下苍梧。皆将罪人，江、淮以南楼船十万人，越驰义侯遗别将巴、蜀罪人，发夜郎兵，下牂柯江，咸会番禺。……（元鼎）六年……南越破"。

[2]《史记》卷 113 南越列传第 53。

[3]《集解》引徐广曰：郡为儋耳，珠崖，南海，苍梧，九真，郁林，日南，合浦，交阯。

[4] 据《汉书》卷 28 地理志第 8 载："零陵郡，武帝元鼎六年置"。《地理志》言零陵、牂牁诸郡皆言"武帝元鼎六年置"，言南海、郁林、苍梧、交阯、合浦、九真、日南诸郡皆言"武帝元鼎六年开"。说明前者是在已有属地而新置郡，后者是在新拓土地而新开郡。

[5]《后汉书》卷 56 张王种陈列传第 46。

2.2.3.2　唐宋定基

隋初统一中国,重整郡县,永州地区也迎来新一轮建制调整。开皇九年(589)新置永州总管府,"永州"之名始出。永州府的辖域范围合并了此前零陵、苍梧二郡的主要地区,而形成后来永州地区辖域之雏形。但隋代短暂,更细致的分县调整则待至唐代。有唐三百年间,永州地区总体上分永、道二州而治,分县及治所变动频繁。然有破即有立,延续至清末的8府县中,有5个在这一时期确定了分县及治所的基本选址。而在8府县使用时间最长的8处选址中,有4个是在唐代确定的选址(即道州、祁阳、江华、永明)。这一方面说明唐代的城市选址迁建活动频繁,另一方面也说明当时的城市选址技术已较为成熟。永、道二州的辖域和分县格局在宋代趋于稳定,随着宁远、东安二县的建置定基,永州地区8府县中7个已基本稳定[①]。南宋景定元年(1260)永州府城新筑外城,基本奠定了明清永州府城规模。今天仍可见部分宋代城墙。

虽然较两汉时期已有很大发展,但当时的永州地区仍属荒僻边地,是朝廷流放贬官之区。不过,不论是贬官(如柳宗元、阳城等)或是常规巡调的刺史(如元结、韦宙等),都为永州地区的早期人居开发作出了重要贡献。在柳宗元的记述中,由唐代郡县官吏所主持的人居规划建设数量丰富、类型众多。仅就永州城而言,郡城、三山、南池等地区均有不少新建或改造,还包括夫子庙、常平仓等公共设施的增加。州境范围内则出现许多新发掘的风景和风景区建设,如永州朝阳岩、道州左、右溪、江华阳华岩等。宋代在永、道二州参与人居开发及建设的贬官更多,如寇准、范纯仁、张浚、汪藻等。明清时期总结的永州府县八景中有近70%始于唐宋士人的风景发掘。

总体而言,唐宋时期是永州地区人居开发史上十分重要的时期,行政区划渐趋稳定,经济发展,城市建设加强,文化与艺术也有所发展,使荒蛮的边地逐渐向人居腹地转变。

2.2.3.3　明清充实

明初的永、道二府继承了唐宋以来的分县格局。至洪武九年(1376)省道州并入永州府,永州作为一个完整的统县政区终于形成,并基本延续至今,长

---

① 参考:[宋]乐史. 太平寰宇记[M]. 北京:中华书局, 2007:2342-2346.

达 600 余年。随着明末新田县的设立，永州府 1 州 7 县的分县格局也最终确立。永州地区的人居发展在此框架下进入一个新的阶段。

　　人口的增加是永州地区人居充实发展的基础。虽然历代人口统计存在口径不一、数据不全等缺陷，但仍在一定程度上反映出人口增长总体趋势——唐宋时期永州地区的人口密度已经开始增加，到清代则呈现显著激增（表 2-2）。

西汉至清代永州地区人口变化				表 2-2
	空间范围	面积（km²）	人口总数	密度（人/km²）
西汉	零陵郡	—	—	2.68
东汉	零陵郡	—	—	17.60
唐（贞观）	永州＋道州	22452.2	46301	2.06
（天宝）	永州＋道州	22452.2	231783	10.32
北宋	永州＋道州	24539.2	329895	13.44
元	永州＋道州	22329.3	206853	9.26
明	永州府	22907.3	141633	6.18
清（嘉庆）	永州府	23409.8	1629946	69.62

注：据毛况生《中国人口·湖南分册》历代人口及面积数据（1987：39-57）统计[1]。

　　新的人居进展突出表现在城市规划建设方面。永州府 8 座府县城中有 3 个在明代重新选址定基（即祁阳、江华、新田），带来新一轮的城市规划建设。其他州县城也全部遵照一定的等级规制和地方城市的基本配置进行了重新规划建设。虽然明清六百年间不同时期的规划设计法则与偏好也不尽相同，但这一时期的城市规划设计总体上表现出对"自然和谐"与"道德教化"的强烈追求。这两项基本原则贯彻在城市的选址、布局、择向、营建等方方面面，形成了要素众多、层次丰富、结构清晰、形态多样的地方人居环境。地方官员、地理先生、民间工匠、文人士绅等的共同参与，不仅增加了地方城市人居面貌的丰富性，也形成了规划设计的制度、法则、技艺甚至理论。与前两个阶段相比，明清时期永州地区的人居发展渐趋充实。

---

① 毛况生主编. 中国人口（湖南分册）. 北京：中国财政经济出版社，1987：39-57.

2.3　永州地区自然与人文特征对城市规划设计的要求与挑战

永州地区的自然环境和历史文化特征，深刻地影响着地方城市的规划设计，它们不仅为规划设计提供了基础和条件，也提出要求和挑战。从这个意义上说，它们是古人进行规划设计的切入点，也是我们今天理解古代规划设计的切入点。

2.3.1　自然环境：发展出紧密结合自然的规划设计方法

永州地区山水资源丰富，总体上呈现"三山围夹两盆地"的山水格局。但即便在相对平坦的盆地中，形态各异的丘陵仍广泛分布，"出城不一里即见山，层冈叠阜，相宫相别"[①]的景象十分普遍。这样的地形地貌使永州山水呈现出丰富的层次感，自然山水的"层层环护"易于感知。

就山而言，大者有横岭巨嶂，为州县屏障或地理区隔，如九嶷山、阳明山等。九嶷山横亘 100 余公里，主峰（畚箕窝）海拔 1959.2 米；阳明山横亘亦不下百里，主峰（望佛台）海拔 1624.6 米。中者则独耸雄蜂，为城市之镇山、凭依，如道州宜山、祁阳祁山等。宜山海拔 663 米，祁山海拔 621 米，分别距离道州、祁阳两城 15 里左右，山形高耸挺拔。小者则丘阜峰石，为城市之朝应，或建筑之对景，如宁远之鳌头山、金印山，江华之豸山、象山等，距城不过三五里，高度在几十米至百余米不等。

就水而言，大者有大江大川，利舟楫交通，为深池巨堑，如潇水、湘水及其主要支流。小者则溪流沟渠，养一方生民，增林泉之趣，如道州濂溪、零陵愚溪等。

如此丰富的自然山水环境，提供了人居环境开展的基底，也成为规划设计中无法忽视、必须积极应对的"设计条件"。古人的规划设计并不回避起伏的地形、层叠的山峦，而是仔细甄别、依凭资借、充分利用，由此发展出"紧密结合自然"的一系列规划设计理念与方法，也造就出永州地区丰富多样的山水城市景观（图 2-7，图 2-8）。

---

① （光绪）《永明县志》卷4地理：259。

图 2-7　香零烟雨——永州香零山观音阁
（图片来源：汤玉军摄）

图 2-8　九嶷秋色
（图片来源：蒋新国摄）

2.3.2　族群关系：对城市防御与文教提出更高要求

　　永州地界南岭，历史上是少数民族长期聚居之区。今天地级永州市少数民族人口中有 94.8% 为瑶族。永州方志中称当地土著民族为"猺峒"，"即古棘蛮也，种类至众"①，居于南岭深山中。永州地区虽然早在汉代已设郡县，但唐宋时期仍

---

① （康熙）《永州府志》卷24外志·猺峒：729。

为朝廷流贬之区，这其中原因就与当时猺峒杂居的状况密切相关。据道光《永州府志》载，"三代以前，永处荒服，汉以后稍被声教，而唐宋犹以处谪迁，岂非猺峒基错，叛荒不常，文告阻隔乎？"[①]唐宋以降，随着永州地区的人居开发和汉族人口的增长，族群之间争夺土地的情形仍时有发生。因此，重视城防建设是历史上永州地区应对民族关系的主要表现之一。

当然，永州地区的人居开发不仅表现为一个汉族移民逐渐迁入、与原住民争夺土地的过程，也是一个原住民逐渐认同汉人文化、接受道德教化的过程。宋代，地方政府为了教化猺峒就提出专门对策：一方面使山猺峒丁耕种边田，纳课而无他役；另一方面"择土豪为人所信服者为（其）总首"，"以蛮猺治蛮猺也"[②]。这些策略旨在使猺峒潜移默化地接受汉人耕读、礼教的生活方式。经过几百年的努力，至清代已见成效。据（康熙）《永州府志》载，"近年以来，熟猺纳粮当差、与人交易，与良民无异；生猺遂虽匿山间，然亦自食其力，不复剽掠"[③]。

道德教化于是成为永州地区实现民族融合、文化认同的重要手段。（康熙）《永州府志·猺峒》云：今"猺人亦吾人矣，虽仍旧著其目，吾知更百年后渐摩日深，并其名可不必存矣。要之德礼政刑，兼施并举，世固无不可化之人也"[④]。（道光）《永州府志·猺俗》亦云，"文命诞敷深林密箐，既生成于耕凿，复沐浴于诗书，一时人才济济，若宁远登贤书者且相继而起，惟涵濡于陶淑之化者深也"[⑤]。可知，以诗书礼乐教化猺峒，正是永州地区注重"道德之境"规划建设的现实原因之一。"道德之境"的重要意义不仅在于科举文运，更在于民族团结与政治安定。

2.3.3 文化传统：重视道德环境、文教设施的规划经营

永州虽地处荒服，但历史上一直有重视道德文教的传统。一方面，如前文所述是地方治理、民族融合的客观需要；另一方面，则与永州历史上两位圣贤——舜帝与周敦颐[⑥]——的影响密切相关。

据《史记·五帝本纪》载，舜"践帝位三十九年，南巡狩，崩于苍梧之野。

---

① （道光）《永州府志》卷5风俗·猺俗：394。
② （康熙）《永州府志》卷24外志·猺峒：730。
③ （康熙）《永州府志》卷24外志·猺峒：732。
④ （康熙）《永州府志》卷24外志·猺峒：729。
⑤ （道光）《永州府志》卷5风俗·猺俗：394。
⑥ 周敦颐（1017—1073），字茂叔，号濂溪，谥号元公，北宋哲学家，被学术界公认为理学开山鼻祖。

葬于江南九疑，是为零陵"。舜帝因此成为永州即零陵最早的文化标签。舜帝以孝悌闻名，历来被视为道德始祖与楷模，因此永州人也视道德教化为宝贵的地方文化传统。理学鼻祖周敦颐（1017—1073）与永州的渊源，则是因为其故里在道州濂溪。据《宋史·道学列传》载，"周敦颐，字茂叔，道州营道人……因家庐山莲花峰下，前有溪合于溢江，取营道所居'濂溪'以名之"[1]。此濂溪即在道州城西20里。周氏祖先本世居青州，唐永泰年间（765—766）卜居于宁远县大阳村，至周敦颐曾祖父时再迁至濂溪楼田村[2]。至景定四年（1263）时，楼田村已是"环溪数百家，皆周氏子孙"[3]，规模甚宏。待到程朱将理学发扬光大，周敦颐被推崇为理学鼻祖，他也成为永州地方文化中的标志性符号（图2-9）。

图2-9 道州濂溪故里楼田村

浸润于两位圣贤之遗风，永州人士自觉宣扬教化、振兴文风为地方不可懈怠之责任，特别对于道德环境建设、文教设施规划重视有加。永州每每兴修学宫书院，必提及二君。例如嘉庆《宁远县志·学校》载，"教士必先建学，重道所以尊师。自汉郡县立学，祀先师，行释菜，礼学校，所由昉也。宁远为虞帝

① 《宋史》卷427列传186道学一/周敦颐。
② ［宋］龚维蕃（道州知州）. 濂溪故里记（嘉定七年）.（光绪）《道州志》卷7先贤：535。
③ ［宋］赵栟夫. 濂溪小学记（景定四年）.（光绪）《道州志》卷7先贤：523。

过化之乡，实濂溪发祥之地，由唐以降，明贤辈出，皆不外于学校"[①]。再如元欧阳员《修道州学记》载，"道州为子周子之乡，其学校兴废于四方观瞻所系甚重。今郡学颓圯，过者骇焉，将何以遒当道之责乎？"[②]。

2.3.4　贬谪之区：唐宋贬官对早期人居开发作出重要贡献

永州历史上还有一个影响其城市规划设计的特殊背景，即曾是唐宋时期的贬谪之区。贬谪，指官吏因政治过失或负罪而受到特定的行政处罚，"大凡政有乖狂、怀奸挟情、贪黩乱法、心怀不轨而又不够五刑之量刑标准者，皆在贬谪之列"[③]。唐宋两代的贬谪现象尤其普遍，并形成固定制度。当时的贬谪方式主要有"降级"、"投闲"、"出外"三种，又以"出外"远迁者数量最多。根据尚永亮（2007）的研究，唐五代时期文人贬官被贬至南方诸道的频次占总量的近70%；其中，江南西道、岭南道、江南东道在众多贬谪地中位列前三[④]，是当时出外贬官最为集中的地区。上述三道相当于今天的湘、赣、粤、桂、浙、闽等地区，它们共同的特征是远离中原、山水阻隔、民族杂居、人居环境落后。永、道二州在唐代属江南西道，宋代属江南西路，是朝廷流放安置贬官的重要基地。（道光）《永州府志》有载，"永州去京师常数千里，岩壑深峻，风雨不时，古称边瘴之地，士大夫非迁谪则鲜有至焉"[⑤]。

贬官群体中虽不乏确实无德无才、罪当获贬者，但仍有相当一部分是遭到异己排斥，或受政治斗争牵连而"无辜"被贬的忠贤之士。他们被贬至边地为官，仍能忧虑百姓疾苦，关心当地建设。贬谪对他们各自的政治生涯而言或是一场灾难，但对于偏远落后的地方州县来说却未尝不是一件幸事。唐宋两代被贬至永、道二州的官员就曾为当地人居开发做出重要贡献，正所谓"贤达之来率以迁谪，山川文物，赖此日新"[⑥]。

唐宋贬官在永州地区的人居贡献按其官职而有所不同，可分两类：

---

① （嘉庆）《宁远县志》卷5学校：395。
② [元]欧阳元. 修道州学记.（光绪）《道州志》卷5学校：428。
③ 尚永亮. 贬谪文化与贬谪文学[M]. 兰州：兰州大学出版社，2003：1。
④ 根据尚永亮所提供数据计算，江南西道、岭南道、江南东道在唐五代时期的文人贬官频次分别占全国总数的15.7%、12.3%和11.9%，远超位居第四的山南东道（8.2%）。（参考：尚永亮. 唐五代逐臣与贬谪文学研究[M]. 武汉：武汉大学出版社，2007：80-89.）
⑤ （道光）《永州府志》卷14寓贤：895。
⑥ （道光）《永州府志》卷13良吏：858。

第一类是被贬为地方最高长官者，如唐代的州刺史①等。虽为贬官，但其权责与普通地方长官无异，仍然是地方城市规划设计的主导者和决策者，客观上扮演着"总规划师"的角色。此类代表人物，如唐代的永州刺史李岘、崔能，道州刺史阳城、吕温等②。

第二类是被降为闲职者，如唐代的州别驾、州司马，宋代的指定"居住""安置"③者。他们无行政实权，但关心地方建设，主要贡献在地方风景发掘和文化宣传方面。这些外迁贬官都受过良好教育，具有较高的文学艺术修养，他们被贬后虽然无实权，但品高俸厚，且有大把闲暇时间，具备从事风景开发和文化宣传工作的客观条件。同时，投闲荒僻、远离故土所带来的孤独、失落、凄凉与愤懑，也激发着他们寄情山水的主观意愿。"当其遭谗黜辱、远斥投荒，事出不得已。迨居之既久，习而相安，与其山水草木有声气之通。于是昌其精灵，发为文章。悟其动静，洽于心性。比得还反，眷恋徘徊不能去。其幽赏结契者，至移家于此而不复忆其乡国。即不幸如西山之终于羁困，犹且优游顺命，若得所安"④——这或许是每位贬永士人都曾走过的心路历程。永州山水为这些贬官提供了容身之所，这些贬官们也在传世诗文中歌颂永州山水，使其为世人所知。其中一些更具巧思者，不仅亲身参与规划设计实践，还在此基础上提出规划设计理论。此类代表人物，如唐代的柳宗元，宋代的寇准、蒋之奇、范纯仁、黄庭坚、邹浩、张浚、胡铨、汪藻、方畴等（表2-3）。

这一系列自然和社会环境为历史上永州地区的城市规划设计提供了基础和条件，也提出了要求与挑战。

---

① 尚永亮（2007）指出：有些由京官出任地方州刺史，虽未明言贬谪，但其实也视同贬官身份。
② "李岘，吴公恪孙也。天宝中，自京兆尹出为零陵刺史，为政有体，甚得民心。"（据（康熙）《永州府志》卷15人物）"朝议以所责本轻，群再贬黔南，（吕）温贬道州刺史。"（据《旧唐书》列传第87）"德宗闻之，以（阳）城党罪人，出为道州刺史。"（据《旧唐书》列传第142）"（崔）能，少励志苦学，累辟使府。……（元和）六年，转黔中观察使。坐为南蛮所攻，陷郡邑，贬永州刺史。"（据《旧唐书》列传第127）
③ 杨世利（2008）指出："居住和安置是宋代对犯罪官员人身自由进行限制的贬降措施。居住，即犯罪官员要在指定州军居住，不得随意迁移到它州。安置，也是犯罪官员居于指定州军，其活动受官府监视，在处罚上重于居住。……居住法不仅限制获罪官员的人身自由，而且要确保这些官员远离政治中心。……居住法多适用于高级官员，并且多适用于政治型贬降"。（杨世利. 北宋官员政治型贬降与叙复研究：以中央官员为中心的考察[D]. 开封：河南大学，2008：43-47.）
④ （道光）《永州府志》卷14寓贤：895.

唐宋时期永、道二州贬谪士人的人居相关事迹　　表2-3

姓名	贬谪情况	贬谪期间主持、参与或记述的人居建设
柳宗元 （773—819）	永贞元年（805）贬永州司马	贬永初居龙兴寺，筑"西轩"，次年作《永州龙兴寺西轩记》、《永州龙兴寺息壤记》。整治"东丘"，并作《永州龙兴寺东丘记》。元和三年（808）陪同刺史崔敏游宴南池，作《陪永州崔使君游宴南池序》。元和四年（809）移居法华寺，筑"西亭"，并作《永州法华寺新作西亭记》。又发掘西山、钴鉧潭、西小丘诸景，并作《始得西山宴游记》、《钴鉧潭记》、《钴鉧潭西小丘记》等。元和五年（810）发掘并命名愚溪，筑居溪畔，作《愚溪诗序》等。元和六年（811）作《永州龙兴寺修净土院记》。元和七年（812）发掘袁家渴、石渠、石涧诸景，并作《袁家渴记》、《石渠记》、《石涧记》；为刺史韦公作《永州韦使君新堂记》。元和八年（813）游黄溪，并作《游黄溪记》。元和九年（814）为刺史崔能作《湘源二妃庙碑》；为薛伯高作《道州毁鼻亭神记》；为零陵县令薛存义作《零陵三亭记》；发掘小石城山，并作《小石城山记》。又作《零陵郡复乳穴记》。
寇准	天禧四年（1020）贬道州司马	
蒋之奇 （1031—1104）	治平四年（1067）贬监道州酒税	治平四年（1067）与沈公仪同游江华时发现寒亭暖谷及奇兽岩，命名并作《寒亭暖谷铭（并序）》《奇兽岩铭（并序）》。登零陵朝阳岩复建柳宗元"西亭"，并作《朝阳岩遂登西亭诗（并序）》。曾作《澹岩诗》等。
范纯仁 （1027—1101）	绍圣四年（1097）贬武安军节度副使，永州安置	居永三年。寓居东山某僧寺西轩。后寓居东湖芙蓉堂（唐刺史李衢始建），后张栻因其旧址改建"思范堂"。
黄庭坚 （1045—1105）		崇宁三年（1104）除名羁管宜州时途经浯溪，于元结《大唐中兴颂》左题刻《书摩崖碑后诗》。次年徙永州，未闻命而卒。曾作《濂溪辞》、《朝阳岩诗》、《澹山岩诗》等。
邹浩 （1060—1111）	崇宁年间（1102—1106）贬衡州别驾，永州安置	居永一年。崇宁四年（1105）在祁阳县作《甘泉铭》。张栻于绍兴三十年（1160）得此铭并刻石甘泉之上。曾作《澹山岩诗》等。
张浚 （1097—1164）	绍兴七年（1137）贬秘书少监分司西京，永州居住。绍兴二十年（1150）再贬提举江州太平兴国宫，永州居住	在永州建"三省堂"，作《三省堂记》。在寓居前凿"紫岩井"，井因张浚号紫岩而得名（明天启年间张浚后裔张皇后依其故居建文昌阁，井在文昌阁前）。绍兴二十四年（1154）曾作《新学门铭》记永州州学南门重建事。曾作《朝阳岩诗》等。

续表

姓名	贬谪情况	贬谪期间主持、参与或记述的人居建设
胡铨 （1102—1180）	绍兴七年（1137）贬昭州编管，寻徙永州	曾作《亦乐堂铭》、《困斋记》等。
汪藻 （1102—1180）	绍兴十三年（1143）罢宣州知州，贬居永州	居永十二年。绍兴十七年（1147）在愚溪对岸城墙巅筑玩鸥亭，并作《玩鸥亭记》。曾赠书柳子祠，并作《柳先生祠堂记》。
张栻 （字敬夫，张浚之子，1133—1180）	侍其父张浚至永州	曾在东湖芙蓉馆旧基建"思范堂"。曾作《永州府学周先生祠记》、《双凤亭记》（绍兴二十四年1154）、《游东山记》（绍兴二十八年1158）、《甘泉铭记》（绍兴三十年1160得邹浩《甘泉铭》并补记刻石甘泉之上）、《道州建先生祠记》（淳熙五年1178）等
方畴 （字耕道，1133—1180）	绍兴二十七年（1157）谪守武冈，后移零陵	与零陵守陈辉等于永州州学东厢建"濂溪祠"。名其室曰"困斋"，属刘芮作《困斋铭》。
蔡元定	庆元二年（1196）谪居道州	

注：参考《柳宗元年谱》（41—89），《宋史》卷314、卷361、卷445，（康熙）《永州府志》卷15流寓（419—422）、卷19艺文（534、645）等。

第3章 『自然之境』的规划设计：人工嵌入自然

　　前文指出，"自然"与"道德"是贯穿古代地方城市规划设计的两项核心价值。为了在自然环境中恰当而巧妙地嵌入并建构起城市人工环境，古代地方城市的规划设计中发展出一系列紧密结合自然的规划设计理念与方法，以实现城市的"自然之境"。

　　古人对城市"自然之境"的强烈追求，不仅仅是因为自然环境为人类及城市提供了生存空间和基础资源，还因为自然环境同时也是人类社会秩序模仿的范本，是人类的信仰崇拜对象，并为特定意义的功能活动提供专门场所等等。自然环境对于人类社会及城市的多重意义，使得城市"自然之境"的建构不仅仅是一个工程技术问题，还包含着信仰、审美、文化等多个维度。

　　就规划设计的主要内容而言，城市"自然之境"的建构须处理：在大尺度自然环境中确定人工环境的选址范围，参考中小尺度自然环境特征而建立人工环境的空间骨架格局，并在人工环境的塑造中筛选特定自然要素与之建立功能、象征及审美关联等问题。基于对永州地区府县城市规划设计实例的详细考察，笔者认为，规划设计者在建构城市"自然之境"时主要遵循着八项基本原则以应对不同层面的问题。应对宏观层面的环境"选择"问题，规划设计者采用成熟的"形胜评价"理论和"相土尝水"的技术方法。应对中观层面的环境"利用"与人工"嵌入"问题，遵循着"因土兴利"原则以确立山麓地带为人居环境的"生长基点"；遵循"依险设防"原则以山水自然要素划定人居空间边界；遵循"随形就势"原则以处理人居功能空间的组织布局；遵循"镇应向避"原则以处理人工环境的择向立轴，并建构人工环境与特定自然山水标志物的深度空间关联；遵循"裁成损益"原则以处理对自然环境中不理想部分的增补改造；遵循"穿插游走"原则以控制人工环境与自然环境的互动节奏。

　　本章将结合永州地区城市规划设计实例，对上述八项"自然之境"规划设计原则及理论方法分别论述。

3.1 形胜评价：城市选址的山水体察

中国古代极为重视人居环境的选址与评价，由此形成"形胜"的相关理论。所谓"形胜"，以"形"① 相"胜"② 也，是一种基于对自然山水格局的形态观察和经验认知而评价该地作为城市选址性能的理论 ③。

3.1.1 "形胜"与形胜评价

"形胜"最早是兵法中的概念。在《孙子兵法》和银雀山汉墓竹简《奇正》篇中，"形"是相对于"势"而言的有形的、静态的军事实力④，土地、粮食、兵力等都是"形"的具体标准。"形胜"指凭借所具备的客观实力而取胜，并不特指"地利"。到了战国末年的《荀子·强国》篇，"形胜"开始意指地理形势上的综合优势，所谓"其固塞险，形势便，山林川谷美，天材之利多，是形胜也"。两汉时期，"形胜"的说法并不流行，在《史记》和《汉书》中仅出现一次："秦，形胜之国，带河阻山，县隔千里"⑤。至魏晋以降，"形胜"一词的出现频率开始增加：如梁沈约（441—513）所撰《宋书》中出现6处，北齐魏收（507—572）所撰《魏书》中出现8处，唐房玄龄（579—648）所撰《晋书》中出现16处等。这一时期，"形胜"主要是针对某地地势险要、易守难攻的军事地理条件的专门评价，所谓"形胜之地"或"形胜之区"，主要强调其"要"与"险"。但随着魏晋以降自然审美的普遍自觉，"形胜"的概念中也逐渐增加了风景审美的意义。如《魏书》载周世宗令冯亮"周视嵩高形胜之处"造闲居佛寺⑥，《旧唐书》载唐玄宗令司马承祯"于王屋山自选形胜"置坛室以居⑦，都表明"形胜"还指山水风光之美、居

---

① 据《康熙字典》："形。《说文》：象形也。《释名》：形有形象之异也。《易·乾卦》：品物流形。《系辞》：在地成形。……又《玉篇》：形，容也。《书·说命》：乃审厥象，俾以形旁求于天下。《传》：审所梦之人，刻其形象。《谷梁传·桓十四年》：望高者，察其貌而不察其形。[注]：貌，姿体，容色。《韵会》：形，体也。《前汉·杨王孙传》：形骸者，地之有也。……又地势也。《史记·高祖本纪》：秦形胜之国。[注] 得形势之胜便者。《前汉·晁错传》：臣闻用兵临战合亦之急者。一曰得地形"。[（清）张玉书等编撰．王引之等校订．康熙字典[M]．上海：上海古籍出版社，1996：327．]
② 据《康熙字典》："胜。《说文》：任也。《广韵》：举也。《正韵》：堪也。《诗·小雅》：既克有定，靡人弗胜。……《广韵》：胜，负之对。《老子·道德经》：天道不争而善胜。《史记·魏世家》：百战百胜。……又加也，优过之也。《周子通书》：实胜善也，名胜耻也"。[（清）张玉书等编撰．王引之等校订．康熙字典[M]．上海：上海古籍出版社，1996．]
③ 详见：孙诗萌．南宋以降地方志中的"形胜"与城市的选址评价//中国建筑史论汇刊．第捌辑[M]．北京：中国建筑工业出版社，2013：413-436．
④ 参考：李零．兵以诈立：我读《孙子》[M]．北京：中华书局，2006：164-172．
⑤ 《史记》卷8高祖本纪第八，《汉书》卷1高帝纪第一。
⑥ 《魏书》卷90列传第78。
⑦ 《旧唐书》卷192列传第142隐逸。

处环境之便。"形胜"开始成为一种对城市选址性能的综合评价，包括军事防御、居利便生、风景审美等多方面内容。

从南宋开始，"形胜"逐渐成为地方志中的独立篇目，甚至形成固定的内容和格式。在当时的人居知识体系中，"形胜"的概念日渐重要。成书于南宋嘉定至嘉熙年间的两部地理总志《舆地纪胜》和《方舆胜览》中分别出现了"风俗形胜"和"形胜"条；（嘉定）《镇江志》、（绍定）《澉水志》、（宝祐）《仙溪志》、（景定）《建康志》四部地方志①中也都出现了"攻守形势"、"形势"、"星土面势"等"形胜／形势"相关篇目。其涉及内容已大大超越秦汉隋唐时期的军事地理优势，而包括一邑之地理区位、山水关系、自然生态、风景名胜、城池建设、历史区划、名人事迹、土产等多项内容②。不过，这些内容仍然十分杂乱，大多是语录汇编，而非专门撰述。这些"形胜／形势"条目的隶属也不统一，（嘉定）《镇江志》列"攻守形势"条于《风俗志》下③，（绍定）《澉水志》列"形势"条于《地理志》下④；（宝祐）《仙溪志》列"星土面势"条于《叙县志》下⑤，（景定）《建康志》列"形势"条于《武备志》下⑥。从"形胜／形势"作为方志固定体例的出现来看，其重要性已开始显现；但从并不整齐的内容编排和隶属关系来看，形胜概念尚未成熟。

情况在明清时期发生了巨大变化，"形胜／形势"开始成为方志中专论城市选址评价的固定篇目，甚至形成固定的表述逻辑与格式。这说明当时对城市选址进行形胜评价已十分普遍，并且选址实践及其评价遵循着一定的原则和方法。

在本书主要参考的 19 种永州地区府县方志中，有 11 种列有"形胜／形势"篇⑦（表 3-1），其中大部分已形成专门化的选址评价⑧。这些章节呈现出共同的评

---

① 笔者考察了《宋元方志丛刊》（8卷）中所收录的41种宋元方志，其中仅有上述4种方志中出现了"形胜"或"形势"相关的条目。（中华书局编辑部编. 宋元方志丛刊（全八册）[M]. 北京：中华书局，1990.）
② 例如，《舆地纪胜》卷56永州"风俗形胜"中共收入30条。其中，除风俗6条外，还包括地理区位3条、山水关系5条、自然生态3条、风景名胜8条、城池建设1条、历史区划3条、土产1条。《舆地纪胜》卷58道州"风俗形胜"中共收入23条。其中，除风俗4条外，还包括地理区位3条、山水关系2条、自然生态4条、风景名胜4条、历史区划1条、名人事迹4条、土产1条。
③ （嘉定）《镇江志》卷3风俗志（《宋元方志丛刊》第三册：2339）。
④ （绍定）《澉水志》卷1地理志（《宋元方志丛刊》第五册：4660）。
⑤ （宝祐）《仙溪志》卷1叙县志（《宋元方志丛刊》第八册：8271）。
⑥ （景定）《建康志》卷38武备志（《宋元方志丛刊》第二册：1956）。
⑦ 此外，祁阳、东安、江华3县方志中虽无独立设置的"形胜／形势"篇，但在其他卷目（如山川志、疆域志）中仍出现了涉及"形胜/形势"的内容。
⑧ 即编纂者为叙述当地"形胜/形势"而专门撰写的成段文字，区别于对古代语录的汇编。

价对象、考察目标以及格式语汇。

	永州诸县方志中的"形胜/形势"条内容	
	（洪武）《永州府志》·形胜	表3-1

明清时期永州诸府县方志中"形胜/形势"条内容　　表3-1

	永州诸县方志中的"形胜/形势"条内容
永 州 府	（洪武）《永州府志》·形胜 本府：按《方舆胜览》云：北接衡岳，南连九嶷，□□□……皆负九嶷。曹荣表云：惟二水之名□□，负九嶷之旧，□依列嶂，复瞰重江，大概若此。 道州：按《方舆胜览》云：南控百粤之徼，□□嶷接。
	（隆庆）《永州府志》卷7封提志·形胜 北接衡岳，南连九嶷（《方舆胜览》）； 环以群山，延以林麓（唐柳宗元《游宴南池记》）； 湘水导其源，嶷山盘乎险，南控百粤，北凑三湘（宋掌禹锡记）； 山水奇秀（宋倪均父《题浯溪序》）； 青玻璨盆插千岑，湘水之清无古今（黄山谷诗）； 永为佳山水郡，女墙云矗，雉堞天峻，侯国之眉目，邦人之嵩华（吴之道记）； 极江山岩壑之胜，尽人物邑聚之繁，潇湘雅趣皆在目前（元黄霖龙《思乐亭记》）； 南九嶷，北衡岳，接五岭，凑三湘，控百粤，瞰重江，山川奇秀（《一统志》）；…… 按：永扼水陆之冲，居楚越之要，衡岳镇其后，九嶷峙其前，潇水南开，湘江西会，此形胜大都也。乃若群山秀丽，众水清淑，昔贤品第，彩溢缥缃。若[零陵]则谓其为九嶷之零，翠霭遥临，钟奇毓粹。北为[祁阳]，则祁水环拱献秀，邑实当之。西为[东安]，则文壁清溪，著奇南服。南为[道州]，潇水所自出，夹两山而流逶迤百里陆，瞰不测之渊，水多错陈之石，一郡金汤，良在于兹。若[宁远]则九嶷三江。[永明]则都庞瀑带。[江华]则白芒沱洑，并称壮丽奇险。而永岿然居乎其中，尽有州邑之胜。故以之用兵则易守难攻，以之利民则可樵可渔，以之登览则可以展文人学士之才，发幽人迁客之思。或者谓其少人多石，殆寓盲耳。呜呼！自濂溪先生崛起营道，取象月岩，发国书之秘，遂为万世理学宗，地灵人杰，不信矣哉。是故先论形胜，后叙山川。
	（嘉靖）《湖广图经志书》卷13永州·形胜：1097 本府南接九嶷，北接衡岳（旧经）；石崖天齐（唐元结《中兴颂》）；背负九嶷，面儌潇湘（周中行撰《元次山祠堂记》）；环以群山，延以林麓（唐柳宗元《游宴南池记》）；后依列嶂，前瞰重江(唐曹中《永州谢表》)；山水奇秀(宋倪均父《题浯溪序》)。[零陵]大约同府。[祁阳]东瞻衡岳，西望九嶷（旧志）；祁山枕其北，潇湘□其南（□□□□□□）；山峻披而水清深（苏天爵《书院记》）。[东安]北则凤山，东则象岭，文壁拱峙乎前，清溪环绕乎后（旧志）。[道州]与五岭接（《寰宇记》：道州与五岭接，有炎热而无瘴气）；南控百越，北凑三湘（宋掌禹锡《道州鼓角楼记》：湘水导其源，嶷山盘乎险，南控百越，北凑三湘）；山有九嶷，九峰各有一水（旧志）。[宁远]南近九嶷，东连衡岳，地接两广，水合潇湘（旧志）。[永明]限压叠嶂，父子森罗，都庞连荆峡之险，河流会三湘之派（旧志）。[江华]禾山峙险，秦岩漾纡（旧志）。

	永州诸县方志中的"形胜／形势"条内容
永州府	（康熙）《永州府志》卷 2 舆地志・形势：40 按永据水陆之冲，居楚越之要；遥控百粤，横接五岭。衡岳镇其后，九嶷峙其前；潇水南来，湘江西会；此形胜大都也。乃若群山秀杰，众水清骏，昔贤品第，纸不胜录。若［零陵］则为九嶷之零，翠霭遥临，钟奇毓粹。北为［祁阳］，则祁山祁水环拱献秀，邑实当之。西为［东安］，则文壁清溪，著奇南服。南为［道州］，潇水所自出，夹两山而流逶迤百里陆畹不测之渊，水多口陈之石，合郡金汤，良在于兹。若［宁远］则九嶷三江。［永明］则都庞瀑带。［江华］则白芒泷洑并称，壮丽奇险。而永岿然居乎其中，雄据州邑之胜。故以之用兵则易守而难攻，以之生聚则种植樵渔无所不宜，至于相阴阳、揣刚柔、度燥湿，因土兴利，依险设防，是在守土者因时变通矣。赞曰：榛莽天辟，莫此南荒；周遭崖岭，襟带潇湘；远控百粤，天府称强；韫奇毓秀，骏发而祥。
零陵县	（光绪）《零陵县志》卷 1 舆地志・形势：141 《方舆纪要》曰：列嶂拥其后，重江绕其前，联粤西之形胜，壮荆士之屏藩，亦形要处也。王元弼《志》①云：零陵九嶷峙其南，衡岳镇其北，西控百越，东接五岭，而潇水湘流襟带城郭。太史公曰：楚粤之交，零陵一大都会也，不信然哉。武占熊《志》②云：近眺则崚峰秀特，迥望则祁山环拱，西顾则湘流宛转，南指则潇水逶迤，衡岳镇其后，嶷山表其前，而零陵岿然居中，以附郭之首邑，具全郡之大观矣。
江华县	（万历）《江华县志》卷 1 形胜 南控百粤，北接三湘，阳华峙于左，沱山耸于右。
永明县	（康熙）《永明县志》卷一舆地志・形胜：18 立国者不恃险，然亦未尝不因地以制险。易曰：王公设险以守其国。子舆氏曰：天时不如地利。春秋传曰：表里山河必无害也。乃知山川阨塞熟于为国者所以筹胜于樽俎之前也。永明县北接灌阳、南连富川、西距恭城，三面皆粤，惟东一线路通舂陵。今不隶始安而隶芝城，何哉？得毋以芝为楚之藩篱，永为芝之藩篱。岭右居我上游，所属如桂平一带猺峒杂处，叛服靡常。卒或蠢动入犯，永其发难之始乎。所仗县治四顾皆山，环带俱水，挂榜案于前，都庞屏于后，潇江环诸左，桃川绕诸右。纵非金汤，亦扼控险塞，守土者苟以时绸缪之，永可坐而安也，永安而芝城亦安。犬牙相制，昔人隶芝城之深意欤？呜呼！形势虽胜，经理在人，除戎御暴诚不可一日不戒也。
道州	（光绪）《道州志》卷 1 方域志・形势：146-147 尝考道州有庳旧封营阳古郡，应轸星而分野，割楚徼以开疆；据潇湘之上游，藉江永为外障；西连百粤，东控九嶷；北有麻滩木垒之雄，南有横岭乱石之险。永安关隘，气压崤函；泷路崎岖，魂飞折坂。并舂陵而连亘，鱼台高撑；会沲淹以争流，营波直泻。若夫虞山挺秀，本舜帝过化之乡，濂溪涵清，是周子钓游之地。三台五老峰名上应天文，九井七泉水脉下通地轴。岂独月岩悬象，妙悟图书，而且元石题名，祥钟科甲，固所称雄胜之国，而实为理学之区也。尔乃详观图象载，考州龙初发脉于营阳，蜿蜒百里，继分枝于宜岭，突兀三峰。由是立城池则面水背山；建廨署则居高临下。左右溪交流城外，东西洲并峙河中，备三穿九漏之奇，联七坊四村之盛。廛市在西门以外，客货联云；溪流汇南岸之前，估帆如织。千顷之桑麻在望，四郊之烽燧无惊。语有之"天下大乱，此处无患；天下大旱，此处得半"。观此而一州之形势可知矣。

---

① 即：（清）王元弼修，黄佳色纂.（康熙）《零陵县志》14 卷。
② 即：（清）武占熊修，刘方璿，蒋濂纂.（嘉庆）《零陵县志》16 卷。

	永州诸县方志中的"形胜/形势"条内容
宁远县	（嘉庆）《宁远县志》卷首形势：43-46 宁远县治自宋建设于此。其山镇曰九嶷，曰春陵；其浸曰泠水，曰春水，曰潇水。竹木之饶，谷植之富，亦一都会也。 然论其形势，地脉来自两粤，至三分石融结一峰，高不可插霄汉。一支由西南转北，为鲁女观、经洪洞、大阳，一路岩层岫衍，至黄岭屹然而住；一支向东行直趋而北，历下灌洞，至金牛岭，干霄蔽日，竞秀争奇，有如万马奔腾，衔枚却顾。又如千官鹄立，搢笏雍容，锵锵崔崔，不可名状。由金牛岭过峡，逶迤曼衍至大富山，忽转而南，陡然而止，是为县治落脉。如骏马下坡，临崖一勒，卸为平地。复突起逍遥岩，□举苍翠，独立不倚。四面皆平原沃壤，蜿蜒起伏如牵丝曳线。至四朝冈复微微隆起，县治丽焉。对面则鳌头、印山东西两峙，以束其气。大富山右又分一支，为平冈，突为二砠，又起为二岭，至虎山雄踞右盼，与南来之黄岭会，石骨交运，夹束狭隘，为县治之小关键。大富山后又转东行，为大谷，为大冈，复东为上流，又折而北为春陵，亦名洛阳，为北方巨障，东西二乡众山之主。北分一支，连零祁界阳明诸山，遮拥其后，乃卸为乡石岭。又西行为乐山，复约行七十余里，缭青亘白绵跨郊坰，统曰西山。直至渡口，以收春泠二水，而不见其西去之迹，为县治之大关键。水则泠水发源于今舜源峰，会仙政诸水，自南而东，又西行经县治前以贯其中。春水出春陵山，与五豀俱会以随其后。潇水出三分石，合子母二江，过大阳溪，以环其外。仁水复自西来入焉春会泠为两河口。泠春会潇为江口。仁会三水为小江口。重重包束，山峙水渟，流而不泄，真气内藏，实风水聚会之区也。 今统其大势：内则大富山为其入脉，逍遥岩为其主脑，鳌印二峰为其朝揖。外则南有九嶷，北有春陵，东有上流，西有西山，以为屏障。又有三水为之宣流导气，以资灌溉而利舟楫。相其阴阳，辨其方位，江山环固，水土和平，县治所居，诚得中和之气焉。况乎南为虞帝宅真府，北为汉祖发祥之基，毓灵钟秀，又非他处一丘一壑之所能及也已。
	（光绪）《宁远县志》星野·形势：26-28：同（嘉庆）《宁远县志》
新田县	（嘉庆）《新田县志》卷2地舆志·形势：84-88 新邑分自宁远，地脉由宁远后脉大富山之东角分枝，因而北行数十余里顿起春陵山，为一方巨镇。从春陵山分枝迤逦又数十余里复起高山如屏，从中抽出一支迥转南向，即地理家之挂钩形也。到头结太极岭，岭下连起三珠，贯串入首而县治丽焉。治后屏山又分数枝，左护拦拦，随龙水到治前；右护即来脉，龙身亦关拦，随龙水到治前；左为东河，右为西河，两水夹送，会合于城之南，即南方委折而去，自是由南转东，北出常宁之白沙河，而入于大河矣。水口直出，似乎大顺，而高山遮护不见其顺去之迹，故真气内藏，实为灵秀所钟。且后有翠屏，前有天马，相为拱照；登高一望，众山包里，无少欠缺，足经久远。 然设险守固，必有城池。前明开创之，始立城开壕，固如金汤。至国朝康熙年间，邑令钟运泰捐俸修理，自是无修继者，遂倾圮而难与更始矣。然莅斯土者果能教养有方，训练有素，则有形之固不如无形之固也已。

（1）评价内容

形胜评价的基本内容包括：一邑的地理区位、四向主要山水要素、其所构成的山水格局以及这一格局对于城市选址的优势。有些还包括当地代表性风景、资源、甚至古迹。山水格局的选址优势是评价的重点。如（光绪）《道州志·形势》篇在叙述完道州城所处山水环境后总结："由是立城池则面水背山，建廨署则居高临下"[①]，表明这一格局对城市选址的重要意义。

（2）评价标准

这些选址评价主要遵循2条基本评判标准：一为利"攻守"，二为便"生聚"。（康熙）《永州府志·形势》评价永州府山水格局说："以之用兵则易守而难攻，以之生聚则种植樵渔无所不宜"[②]。（光绪）《道州志·形势》评价道州城山水格局说："千顷之桑麻在望，四郊之烽燧无惊。语有之天下大乱，此处无患；天下大旱，此处得半"[③]。可见"攻守"与"生聚"是人居环境选址的主要着眼之处，是人能生存、定居的首要条件。此"形胜／形势"大格局确定之后，具体的定基、划界、布局、立向等规划步骤则待由守土者"因时变通"。

（3）理想山水格局

形胜评价的核心是城市山水格局，不难发现诸多表述中其实隐含着一个共同的理想山水格局模式，即一种"山环水抱，高阜为基"的山—水—城空间格局，而环护之"中"正是（府县）治署之所在。凡能称为"形胜"者，正是由人根据此理想格局模式所选择的山水环境。而这一理想格局是古人在长期而大量的选址实践中逐步总结形成的。

（4）格式语汇

与理想山水模式相匹配，形胜评价也有一套相对固定的表述格式和词汇。它们主要包括"位置关系"和"形态关系"两部分。

表述"位置关系"者，常用"前""后""左""右"、"东""西""南""北"、"遥""近""横""纵"等说明周边山水要素相对于选址的空间位置，其中隐含一个"中"的概念。表述"形态关系"：常用"接""联""拥""据""控""扼"、"倚""靠""负""枕"、"向""面""沿""临"等描述选址与周围山水要素的关联，

---

① （光绪）《道州志》卷一方域／形势：146-147。
② （康熙）《永州府志》卷二舆地／形势：40。
③ （光绪）《道州志》卷一方域／形势：146-147。

形象地表现出主体对周围环境要素的"控制"，仿佛威坐朝堂、临视群臣的帝王。
而"镇""峙""表"、"拱""环""绕""来""会"、"限""迤""映带""夹流""荟萃"
等，常用于表述周围山水要素相对于主体的关联；以说明其环绕、拱卫、庇护
的形态。这些特定的表述格式和词汇，说明形胜评价是一种对自然环境的"人
文化"解读与建构。

除去上述"四向"格局的传统地理学表述形式，很多形胜评价采用另一
种"风水格局"表述形式。早在南宋（宝祐）《仙溪志》中已经出现这种叙述
形式，至明清地方志中更为普遍。如（嘉庆）《宁远县志·形势》篇中就详细
叙述了县城之"地脉"、"分支"、"主山"、"主脑"、"明堂"、"结穴"等，逻
辑完整而严密。这些说法当出自地理形家之手，或许又经过了修志官员的润
色，但总之是当时当地共识性的评价模式。即便以风水的叙述逻辑和术语包装，
其内核仍是一个"山环水抱、高阜为基"的理想山水格局，与传统四向模式
并无本质不同。

3.1.2　水抱：二水交汇，凸岸为佳

明清永州地区八府县城的形胜评价中，表现出"山环水抱，高阜为基"的
共同特征。其中 5 座城市沿用了自西汉至宋初先后确立的城址，但在明初进行
了重新评价和建设；另外 3 座于明代重新选址。因此，这 8 座城市至少体现出
明清时期城市选址的主流原则；若以西汉定基的零陵、唐代定基的道州而论，
许多选址原则其实一脉相承。

永州地区府县城市选址与水系的关系最为紧密。它们全部位于潇、湘二水及
其主要支流沿岸，其中有 6 处选址明显位于二水交汇口之凸岸（图 3-1，图 3-2）。

永州府城（零陵城）选址于潇、湘二水交汇口略上游之凸岸地带。潇水环
抱使府城三面环水，城东、北方则有峻岭为屏，正所谓"不墉而高，不池而深"[①]
也。这一选址自西汉启用，至今已延续 2000 余年，经历了时间的考验。道州城
自唐天宝元年（742）迁回潇水与营水（濂溪）交汇处之北岸高阜，城址东、西
恰有两条由北向南汇入潇水的小溪（元结称为左溪、右溪），限定了后来道州城
的城垣范围。这一选址历 1200 余年而无改，堪称形胜。祁阳县于三国时期（257）

---

① ［宋］吴之道（教授）. 永州内谯外城记.（康熙）《永州府志》卷16艺文：539。

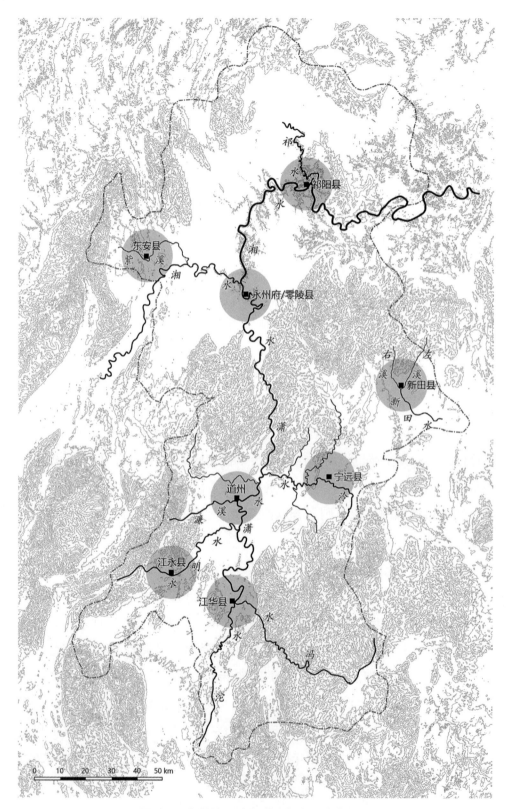

图 3-1 永州地区城市选址与水系分合关系

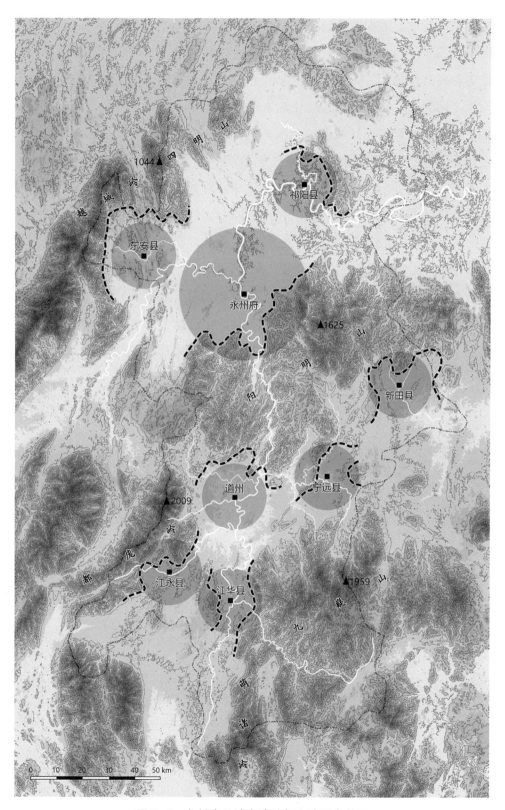

图 3-2 永州府县城市选址与山脉环合关系

始设县，选址于湘水支流白河北岸；唐武德四年（621）迁至湘水干流之西岸；明景泰三年（1452）因旧址"卑湿"又迁往湘水北岸与祁水交汇处之高地，基址更为高爽开阔。江华县唐武德四年（621）始设县时选址于沱水 ① 支流冯水之南岸，明天顺六年（1462）迁往沱水干流之西岸、与冯水交汇口处，基地较之前更高爽开阔。宁远县城选址于东来之冷水（潇水支流）与其北岸支流交汇处之西北隅，并以此二水限定了县城之东、南边界。新田县为明崇祯十三年（1640）新设城，选址于东、西二河交汇口之北岸，县城以二水为池。东安县城、永明县城分别处于永州府境之东北隅、西南隅，分别位于紫水（湘水支流）、淹水（潇水上游支流）之北岸（图 3-3 ～图 3-5）。

在生产力相对落后的古代社会，城市的建立和运转极大地依赖于河流水系。一方面因为生产生活、交通运输等需要而必须靠近水源；另一方面出于军事防御的考虑偏爱以水为"池"的天然形势。城市选址于二水交汇处之凸岸，则能有助于加强上述便利：二水之间，意味着有高阜地基，以及更丰沛的水源、更

图 3-3　江华县城二水交汇之势
（图片来源：笔者摄于江华县城东豸山巅凌云塔）

图 3-4　道州城二水交汇之势
（图片来源：笔者摄于道州城西门口）

---

① 沱水为潇水上游支流。

图3-5 祁阳县城二水交汇之势
（图片来源：笔者摄于祁阳县城东南隅）

便捷可达的交通和更资利用以减少人工挖掘的天然濠池；二水交流处也往往蕴藏着更奇丽的山水景观。永州地区河流众多，诸城所依靠之水系虽大小有别，但选址于二水交汇之凸岸以形成"水抱"之势，却是府县城市的共同选择。

3.1.3 山环：高山为屏，横岭周环

永州地区府县城市选址与周围山脉的关系表现出"高山为屏，横岭周环"的共同特征，这正是形胜评价中极力追求的群山环抱之势（图3-2）。

最理想的群山环抱格局是盆地地形，在永州地区以道州盆地最为典型（图3-6）。道州城位于一个凹陷盆地的中心，"四周是海拔高达1000多米的大山"[1]。其东有把截大岭，东北—西南走向，平均海拔420.4米；东南有九嶷山，千米以上高峰90多处；南有铜山岭，南北走向，主峰海拔987.4米；西有都庞岭，东北—西南走向，主峰海拔2009.3米，千米以上高峰39处；北有紫金山，东南—西北走向，主峰海拔1292.6米，千米以上高峰21处；中部则地势低平，最低海拔170米[2]。四面

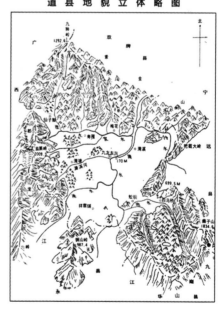

图3-6 道州盆地地貌
（图片来源：《道县志》1994：69）

---

① 道县志编纂委员会编. 道县志[M]. 北京：中国社会出版社，1994：65.
② 同上。

环山的盆地形成"天然温室"，年平均气温约18.5℃，特别是冬季气温较邻县高1～2℃。这样的小气候极适宜农作物的生长，使道县成为湖南省17个蔬菜基地县中唯一一个"重点县"[①]。盆地地形的舒适气候及防御优势，支撑着道州作为次区域中心长达1200余年的稳定性。

四面环合的天然盆地不可多得，如有二至三面山脉形成屏障，或断续环合，仍被视为理想的选址。从永州地区府县选址与周围山脉的形态关系来看，十分明显表现出对"环山为屏"格局的追求。祁阳县城处于自北至东绵亘近100里的祁山山脉环抱之中。宁远县城处于南九嶷、北春陵的群山夹围之中，"重重包束，山峙水渟，流而不泄，真气内藏"[②]。新田县城以北方福音山（阳明山支脉）为后屏，形成"后有翠屏，前有天马，相为拱照，众山包里"[③]之环合格局。江华县城以西部沱岭（三华山）为屏障，与东部萌诸岭群山形成合围，"阳华峙其左，沱山耸其右"[④]也。

这些形如"屏障"的山岭距离治城一般在15～50里范围内，这是一个可视、可感、可达的空间范围。群山不仅构成物质空间上的区隔，具有安全防御、形成舒适小气候等作用，也形成城市的心理空间边界，形成家园感与归属感。这些"环合之势"在今天依然清晰可见（图3-7，图3-8）。

环合群山中，位于北方的高山总是被特别挑选并赋予特殊意义。道州城以北方15里之宜山为镇山，所谓"（州龙）蜿蜒百里，继分枝于宜岭，突兀三峰，由是立城池则面水背山，建廨署则居高临下"[⑤]。祁阳城以北方15里之祁山为主

图3-7　新田县城群山环合之势
（图片来源：笔者摄于翰林山）

---

① 据道县史志办李世荣主任介绍。
② （嘉庆）《宁远县志》卷首形势：43-46。
③ （嘉庆）《新田县志》卷2地舆/形势：84-88。
④ （万历）《江华县志》卷1形胜。
⑤ （光绪）《道州志》卷1方域/形势：146-147。

图 3-8 江华县城群山环合之势

山，所谓"祁山枕其北也"[1]。新田以东北 15 里之福音山为主山，"后有翠屏"[2]。有些县城北方实在无大山，则以东北或西北方向之高山为镇。如宁远城以东北 5 里大富山为主山，江华城以西北沱岭为主山等。这些镇山或主山与治城的距离基本在 5～15 里范围内，比形如屏障的环山更近，也更直接成为县城选址的空间依据。它们对于城市的作用，一方面在于阻挡冬季北方寒风、提供北高南低的向阳缓坡基地；另一方面也提供着背倚靠山的心理安定感（详见 3.6.1 节）。

3.1.4　高阜为基：城倚高阜，山麓为基

永州地区府县城市选址中还表现出治署立于高阜或山麓地带的共性特征。有些规模较小的城市甚至整体建于高阜之上。

---

① （嘉靖）《湖广图经志书》卷13永州/形胜：1097。
② （嘉庆）《新田县志》卷2地舆/形势：84-88。

　　永州府署、零陵县署均选址于城中山丘南麓，城中的公共建筑也多选址于山麓地带。道州治署建于城中斌山，山势突出，今天仍十分明显。江华县署位于老虎山南麓。宁远县署位于城北高地，"至四朝冈复微微隆起，县治丽焉"①。新田县署位于嶷麓山（翠屏山）南麓。在嘉庆《新田县志·公署》篇中记录了新田治署定基的原则和过程："县署在西北门内之高峻处。左右四望，诸山内向，群峰环拱，形家所谓'前有天马，后有翠屏'，居高临下，诚莫善于此也。崇祯十三年，衡州府司马张公恂定基于此"②（图3-9～图3-12）。

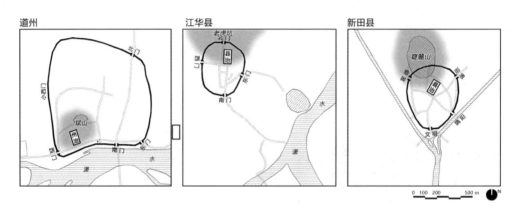

图3-9　县治以高阜为基：以道州、江华、新田三县为例

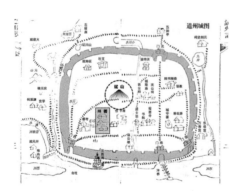

图3-10　道州城与斌山
（底图来源：（光绪）《道州志》卷首）

图3-11　新田县城与嶷麓山
（底图来源：（嘉庆）《新田县志》卷首）

---

① （嘉庆）《宁远县志》卷首形势：43-46。
② （嘉庆）《新田县志》卷3建置/公署：120。又据（道光）《永州府志》卷2名胜志（227）载："（新田）县治城北高阜，面当群岫而后倚一峰如翠屏，旧称'翠屏峰'。山峪严竦，有居中驭外之象。四山环向，若拱若俯，似九嶷之脉自南趋北特于此一停蓄者。国朝乾隆中邑令赵宗文仿岳麓之意，定其名曰'嶷麓山'。"

图 3-12 新田县城西北嶷麓山残迹 [①]

治署作为一座城市选址的基点，总是寻找基地中的高地或山丘南麓而立；不仅仅是治署，其他主要官方建筑如学宫文庙等，皆要求择高阜而立。究其原因：一为防洪，居高以避水患，且利自然排水；二为防御，居高以望远，洞察全境形势；三为壮威，借山势坡度，使建筑更显雄伟壮丽（详见 3.3 节）。

3.2 相土尝水：城市选址的技术方法

前述"形胜评价"理论主要考察城市所处的大尺度山水格局，而对于备选基地的水土条件，还要通过"相土尝水"的一系列技术方法进一步考察。

康熙《永州府志·形势》篇在介绍完永州府城形势格局后，谈到了"相阴阳、揣刚柔、度燥湿"等技术步骤："此形胜大都也，永岿然居乎其中，雄据州邑之胜，故以之用兵则易守而难攻，以之生聚则种植樵渔无所不宜。至于相阴阳、揣刚柔、度燥湿，因土兴利，依险设防，是在守土者因时变通矣" [②]。相阴阳、揣刚柔、度燥湿等，指的正是相土尝水的一系列技术方法。

中国古代关于"相土尝水"之法的最早文字记载可上溯至《诗经·公刘》。公刘在相地周原时对基地的地形、水文、日照、土壤、植被、交通等条件进行

---

① 今仅存原半山腰刻有"嶷麓"二字的巨石，位于新田县幼儿园内。
② （康熙）《永州府志》卷2舆地·形势：40。

了十分详细的考察①，被后世从事选址工作的地理形家奉为始祖。许多风水论著甚至直接从公刘相土周原讲起，展开理论论述。如《管氏地理指蒙·相土度地》篇有云：

"相土之法曰：周原膴膴，堇荼如饴，陟则在巘，复降在原。公刘此章，实在相土度地之仪。相之度之，於以复形势，而区别丰浅之凝。曰：原隰既平，泉流既清。亦以著山水之奇，皆声诗之至训。与《地官司徒》体国经野，辨山林川泽、丘陵坟衍之名物者，其齐矩而同规。

周原，岐山之南，广平曰原。膴膴，土地□腴美貌。堇，乌头；荼，苦菜；饴，□也。谓土丰而苦草亦甘也。巘，山顶也；上平曰原，下平曰隰；平者，山之不险；清者，水之不淫。先言土地之宜，次举相度之法，再论其泉流之利，而体国经野之法备矣。

陟则在巘，复降在原，何以舟之，维玉及瑶，鞞琫容刀。《诗注》：舟，带也；言公刘至□地，欲相土以居，而带此剑佩以上下于山原也。愚谓非是舟之者，是欲以舟而通之。玉、瑶当是水口二山之名，鞞琫容刀言水口之窄，如鞞琫之仅足容刀耳。即水口不容舟之说，甚言之词也，故下文即接逝彼百泉，可想见水口之义"②。

管氏试图将公刘的相土实践与时下的风水学说相联系。不过其中谈到的土宜法、相度法、泉流法等，都是古代选址实践中广泛使用的技术方法，总体而言是通过对基地之日照、向背、高下、水文、交通、土壤、植被等的直观考察来判断选址的适宜性。这些活动并不需要十分复杂的工具和技艺，而大多依赖长期传承的经验做出判断。

"相阴阳"指考察地形向背与日照条件。"揣刚柔"指相察山水地形、基土条件。"度燥湿"指考察气候及温湿度条件。"观泉流"指考察水源、水流及水质等条件。《管氏地理指蒙·相土度地》篇中特别举晋景公舍郇瑕氏之地迁都新田的例子来解释"观泉流"之重要："郇瑕氏土薄水浅，其恶易构，易构则民愁，民愁则垫隘，于是乎有沉溺、重腿之疾。……新田土厚水深，居之不疾，有汾浍以流其

① 据《诗经·公刘》载："陟则在巘，复降在原。何以舟之，维玉及瑶，鞞琫容刀。……逝彼百泉，瞻彼溥原。乃陟南冈，乃觏于京。……既溥且长，既景乃冈。相其阴阳，观其流泉，其军三单。度其隰原，彻田为粮。度其夕阳，豳居允荒。"
② [魏]管辂《管氏地理指蒙》相土度地第四。

恶，且民从教十世之利也"①。可知，"观泉流"的要义在于"土厚水深"，即水流顺畅，排污便捷，从而不易产生疾病。关于水质判别还有"尝水质"之法。明刘基在《堪舆漫兴》中谈道："清涟甘美味非常，此谓嘉泉龙脉长；春不盈兮秋不涸，于兹最好觅佳藏"；而"冷浆之气味唯腥，有如汤热又沸腾；混浊赤红皆不吉，时师空自下罗经"②。这里提出判别水质优劣的标准是清涟、味甘、水位平稳；若味腥热沸、混浊有色则不宜选址。又有"观草木"之法，指通过植被生长情况判断土质及地下水条件。如《葬书》讲选址需"土厚水深，郁草茂林"；《雪心赋》亦云"草盛木繁，水深土厚"。

记载较多的还有"察土质"之法，即通过"称土"或"辨土"判断一地土质是否利于人居。宋代永州东安县就采用"称土法"确定了最终选址。北宋雍熙元年（984），东安始立县，当时已有2处备选选址，一个是后来的东安县城（今紫溪市镇），另一个在其东北15里（今双井塘一带）。两处选址都位于二水合流处，山水条件俱佳，但最终因为前者土质重于后者而被选中；后者也因此得名"轻土坪"。据（光绪）《东安县志》载："二水合流经'轻土坪'。昔宋建县城，或议卜于此，乃以坪土与今城土权之。轻于城土，遂定今治"③。清代《相宅经纂》中有关于"称土法"的详细论述。据《称土法》篇载："取土一块，四面方一寸，称之。重九两以上为吉地；五七两为中吉；三四两为凶地。……此论土之轻重厚薄，非占一时之休咎也"④。又据《阳基辨土法》篇载："于基址中掘地，周围阔一尺二寸，深亦如之。将原土筛细，复还原坑内，以平满为度，不可按实。过一夜，次早起看，若气旺则土拱起；气衰则凹而凶"⑤。前法是通过称量一定体积基土的重量来判断其土质松实（标准应是经长期实践总结得出）。后法是通过将基土筛细后静置观察体积变化来判断其疏密。若体积减小，则说明土质疏松，不宜建设。基土越重说明越密实，意味着承受建筑荷载后变形沉降较小，故为"吉"。从引文来看，这两种方法都操作方便、结果直观，在科学尚不发达的时代，是人们辨别土质、选择宜居之地的实用技术。由此可见，古代城市选址并非只看形势，也依赖特定的技术方法共同形成最终决策。

---

① [魏]管辂《管氏地理指蒙》相土度地第四。
② [明]刘基《堪舆漫兴》近穴泉水之美。
③ （光绪）《东安县志》卷8山水：569。
④ [清]高见南《相宅经纂》称土法：15595。
⑤ [清]高见南《相宅经纂》阳基辨土法：15595。

3.3　因土兴利：城市生长基点确立

本章前两节主要论述城市选址的相关理论方法，自本节开始的四节将重点考察城市空间布局的原则与方法。包括："因土兴利"确定生长基点，"依险设防"划定空间边界，"随形就势"组织功能布局，"镇应向避"确定空间朝向等四个方面。

前文谈到，"高阜为基"是永州地区府县城市选址的共同特点。特别是治署，总是选择山环水抱之"中"的高阜而立，这里正是府县城人居环境的生长基点。"因土兴利"，指在复杂山水地形中寻找高阜（或山麓）作为城市生长点、并围绕其开展城市规划布局的原则。在永州地区，尤以永州府城为典型代表。

3.3.1　山麓生长：以零陵为例

永州府城（即泉陵城、零陵城）是永州地区最早确定、延续最久的城址。这种持久性有赖于当地独特的山水形胜，也与古人充分利用自然山水条件的规划营建智慧密切相关。

零陵的山水格局存在 3 个层次的环抱之势。大尺度上，零陵位于由阳明山、四明山、越城岭围合的零祁盆地中南部；潇、湘二水在其稍北合流；群山形成第一层次的环合。中尺度上，潇水自南转西，自西转北，形成三面环抱；东侧以东山为代表的丘陵密布，西侧以西山为代表的山岭拱峙，形成第二层次的环合。小尺度上，在潇水环抱的东岸台地上，东有东山呈南北向绵亘近 1.5 公里，高 40 米；北有万石山，南有千秋岭，两座高约 30 米的小丘遥相呼应；形成第三层次的环合，呈现理想的"层层包束"格局。

自西汉设泉陵侯国起，这座城市就在潇水东岸、三山（即东山、万石山、千秋岭）环抱的平缓台地上兴起，隋唐扩建，宋明拓城，都围绕三山山麓地带展开。三山及其环合地带，正是零陵人居环境的生长点（图 3-13，图 3-14）。

3.3.1.1　东汉定基于万石山南麓

史载汉武帝元朔五年（前 124）始置泉陵侯国，东汉初改泉陵县，光武帝建武元年（26）移零陵郡治于泉陵县[①]。关于泉陵故城的位置，《光绪零陵县志》记

---

① 《零陵县志》1993：663。

载"在县北二里"，1993版《零陵县志》认为即"今城内东风大桥东南泉陵街"一带[①]。二者吻合，正在万石山西南麓的泉陵街一带。《后汉书·陈球传》中记载了当时零陵郡城的情况：延熹七年（164）左右，"零陵下湿，编木为城，不可守备。……（零陵太守陈球）城守与共，弦大木为弓，羽矛为矢，引机发之，远射千余步，多所杀伤。贼复激流灌城，球辄于内因地埶反决水淹贼"[②]。《太平寰宇

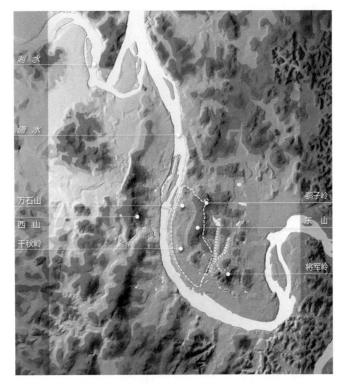

图3-13 永州中尺度山水地形

记》进一步指出："（陈）球明方略，有守备，故后人赖之，即今郡城也"[③]。前段引文是正史中关于零陵郡城的最早文字记载。"零陵下湿，编木为城"，说明城址近水。"球辄于内因地埶反决水淹贼"，说明零陵城内地势颇高，有山势可依。综上判断，泉陵县城（零陵郡城）应位于万石山西南麓、潇水之滨。背倚万石山、面对潇水而筑城，这是零陵城的起点。

3.3.1.2 隋唐营建以三山山麓为核心

隋开皇九年（589）"大将军周法尚巡抚江南，遂改零陵郡为永州。因废泉陵县为零陵县，乃移于州城南三里，即今县城是也"[④]。这里的"州城"就是后来的"子城"，位于三山环抱之间。新县治则南移至子城外千秋岭南麓。从唐代的历史文献记载来看，永州子城以万石山为后屏，左抵东山西麓，右至万石山右

① 《零陵县志》1993：530。
② 《后汉书》卷56张王种陈列传第46。
③ 《太平寰宇记》卷116：2346。
④ 《太平寰宇记》卷116：2347。

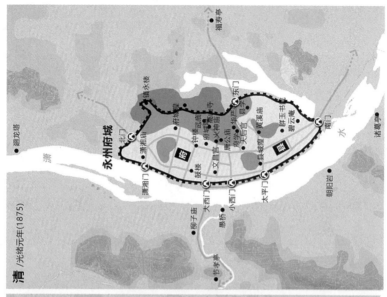

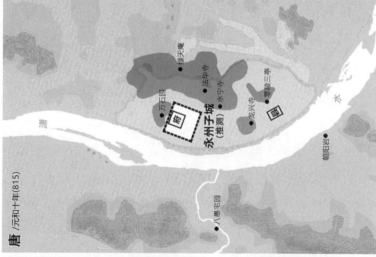

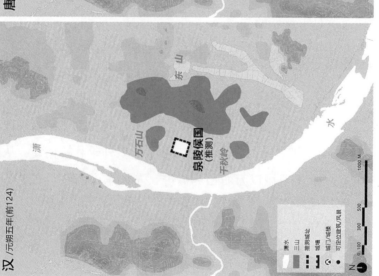

图3-14 永州府城（零陵城）营建历程

路道士岭[①]。结合今天地形推测，其范围应不超过 300 米宽、600 米深，规模较小。
许多公共建筑都位于城外三山山麓地带。万石山由刺史崔能于元和九年（814）
始命名，并建为府治后圃，基本延续至清末[②]。山之左有辉山，唐元和年间（806—
820）凿有绿井，"后为廛"[③]，当是人口密集之区。东山建有许多佛寺：山巅有法
华寺，柳宗元贬永之初曾寓居于此；东麓有绿天庵，草圣怀素（737—799）幼
年曾在此修行练字；西麓有永宁寺，唐天祐三年（906）建[④]；南麓一带则由县令
薛存义改造为集游憩、餐饮、宴会、住宿等多功能一体的"三亭"风景区[⑤]。千
秋岭南为县治，岭上有龙兴寺，旧为三国蜀相蒋琬故宅，隋唐之际改为佛寺。

3.3.1.3　南宋已降仍以三山山麓为重点

南宋景定年间（1260—1264）永州修筑外城，周围 1635 丈，较隋唐子城
有了较大扩展，并接近明清府城规模。三山被包入城中，仍然是人居建设的重
点地带，官署、学校、祠庙、寺观、王府等相继兴建于此。万石山一带有府治、
钟楼、鼓楼、梅孝女祠等。宋代以降的名人题刻颇多，"自张浚以下题刻可辨者
数人"；清时郡守"环（万石）山为垣，作署后圃"，乾隆年间则开辟为公园——
"郡守王宸以林壑之胜当纵民游乐，且中有梅孝女祠，宜通衢路，撤其垣，复作
亭西岗资登眺"[⑥]。千秋岭一带有县治、万寿宫、县城隍庙、府学西斋等。唐龙
兴寺于宋元丰间改太平寺，明成化间南渭王据为藩邸，清雍正年间依其旧址建
万寿宫。清乾隆年间曾移府学于千秋岭，后迁学于东山南麓，教授署则留用。
岭上还曾建东丘书院，祀蜀相蒋琬。东山一带集中建有府学、县学、群玉书院、
武庙、府城隍庙、火神庙、黄溪庙、碧云庵等学校祠庙。唐法华寺宋代改万寿寺、
报恩寺，明时改高山寺，延续至今；宋庆历（1041—1048）中将永州府学自潇
水西岸迁至东山山麓；明代于山顶增建武庙[⑦]；清乾隆年间又迁零陵县学于东山

---

① 从柳宗元《永州崔中丞万石亭记》中可知，万石山在"北塘"之外。从《陪永州崔使君宴游南池序》中可
　知，南池在"城"之南。这些描述均符合后来北宋地理志中对永州子城范围的描述，故由此判断，柳宗元
　所记之"城"仅指子城。进一步推测，唐代中期永州只筑有州城，即子城，而并未建外城。
　道士岭"在万石山右。前为督学署，旁列铺屋；路通鼓楼下，左入府治正街"（（光绪）《零陵县志》卷1
　地舆：53）。
② 万石山今已被多层住宅覆盖，局部仍可见裸露的巨石残迹。
③ （光绪）《零陵县志》卷1地舆：53。
④ （光绪）《零陵县志》卷3祠祀：260。
⑤ 据（光绪）《零陵县志》卷1舆地（51）："（高）山之下有唐零陵令薛存义所为亭，称'东山三亭'。今有三
　亭巷，乃在黄溪庙以南。庙在山麓，县署在其西，讲舍在其东；山势与高山似断而属，殆皆当时东山也"。
⑥ （光绪）《零陵县志》卷1地舆：52。
⑦ 今存正殿，在高山寺北。

南麓[①]。东山东北隅"鹧子岭"一带形势最为雄峻，南宋因势建城，置永州镇署于其下[②]；明嘉靖二十四年（1545）建镇永楼于城上[③]；清顺治年间又增建玉皇阁、元帝殿、道院、大石阁等[④]。

3.3.2 "因土兴利"的规划理论

地方府县城市规划设计的"基点"一般在治署。从地方城市规划的逻辑步骤来说，总是以治署为选址的起点，以治署为城市空间组织的中心；它不一定位于城市的几何中心，但却是规划逻辑的核心。

零陵城及永州其他县城的实例表明，这些"基点"总是追求丘阜地带，特别是与周围环绕之大山相连续的余脉缓坡，或突起山丘的南麓。零陵治署自西汉起就位于万石山南麓，东汉升格为郡治后，郡署仍在万石山，县治则南移至3里以外的千秋岭南麓；城内其他主要公共建筑也一直围绕三山山麓布置。道州、江华、新田等州县的地形不像零陵那样复杂，但其治署都明显位于城中高阜（即斌山、虎头冈、巍麓山），可见"因土兴利"是它们定基布局所遵循的共同原则。

这种选择与丘阜山麓的五个优势密切相关：其一，山麓提供天然坡度，利于排水。其二，建筑背依高山，有险可依，利于防守。其三，占据全境制高点，能洞察全局，有利防御。其四，治署建筑以高山为屏，气势更加雄伟壮丽。其五，依山势布局建设，能借地利而省人工。

"因土兴利"的规划设计原则在风水论著中有更直接的总结。据《地理人子须知》："平支之地，一望无际，亦必以龙之来历、穴之结作处高于众地而后为真。……此等平夷处，只看水交会，及水绕曲环抱处为有结作，而最高处为穴场。……历京都郡邑，见稍高处，未有不是诸衙门公廨者。此可见平支之龙，其穴以最高处为贵也"[⑤]。《玉髓经》亦云："一言以蔽之，曰最高处"。凡衙门公署选址，皆以高处为最佳。可知，择高处而居，正是"因土兴利"的核心。

---

① 今存大成殿。
② 据（光绪）《零陵县志》卷1地舆（53）载："永州镇署东北上石磴数百级，有高冈。其巅北顾势雄峻，曰鹧子岭"。
③ （道光）《永州府志》：132。
④ [清]彭世勋. 重修镇永楼记.《零陵县志》卷2建置/楼：202。彭世勋为清顺治年间的永阳镇副将。
⑤ [明]徐善继，徐善述.《地理人子须知》卷6：789-794。

3.4 依险设防：城市空间边界划定

"设防"，指兴筑城池以为防御，一防军事进攻，二防水患灾害。"依险"，指凭借、利用天然山川形势，以达到节省人工、事半功倍的效果。（康熙）《永州府志·形势》云："在德不在险，诚哉是言也，然恃吾德而弃险可以为国乎？子舆氏曰：'天时不如地利'。坎之象曰：'地险，山川丘陵也'。春秋传亦曰：'表里山河之无害'。乃知山川扼塞关系诚匪鲜也。古人创建都邑，务依乎山川然哉"①。可知依据山川之险而创建城邑，是自古以来的营建传统。城池既是古代城市的防御要素，也是空间边界；而自然山川，总是被作为划定空间边界的重要依据。如何"依乎山川"？简单来说就是"因山为城"，"凭溪为阻"；这其中包含选址的考量，也有因应自然的规划设计。永州地区府县城市规划中，普遍遵循着因山为城、凭溪为阻的边界划定原则。

3.4.1 因山为城

永州地区府县城市因应山势兴筑城墙的实例中，以零陵城最具代表性。前文已介绍过零陵的山水条件，"地形高下起伏，冈阜环绕，郁然耸城之中者，高山为最"②。高山，即东山。这条南北向绵亘近 1.5 公里的山脉，与潇水夹围出一片南北狭长的区域，仿佛天然的空间边界。零陵城池就充分利用这一形势，沿东山山脊筑东墙，依潇水之滨筑西墙；南、北两端无险可依，为减少受进攻面并节省功料，故收束交会——总体上形成一枣核型平面。

此规模及形态，始成于南宋景定年间，"提刑黄梦桂始筑外城，周围 1635 丈"。明洪武六年（1373）重建，周 9 里 27 步；崇祯年间再修，周 1670 丈。这三个数字相差不大，说明南宋时零陵城之规模已基本定型，明代仅延续修补。城基之所以稳定，很大程度上得益于东山、潇水的天然限定。然而在筑外城之前的千余年间，它们一直被作为"天然城郭"发挥着防御功能，因此唐代柳宗元说"其始度土者，环山为城"③，宋人吴之道则有零陵城"不墉而高，不池而深，不关而固"④之叹。

---

① （康熙）《永州府志》卷2舆地/形势：40。
② （光绪）《零陵县志》卷1地舆：51。"高山"即"东山"。
③ [唐]柳宗元. 永州韦使君新堂记//柳宗元集[M]. 北京：中华书局，1979：732.
④ [宋]吴之道（教授）. 永州内谯外城记. （康熙）《永州府志》卷19艺文：539.

明清两代延续了南宋确定的城市边界，并进一步以人工加强山水之险。明洪武六年重筑城垣，开七门各建重楼，又在城墙上"增创德胜、望江、鸱子岭及五间楼"[①]四座城楼。鸱子岭是东山北端地势最高、最险之处，嘉靖年间又在此建镇永楼，"有事可以观敌数十里之外，无事极目纵眺，群山众壑交集如屏障"。楼之形势，"后俯湘流，前眺崀峰，群山万叠，千里一目，实永阳之屏翰"[②]；"拒守者登楼以瞰虚实、决机要，民赖全活者甚众，则楼之有裨于斯城斯民者厚矣"[③]。镇永楼今已不存，但从鸱子岭一带的高耸地势和城墙残垣，仍可想象该楼当年雄踞山巅的巍峨景象。

零陵城西以潇水为天然城濠，东侧则自明洪武元年（1368）开始挖浚人工城濠。据［洪武］《永州府志·城垒》载："由城西北隅至于南门皆濒潇水，由西南而东堤水为池……，又东至于北门开土为濠……，又自北门至于西北联属为池……，水常不涸，其高下远近，并因地势而然也"[④]。自南门至东门一段，地势本来低洼，或有水塘，因此筑堤引水为池，今天仍可见残迹。自东门以北本无天然河道，于是"凿土为濠"。可见，天然险峻的山水形势仍需要人工的补充，使其更充分地发挥功效（图3-15，图3-16）。

永州府城的空间边界划定，严格遵循着"依险设防"的规划原则。南宋以前直接利用天然山水要素作为边界；南宋时期人工修筑城池，更发挥其险峻、增补其不足。

图 3-15　永州府城城濠遗迹
（图片来源：笔者摄于永州三中）

① （洪武）《永州府志》城垒。
② ［清］彭世勳（都阃）. 永州修城记. 顺治十八年.（光绪）《零陵县志》卷2建置：202.
③ ［清］朱尔介（县令）. 永州修城记. 康熙四十七年.（光绪）《零陵县志》卷2建置：202。
④ （洪武）《永州府志》城垒。

图3-16 木雕中的永州府城
（图片来源：宁远蒋先生提供，木雕位于新田县文庙）

3.4.2 凭溪为阻

"凭溪为阻"、"因水为池"也是形成防御、并划定城市空间边界的重要手段。永州地区以新田县城为典型代表。

新田县城位于阳明山西南支福音山之正南。发源于福音山两侧的东河、西河，行至嶷麓山以南而合流，明崇祯十三年（1640）新建的新田县城就选址于嶷麓山以南与东、西河围合之间的地带。县城东、西、南三面临水，西北倚嶷麓山，天然山水构成防御要素和空间边界，故依险筑城。唯独东北方向无险可依，于是人为划定城垣，以补不足。嘉庆《新田县志·城池》中详细叙述了这一规划过程："新邑自明崇祯十三年开建后，衡州府同知张恂奉督建之命乃立城。钦尊建法，因地设险，避泽依高，内外用石包砌，周围共计五百三十七丈。……新田地形高峻，东南西三面临溪，皆可凭溪为阻，独东北地平，建砌北门。当时两旁夹筑敌台各一座，以辅其内。去数十武开新壕一带以环其外"[1]。可见在新田县城规划中，先按"因山为城，凭溪为阻"的原则选定天然边界依险筑城，再在先天薄弱的环节着力加强人工城池建设（图3-17，图3-18）。

新田县城形态受天然山水所限，呈一南北略长的椭圆形。永州地区府县城池形态也大多都是不规则自由形，与其因应自然山水边界密切相关。当然也有

---

① （嘉庆）《新田县志》卷3建置/城池：118-119。

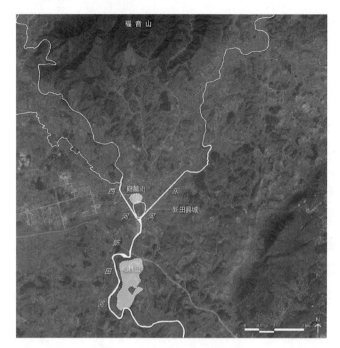

图 3-17 新田县大尺度地形

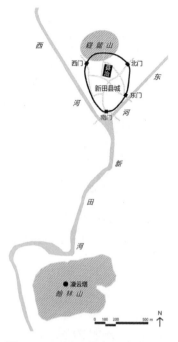

图 3-18 新田县中尺度山—
水—城关系

节省功料的考虑，因为围合同等面积的情况下，圆形周长最短，即最省功料，因此永州地区府县城池宁曲不方。八府县中，永明县城是唯一一座方城，或许与其规划建设于元代有关（详见 5.2.1 节）。

3.5 随形就势：城市功能组织布局

永州地区府县城市的空间布局基本遵循着"随形就势"的规划设计原则。所谓"随形就势"，即因应山水形势而进行城市空间的规划布局，包括功能布局、道路格局划定、里坊划分、整体形态控制等。如果说前述的选址、定基、划界活动能够在较短时间内一次性完成，那么古代城市的空间布局却往往要经历相当长时间的积淀和调试，表现为一个连续、渐进的规划设计过程。如果没有详细的文献记载，我们很难说清楚在几百年甚至上千年的发展过程中，城市的道路格局、功能分布等形成于哪个具体时间、由谁进行规划决策，但这并不意味着古代城市的空间布局不存在规划设计。事实上，它是由一系列微小的、自发的、连续的规划设计行为在长时间内不断累积、叠加而成型。宏观上看表现为集体无意识，但在微观层面上，每一次具体的规划设计行为都遵循着一定的规划设计原则，经过长期累积、放大而呈现出相对清晰的整体特征。

永州地区府县城市中，零陵城的营建历史最为悠久，其所表现出随形就势的空间布局特征也最为典型。本节主要根据（光绪）《零陵县志》所载城市空间信息及历史营建信息，并参考光绪二年（1876）、民国35年（1946）两版《零陵城图》，考察该城空间布局与自然山水的因应关系（图3-19～图3-21）。

（1）道路格局

零陵城内道路总体呈现"二纵八横"格局，以适应山、水夹围的狭长用地，和滨水城市的功能要求。2条纵向道路基本平行于等高线，一条近山，一条滨水，

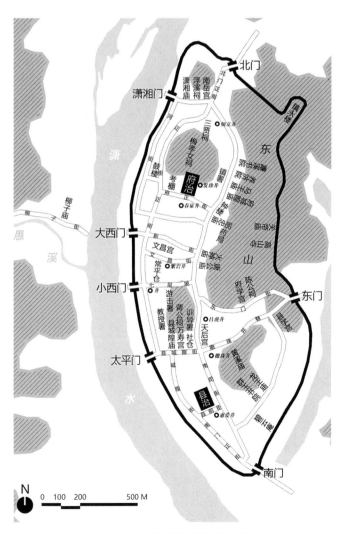

图 3-19　清末永州府城形态

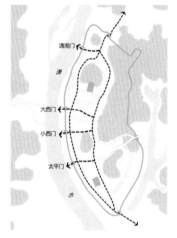

图 3-20　道路格局分析

图 3-21　公共建筑分布分析

在南、北两端交汇。8 条横向道路则垂直于等高线，随潇水的弯曲度而略呈放射状。2 条纵向道路的间距约 240～270 米，横向道路间距约 90～120 米。8 横中有 4 条正对西城墙上的 4 座城门，穿过城门即可直达潇水边。

（2）城门设置

南宋景定年间始筑城时辟有 9 座城门，除东、西、南、北 4 正门外，"开五便门以通汲水"[①]，可知当时的滨水城门多达 6 座，但具体位置不可考。明清时期零陵城共有 7 座城门，其中 4 座滨临潇水，由北向南依次为潇湘门、大西门、小西门和太平门。其余三面各开 1 门，即东门、南门、北门。大西门、太平门外有通往河西官道的渡口，可达广西全州；南、北、东三门外分别有通往道州、衡阳、桂阳的官道。

（3）功能布局

零陵城的行政、教育、祭祀功能（即官署、学校、祠庙、寺观等公共建筑）均集中于中、东部地势较高处，即三山山麓地带。而商业、居住功能主要分布在西部临近潇水的平坦地带。明清时期全城有 4 市："南市"在城西太平门内太平寺前；"西市"在大西门内；"腰市"在城西迁善坊内；"北市"在城北画锦坊内。4 市都距潇水不远，高度依赖水运。根据李茵《永州旧事》中的记载，民国时期潇水畔 4 座城门外聚集着不同类型的商贸市集：大西门外市场主要交易从潇水上游永明、道州等地而来的季节性土产杂货；太平门、小西门外专门进行来自永明、道州的木材交易[②]。因为商贸集中于城西，住区里坊也多在城西，如内河街、外河街、南门街等居住街区延续至今，已成为具有遗产价值的"历史文化街区"。城中的风景游憩功能则主要集中在东山、万石山、千秋岭、碧云三池（原东湖）[③]等自然山水形胜处。

（4）空间密度

由于东山西水、东陡西平的自然条件所限，城市肌理总体上表现出西密东

① [宋]吴之道（教授）. 永州内谯外城记.（光绪）《零陵县志》卷2城池：184。
② 参考：李茵. 永州旧事[M]. 北京：东方出版社，2005：3-12.
③ "东湖"即"南池"。据《方舆胜览》卷25永州/山川（459）载："芙蓉馆，在东湖之上，即南池"。唐代，湖之规模颇大，柳宗元在《陪永州崔使君宴游南池序》中称其"连山倒垂，万象在下，浮空泛影，荡若无外。横碧落以中贯，陵太虚而径度"。又据《名胜志》载："池当南山之缺，设自神功，无庸攻凿，随山周旋，可容巨舰"。足见湖面之宽广。然而至南宋时，因堰塞日久，湖面已大为缩小，故《舆地纪胜》卷56永州/景物上（2122）称其"半为平地，无复泛舟之趣矣"。至明清，湖泊进一步缩小而形成了相互连通的三个池塘，即碧云庵前的"碧云池"、龙王庙前的"甘雨池"和群玉书院前的"放海池"。（道光）《永州府志》中称之为"碧云三池"（132）。在东湖一带的人居建设，唐代有李衢建芙蓉馆；宋时范纯仁寓居于此，后张栻因其旧址建思范堂；明时宗藩占之；清代改建为碧云庵。

疏的特征。道路密度方面，横纵主要街道都偏重城西，东部因为东山阻隔只有通往东门的 1 条干道。建筑密度方面，西密东疏的特征更加明显，一方面因为城西更接近水源，导则住宅商铺的聚集；另一方面因为城西地势平缓更宜建设。

（5）整体形态

正因为潇水环抱、东山横亘的天然限定，零陵城整体上呈现为南北长、东西窄、沿潇水弯曲的枣核形平面。西城墙紧逼潇水而建，东城墙沿东山之巅而立；东、西两侧各借山水之险，故尽量延展；南、北两端无险可依，则尽量收束。"枣核形"向西凸出，使城市与潇水的交界面更长，体现出零陵城对潇水的更主要依赖。

城市边界与城市内部空间组织的关系是微妙的。虽然零陵城垣在南宋时期划定，但城中道路格局、功能布局等在此之前已有雏形。城垣建立后，道路格局、建筑设施进一步完善。两者是相互影响、相互促进的关系。总体上，它们的形态生成共同受到山水条件的根本制约。

从零陵城的空间形态分析中可以看到其规划设计对山水逻辑的遵循。零陵城中几乎没有一条街道、一段城墙绝对笔直，城墙见山随山，见水随水，道路走向也大都遵循与等高线或平行或垂直的关系。可以说，自然山水地形的形态逻辑，决定了零陵城的空间与形态逻辑，这正是"随形就势"的核心。

"随形就势"的规划设计，是基地条件、经济原则、审美原则等共同作用下的综合选择。在永州这样复杂的山水基地上，如若要建筑一座方方正正的矩形城市，意味着不仅要放弃天然形势之便利，还要大幅增加在复杂地形进行土地测量、物料运输、施工建设的人工物料成本，不仅不划算，也更难完成。因此永州地区的城市营建必须选择一种能扬长避短、事半功倍的策略，而"随形就势"的空间布局正是在特定时代、地域、经济、社会条件下的共同选择。

3.6 镇应向避：城市空间朝向选择

择向，是古代地方城市规划设计中的重要环节。《考工记》讲"惟王建国，辩方正位"；风水学说中将"卜兆、营室二事，一论山，一论向，为堪舆家第一关"[①]，说的正是择向的重要性。择向的主体可能是城市、治署、学校、城门等，

---

① ［魏］管辂《管氏地理指蒙》山岳配天第二：117。

其择向原则各有不同。但在永州地区府县城市中，普遍采用的择向方法是以自然环境中的特定山水要素为依据确立朝向，具体包括"镇""应""向""避／对"的规划设计方法。"镇"指城市及治署以镇山为凭依的空间关系，"应"指治署面向应山的空间关系，"向"指学宫文庙等特定功能建筑朝向山水标志物的空间关系，"避／对"指城门躲避或朝对特定山水标志的空间关系——它们是城市／建筑与周围山水标志物建立择向关系的四种主要类型。

古人为何要依据自然山水标志物来确立人居空间的朝向？我们至少可以从以下三个方面来理解：其一，表达信仰、寻求庇护的象征意义。山水要素是自然环境中天然存在的标志物，人们对一处自然环境的理解和评价，与其中山水标志的空间关系密切相关。人类发展的早期阶段已形成观察并遵循自然秩序的思维习惯，而人工建设对自然山水秩序的遵循更被认识是表达敬畏、寻求庇护的直接手段。当然，朝对所依据的山水标志物并不是随便选定的，其方位、形态等均具有特定的人文意义。其二，测量定位的实际需要。使人工空间轴线朝对山水标志物，本身也是测量、定位、营建的实际需要。自然山水标志物体量巨大、位置固定，是测量定位的天然坐标，能给规划和施工带来极大便利。其三，作为朝对的山水标志也具有景观审美意义，并与其象征意义不可分割。形式美好的事物会被赋予美好的意义，能带来"好兆头"的形态也会被视为"美"——视觉上的美感和心理上的吉兆实为一体之两面。

这些被规划者精心选择的山水标志物通常位于距府县城特定范围内（在永州地区通常是 10～15 里范围），这是城市山水多层次环护中的最近一个层次[①]。这一层次限定出一个人居基本空间范围——即城市最基本的日常生产、生活、防御、抗灾等需求，居住、农耕、商贸、文教、游憩等功能，均可在这一空间范围内获得基本满足。在这一范围的边界地带，处于特定方位、具有特定形态的山水标志物被精心挑选，作为城市规划设计的重要依据，尤其是在"择向"环节。这一空间范围以内，是被着重经营的城市核心地区，而环状的边界地带是容纳其他特定人居功能的郊野地带（详见4.1节）。

---

① 中国传统人居环境的理想山水环护格局是"盆地"地形。但天然盆地不可多得，现实中较常见的是由若干山岭断续围合的"类盆地"地形。这些形成环护之势的山岭可能存在多个层次，这里指的是距离城市最近的一个层次，即尺度最小的一圈环护山势。

3.6.1　"镇"

"镇"，为安抚、镇压、稳定之义[①]。在古代地方城市的择向规划设计中，广泛存在着城市或其治署以镇山为背后凭依的空间关系。具体来说，即选取特定方位、距离、形态的山岳作为镇山，以之作为城市或治署选址定基的空间依据。

中国古代有以一定区域内之大山为"镇"或"山镇"的传统。如《尚书正义·舜典第二》云"肇十有二州，封十有二山"；注云"封大也，每川之名山殊大者以为其州之镇"[②]。又《周礼注疏·夏官司马第四·职方氏》载九州之山镇，注云："镇，名山，安地德者也"[③]。一定地区之"山镇"由统治者选定，但"伪装"成好似上天安排保佑一方平安的"大将"，因此"山镇"具有政治统治和信仰崇拜的双重意义。后来随着行政分区的细化和山镇文化的衍化，地方府县也都讲究有自己的"山镇"，又称"主山"。

永州地区八府县中除零陵外，皆有主山或镇山的说法，有的县还不止一座主山或镇山。

从称谓上看，有的称"镇山"，有的称"主山"。前者似乎更强调山对一定行政区域的镇守、保障作用；后者更强调山与府县治所的空间关联[④]。不过，这些山均被赋予保障一邑安全的象征意义。

从空间位置来看，这些镇山或主山存在不同层次类型。第一类为"区域性镇山"，如衡岳、九嶷山等，它们被认为是保障府境甚至更大区域的镇山。这些山尺度巨大、距离遥远，已超越可视范围。它们对城市规划设计的实际影响较小，主要取象征意义。第二类为"城邑型镇山"，又称府县城之主山。理想的主山是大山之余脉又突起高山，府县城依托其山麓而建，称为"落脉"。此类镇山对城市规划影响较大。在永州地区，祁阳之祁山、东安之高山、道州之宜山、宁远之大富山、江华之沱山、永明之亭山、新田之福音山都属城邑型镇山（图3-22）。

[①] 据《说文解字注》："镇。《说文》：博压也。段注云：引申为重也，安也，压也"（[汉]许慎撰．[清]段玉裁注．说文解字注（第2版）[M]．上海：上海古籍出版社，1988：707）。又据《康熙字典》："镇。《玉篇》：重也，压也，安也。《正韵》：藩镇、山镇，皆取安重镇压之义"（[清]张玉书等编撰．王引之等校订．康熙字典[M]．上海：上海古籍出版社，1996：1388）。

[②] [清]阮元校刻．十三经注疏：附校勘记（上）[M]．北京：中华书局，1980：128．

[③] [清]阮元校刻．十三经注疏：附校勘记（上）[M]．北京：中华书局，1980：862．

[④] "镇山"的说法具有更强的政治色彩，意为对一定行政区域的镇守、保障。起初九州各有其山镇，而府县有镇山的说法应当不早于明清。以永州地区为例，南宋《舆地纪胜》、《方舆胜览》二书的"形势/形胜"节中均无"镇"的说法。永州以衡岳为其"镇"的说法则最早见于（康熙）《永州府志》和（康熙）《零陵县志》。"主山"的说法则更强调山与治的空间关系。这一概念源于风水，涉及一邑之地脉来源与结穴。"主山"被认为是城市选址、规划的依凭，并应当与之形成特定的空间关系。

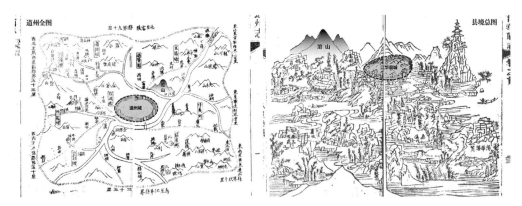

图 3-22 方志图中的"城邑型镇山"：以道州宜山、江华沱山为例
（底图来源：左：（光绪）《道州志》卷首；右：（同治）《江华县志》卷首）

考察这些镇山与城市的空间关系，在方位、距离、形态等方面都存在共性规律。

3.6.1.1 方位

镇山一般位于治城北方，如祁阳之祁山、新田之福音山、永明之亭山。从城南北望，城以山为屏，格局中正，气势雄伟。但有时镇山并不能正好位于适宜城址正北，偏东或偏西的情况也存在，如宁远之大富山、江华之沱山。

3.6.1.2 距离与高远比

镇山与城市的距离大约在 2～15 里范围内。高度不一，但它们相对于县城的高远比存在一定规律①。例如，祁山（海拔 621 米）相对于 15 里外的祁阳县城高近 500 米，高远比约 1/15。宜山（海拔 663 米）相对于 15 里之外的道州城高约 500 余米，高远比约 1/15。福音山（主峰海拔 727 米）相对于 15 里之外的新田县城高 500 余米，高远比亦 1/15。大富山相对 5 里外的宁远县城高近 200 米，高远比约 1/12.5。沱岭（主峰海拔 1079 米）相对于 15 里之外的江华县城高近 800 米，高远比约 1/10。这些镇山相对于其治城的高远比基本在 1/10～1/15 的范围内，说明在城市规划中对镇山相对于城市的视觉感受进行了有意控制。这一比例使得镇山相较于周围群山具有更突出的视觉效果，是环山的重心（表 3-2）。

---

① 高远比，指镇山相对于城市的高度与距离之比。不同镇山相对于城市的绝对高度和距离虽然不同，但如果具有接近的高远比，则意味着从城市远望镇山的视觉感受是相近的。

永州地区府县城市之"镇山"比较　　　　　　　表3-2

府县城	镇山	山之方位	山相对高度/海拔高度（米）	山城距离（里）	高远比
祁阳县城	祁　山	北	500／621	15	1/15
道州州城	宜　山	北	500／663	15	1/15
新田县城	福音山	北	500／727	15	1/15
宁远县城	大富山	东北	200／	5	1/12.5
江华县城	沱　岭	西北	800／1079	15	1/10
永明县城	亭　山	北	200／401	2	1/5

3.6.1.3　形态

对镇山形态的选择标准总体上是高耸挺拔、端正雄壮。永州地区府县方志中对诸镇山的描述如"特起一峰，顶圆身坦"、"四面环视，方正如一"、"三岳相连，二岳稍低，一耸凌霄"、"山如翠屏"等，强调山形给人以安定、稳健、背有依靠的心理感受。

城市的等级、规模也要与镇山相匹配。如道州城等级较高、祁阳城规模较大，其镇山也更高峻雄伟。相应的，城市与镇山的距离也会加大，以保持理想的视觉感受。而其科学原理是留有更长的泄水坡和更广阔的腹地，避免山陡水急。

山为自然造物，人无法随心所欲地改变其大小形态，但可以人为选择理想的镇山形态，并通过调整城市选址来达到理想的山－城关系，塑造理想的镇山视觉感受——这正是镇山作为城市选址、择向之"基准"的重要意义，也是"镇"规划设计的核心。为达成一种共识性的理想山水格局，规划者往往会先选定镇山，再依据其规模、形态、尺度而调整城市的选址和距离。

镇山作为城市北方的大山，通常也标志着城市郊野圈层的北边界。城市的扩张可能越过北城墙，但通常不会越过镇山继续向北（图3-23～图3-27）。

3.6.2　"应"

"应"，强调二个物体相对的空间关系[①]。在地方城市的择向规划设计中，"应"通常指治署面向特定标志性山丘的空间关系，该山称为"应山"。

---

① 据《说文解字注》："应。《说文》：当也。段注云：引申为凡相对之称，凡言语应对之字皆用此"（[汉]许慎撰．[清]段玉裁注．说文解字注（第2版）[M]．上海：上海古籍出版社，1988：502）。又据《康熙字典》："应。《广韵》：物相应也"（[清]张玉书等编撰．王引之等校订．康熙字典[M]．上海：上海古籍出版社，1996：372．）

祁阳　祁山　主峰海拔 621 米
相对高度约 500 米
位于县城正北 15 里
高远比 = 1/15

图 3-23　祁阳县镇山——祁山
（图片来源：黎忠广摄）

道州　宜山　主峰海拔 663 米
相对高度约 500 米
位于县城正北 15 里
高远比 = 1/15

图 3-24　道州镇山——宜山
（图片来源：黎忠广摄）

新田　福音山　主峰海拔 727 米
相对高度约 500 米
位于县城正北 15 里
高远比 = 1/15

图 3-25　新田县镇山——福音山

宁远　大富山　主峰相对高度约200 米
位于县城东北 5 里
高远比 = 1/12.5

图 3-26　宁远县镇山——大富山

图 3-27　江华县镇山——沱岭

风水学说中有"择向乘应"的说法。据《管氏地理指蒙·择向》篇载："择向之法，乘其应也。……虽形势之不续，亦表里之相因。后来兮为主，前来兮为宾。……主降玄室，若虚怀而有待。宾进阶庑，类却立而前陈。情意相投而无间，形势相驻而不竣。……奇峰特发，固可直中而取的。耦峦联秀，则当坳里以平分。……若朝阳者则为善矣"[①]。所谓"乘应"，看重应山与镇山（来龙）的呼应关系，以形成前朝后屏的环护格局。应对不同"应山"的择向原则，引文中也说得很明白——如果应山为独峰，则"直中而取的"，使治署轴线正对应山；若应山为双峰，则"当坳里以平分"，使轴线对双峰之中。这后一种手法，与古代都城轴线偏爱以远山为"双阙"的做法一脉相承，如秦阿房宫"表南山之巅以为阙"；东晋建康城中轴线"遥指牛首峰为天阙"[②]等。地方城市中类似的做法也很多，如福州、桂林等。

朝对天然山峰是遵从山水逻辑，那么这一山水立向原则与方位立向原则又是什么关系呢？根据上引文中的说法，应是山水原则优先于方位原则。应山若恰好为"朝阳者则为善"，是说应山若居于南方则山水原则与方位原则相一致则最佳，但如果冲突，则山水原则优先。从永州地区府县城市的择向实践来看，也的确符合这种优先次序。

永州地区府县城市的"择向乘应"实践中，以宁远、江华二县城最为典型。

3.6.2.1　宁远县城：以金印、鳌头二峰为"朝揖"

据（嘉庆）《宁远县志》载，县治"对面则鳌头、印山东西两峙，以束其气……

---

① [魏]管辂《管氏地理指蒙》择向第二十三：164。
② [唐]许嵩《建康实录》卷7。

鳌、印二峰为其朝揖"[①]。金印山"为县治应山"[②]；鳌头山"为县治之对山"[③]。金印山位于宁远县南10里，"其形如笠土戴石，方平状如印，势应县治前"[④]。鳌头山位于县南3里，"三峰秀拔，学官向之，平地突起，与逍遥岩拱峙"[⑤]。二山的形态在（康熙）《九嶷山志》附图中有详细描绘。关于应山与对山的区别，县志中未做解释，但从地形图上看，宁远县治主轴的确指向金印山、鳌头山之中——"当坳里以平分"的格局十分明显。

1980年代确定宁远新城区主轴（即九嶷南路）时仍延续了旧县治的朝向，即轴线穿过鳌头、金印二山之中而直指九嶷主峰三分石。此举表明地方上对古城轴线传统的继承。但十分可惜的是，鳌头山已在城市扩张建设中被破坏，今仅存残迹[⑥]。自金印山向南，则进入丘陵密布的九嶷山区。金印山似乎标志着古代宁远城市空间的南边界。而2003年完成的宁远县城市总体规划也将规划区南界划在金印山以北，似乎古今规划者对城市空间边界有着共同的认知[⑦]（图3-28）。

3.6.2.2 江华县城：以豸山、象山为"门户"

明天顺年间（1462）建成的江华县治朝向正南，其县城主轴也基本向南，这与治署倚高阜而建、轴线垂直于等高线有关。但到清同治年间，由于人口增加，原有城池规模已无法满足需要，城市于是向南门外的沱水河滨地带扩张。除部分公共设施留在老城外，商铺、住宅则多向城外聚集，在南门至沱江之间形成三坊新城区[⑧]。

在这次扩建规划中，位于沱江两岸、位置显要、形态特异的"豸山"和"象山"进入了规划者的视野。豸山位于沱江西岸，"西向矗然而高，……极奇峭之致"[⑨]。象山位于沱江东岸，冯、沱二水交汇口。从南门外面向沱江，豸山与象山

① （嘉庆）《宁远县志》卷首形势：43-46。
② （嘉庆）《宁远县志》卷1山川：122。
③ （嘉庆）《宁远县志》卷1山川：121。
④ （道光）《永州府志》卷2名胜志：205。
⑤ 同上。
⑥ 鳌头山位于今宁远县政府院内。建政府大楼时曾采其土石，造成山体破坏，今仅存半截残山。据宁远县史治办前主任张介立先生介绍，鳌头山原高于政府大楼，应有30余米。
⑦ 1984版宁远县总体规划已将城市规划建设范围南扩至金印山脚下。2003版总规中并未突破这一界限，可能是出于对古代县城山水格局的尊重，或者是对金印山作为县城空间南界合理性的认同。
⑧ 据《江华瑶族自治县志》（1994：239）载："同治五年（1866）闭西北二门。由于人口增长，居民逐步向南门外扩展"。至民国时，"除原有县署、监狱、仓廒、高等小学堂等设于城内外，其余商户居民多集中到城外建立铺宅。自南门外至沱水畔逐渐形成划分为三坊："南门外至火神庙为广和坊，火神庙至今解放东路中段为教场坊，军营口至西佛桥为新建坊"。
⑨ （道光）《永州府志》卷2名胜志：221。

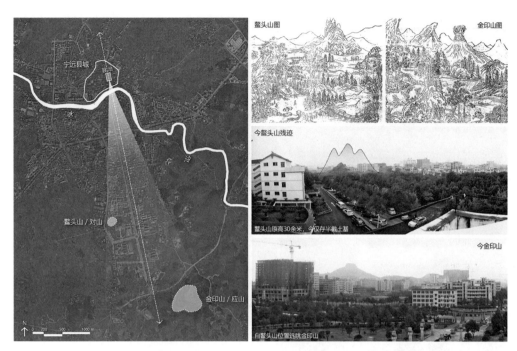

图3-28 宁远县城"乘应择向"平面分析及鳌头山、金印山古今形态

恰分列左右，如同治九年（1870）《江华县志》所言，豸山"与象山对峙，正可
为县治门户"[1]。于是，规划者以南门口为起点、以豸山象山为双阙而确定了新城
区的中轴线，即今天的"南门正街"。

事实上，这条新轴线的走向恰恰垂直于沱江（等高线）。以此为轴线组织新
区建设，一方面使从南门口到沱江河口路程最短，便捷交通；一方面使鱼骨状
横街平行于等高线，利于建设，是十分经济合理的规划选择。而豸、象二山分
列左右成为新轴线的"双阙"，成为对这一轴线合理性的补充，使地方社会更容
易接受并认同这次扩建规划。但在当时规划者的意识中，此二山"为县治门户"
的天然格局，可能是确定新区轴线的更主要依据。

后来为了进一步强化这一山水朝应格局，规划者又分别在二山之巅兴建阁
塔。咸丰二年（1852）先在象山之巅建"奎星阁"[2]。同治七年（1868）又在豸山
之巅建七层浮屠"凌云塔"，以辅文运。据刘邦华《凌云塔记》："（豸山）峭
壁摩空，悬崖俯流，灵境也。……复以斯塔之建于沱江，文运有神"[3]。奎星阁、

① [清]李邦燮. 豸岩记.（同治）《江华县志》卷1方舆/山川/豸岩：99。
② （同治）《江华县志》卷2建置：171。
③ [清]刘邦华（邑令）. 凌云塔记. 光绪四年（1878）. 摩于江华县凌云塔基。

文峰塔双双矗立于二山之巅，是对轴线格局的人为强化。同治年间的《城池图》中也描绘出这种意图（图 3-29，图 3-30）。

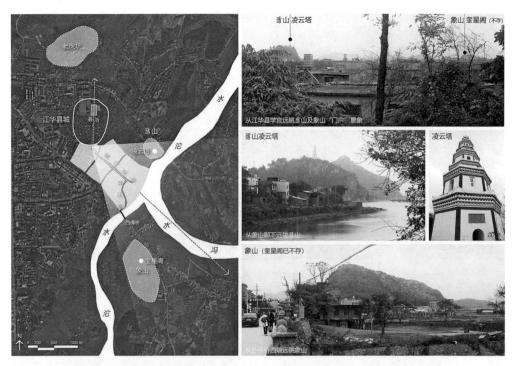

图 3-29 江华县新城区以豸、象二山为门户的平面分析及实际形态

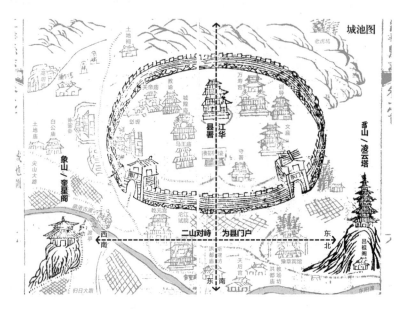

图 3-30 《江华城池图》所见"门户"格局与规划意图
（底图来源：（同治）《江华县志》卷首）

3.6.2.3 "应"的规划设计要点

从永州地区的实践来看，"应"的规划设计强调对应山的选择、轴线的确定以及通过人工阁塔强化轴线关系。

（1）应山选择

一般会选择距县城 2～10 里范围内的形态特异的山峰作为"应山"。它们通常位于南方或东南方位，体量小于镇山，高度在 30～50 米左右。山形可为独峰，亦可为双峰或连峰。

（2）确立轴线

通常以应山为依据确定城市或治署的朝向，即空间轴线。独峰则取其中，双峰则取其凹。前述宁远、江华均是朝对双峰（即双阙）的案例。道州、新田则是轴对独峰：道州治朝向"极高峻、与宜山对峙"[1]之银山，新田县治朝向城南 3 里翰林山。

（3）人工强化

确立轴线后，往往会通过增建人工阁塔进一步强化治署与应山的轴线关系[2]。其用意好像在从荒野自然中选出的、符合人理想格局的山水要素上盖上印章，标识出它们的与众不同；也告知后来人这一山水格局的存在，并希望他们予以保护和遵循。

（4）南境标志

应山通常是城市南境的山水标志，也常被开发成为近城风景游憩地。它们作为风景地的开发，往往与县城的规划建设同步进行。如明天顺六年（1462）江华县城迁往黄头冈后，东门外的岑山开始被人关注，并进行风景开发。据（道光）《永州府志》载，岑山一带"明以前不甚著，万历中全州滕元庆为教谕，始见题咏"[3]。此后山麓一带陆续有玄帝宫、观音阁（万历四年）、文昌阁、三官阁（乾隆五十年）、吕祖阁等建设，渐成近城风景游憩地。

人工建立的轴线格局并非一成不变，在人居环境产生新的需求时，会根据新的要求选择新的山水标志物建立新的轴线。如前述江华县扩建时的轴线调整，

---

[1] （道光）《永州府志》卷2名胜志：182。

[2] 宁远县金印山巅也曾建塔。据（道光）《永州府志》卷2名胜志（205）载："金印山……（宁远）邑令建塔于上，今废"。

[3] （道光）《永州府志》卷2名胜志：221。又查（康熙）《永州府志》职官表，滕元庆约在明万历三十年（1602）前后任江华教谕。可知在江华县城迁建的140年后，岑山一带的风景开发才开始活跃。

即说明人居环境始终欲与自然环境相协调呼应的追求。

综上所述，传统地方城市规划设计中拥有一套完整的"乘应择向"技术方法。那么，"乘应择向"与辨方正位、测景阴阳的其他择向理论是否冲突呢？中国古代择向的理论和技术方法很多，至少有测景法、观星法、乘应法、罗盘法等。"定向"通常并不是由单一方法决定的简单问题，它往往包含复杂的程序和缜密的思考。无论以何种方法确定最终的朝向，相阴阳、察天文、测日景等都是之前必要的准备工作，旨在获得一个基本合理、适宜人居的"朝向范围"。而最终决定朝向的方法，则与工程项目本身的地理环境、重要等级、功能性质、社会文化等均有关系。在永州地区，至少在南宋以后，寻找与自然标志物的对应关系在人居环境的择向活动中居于显位。但即便如此，最终朝向也总是要在一个合理范围内（以坐北朝南为主），自然标志物的选择不会太偏离这一基本原则。

3.6.3 "向"

除治署外，地方城市中学宫、书院、文塔等文教建筑的择向也特别强调与周围山水标志相呼应。其目的是配合山川秩序以兴文运。地方志中常常称为"向"。

永州地区府县学宫、书院的择向规划设计中，广泛存在着"朝向"特定山水标志物的做法。这些标志物通常是高峻挺拔、形如文笔的山峰，称作"文笔山"或"文笔峰"。根据方志记载，东安县学宫朝向县西2里的文笔山，文笔山"山形特异于诸阜，上覆森列小山，炯然星缠奎壁之象，正当学宫前"[1]。宁远县学宫朝向县南3里的鳌头山，"鳌头山三峰挺秀，儒学向之"[2]。新田县学宫朝向县南羊角峰，"羊角峰，其峰最峭，文庙向焉"[3]。零陵群玉书院朝向潇水南岸群玉山，书院最后的文昌阁"枕高阜，与城外之南冈遥相对峙。南冈者，邑人所谓群玉山也。山形如玉屏矗立，潇水绕其麓。登大雅堂倚槛眺望，则峰峦拱向，朝霞暮霭，合形辅势，若专为书院而设者"[4]。

在文笔山之巅兴建文峰塔，则是人为强化学宫或书院空间轴线的手法。学

---

[1] （康熙）《永州府志》卷8山川：221。又据（道光）《永州府志》卷2名胜志（175）载："西南二里许曰文笔山，山形特异，正当学宫之前，其上小峰森列，如星缠奎壁之象，《县志》故又称'文壁山'"。

[2] （康熙）《永州府志》卷8山川：227。

[3] （嘉庆）《新田县志》卷2山川：97。

[4] [清]陈三恪. 创建群玉书院记.（光绪）《零陵县志》卷5学校/书院：316-318。

宫不一定正对文峰塔，但文峰塔的主轴总是要朝向学宫，与之遥相呼应。如祁阳"文昌塔"位于县城东南湘水东岸万卷书岩，塔为西北向，正对学宫。新田县"青云塔"位于县城南翰林山，"塔门北向"[①]，正对县城内学宫（图3-31，图3-32）。

图3-31 从祁阳学宫旧基远望文昌塔与天马山

图3-32 祁阳文昌塔与学宫的"向"对关系

3.6.4 "避"

城门的择向亦有讲究，通常以东、西、南、北为默认方向，但具体的择向也受到周围山水标志物的影响。主要表现为"避"与"对"两种关系。对，"凡物并峙曰对"[②]。避，"回避也"[③]。

据（道光）《东安县志》载，"南城楼，在县门左偏。以中向朝山稍崎，故

---

① 据新田县青云塔塔基石碑。
② ［清］张玉书等编撰．王引之等校订．康熙字典[M]．上海：上海古籍出版社，1996：249.
③ ［清］张玉书等编撰．王引之等校订．康熙字典[M]．上海：上海古籍出版社，1996：1330.

削一小山辟门于此。匾曰：瞻明。庶几风气攸聚。……小南门城楼，在学官前左偏。以东向山势巉岩开门不利，故辟置于此，以代东门。匾曰：洪文。……西门城楼，在县治西南隅。以西山崇耸，辟门于此。匾曰：永禄。遥望富禄山川，廓然称大观焉。……北城楼，以天柱峰为□□。堪舆家为旁城借主者取权于生气是也，但艮峰宜避，未便开门。故止建一楼。匾曰：镇远。"①

由引文可知，县城南门对城南 5 里之南山，"南山，高百余丈，层峦叠巘，邑治屏拱"②。县城东、西、北三门则因有所"避"而调整了位置或朝向。原定东门外半里有"麒麟石"，形势逼近、开门不利，于是将东门南移，改为小南门，以避山势。原定西门外有玉屏山"崇耸"，不仅遮挡视线，而且使门前空间局促，于是将西门南移，"遥望富禄山川，廓然称大观"③。北门外有天柱山，因山居城东北艮位，被认为不利，故不开城门而只建城楼（图 3-33）。

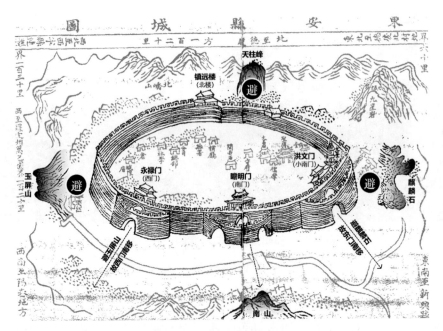

图 3-33　东安县城门与周围自然要素的"对/避"关系
（底图来源：（道光）《东安县志》卷1）

---

① （道光）《东安县志》卷1城池：55。
② （道光）《道光东安县志》卷2山川：45-48。
③ "富禄山川"泛指县城西南之群山。据《县志》记载，有伏犀山、双鸢山、云雾山、大牛石、太空岩等。伏犀山"在城西一里许，横伏若犀，山左有尖峰突起"。双鸢山在"城西二十五里。高百余丈，石峰云树对列，如削崎口。……登可览诸方全景"。云雾山"在城西南七十里许。富霖铁场之间。高可千仞，周六十余里。四时云雾不散，为本邑诸山发源之主山"。大牛石"与伏犀山斜隔半里，峭壁如削，平面白色"。太空岩"在城西五十里许，嵌空□□，不亚九星。……后为云石峰，插云攒簇，平地崛起，为一方之胜"。（（道光）《东安县志》卷2山川：45-48）

由此可知，周边山丘的方位、远近、形态等皆对城门的规划和朝向构成影响。其择向原则总体来说是"远峰宜对，近山宜避"。此原则不仅体现景观、审美、心理等精神层面的考虑，也是基于对城门外交通、用地、发展空间等实用性的综合考量。

3.7 裁成损益：人工与自然的均衡修补

传统人居文化中对自然山水形势不仅有"利用"，也有"损益"的思想。即对不够理想的自然地形进行人工修补，以使其达成理想状态。

《雪心赋》有云，"土有馀，当辟则辟。山不足，当培则培"①。宋蔡元定《发微论·裁成篇》则云："裁成者言乎其人事也。……山川之融结在天，而山水裁成在人。或过焉，吾则裁其过。或不及焉，吾则益其不及，使适其中。裁长补短，损高益下，莫不有当然之理。其始也，不过目力之巧，工力之具。其终也，夺神功改天命，而人与天无间然。故善者，尽其当然，而不害其为自然。不善者，泥乎自然，卒不知其所当然。所以道不虚行，存乎其人也。"②

蔡元定的这段话其实已经道出人工"裁成"自然的理论：其一，"裁成"的本质是人工行为，是对自然的人工修补。虽然自然环境是天地所成，但对其缺憾之处，人有裁成修补的能力和责任。其二，"裁成"的标准是"中"，即适度也；因此裁成的具体方法是"过则裁其过，不及则益其不及"，即裁长补短，损高益下也。其三，"裁成"追求"尽其当然，而不害其为自然"的境界，与明代计成所论"虽由人作，宛自天开"异曲同工。其四，关于如何判断"过或不及"、"长或短"、"高或下"，蔡元定认为自有"当然之理"，其中奥秘只可意会、不可言传，要看规划设计者自己的领悟与创造。

中国历史上以人工损益自然的实践很多，大者积山凿池，改变大尺度自然地形。如秦始皇掘秦淮断金陵龙脉是"损势"，北宋汴梁城叠艮岳、明北京城造景山是"补势"。但这些工程巨大，往往帝王家所为。小者则以人工阁塔象征性地补足自然山川之缺，因工程量小、材费有限，成为古代地方城市规划设计中最常见的"损益"方法。常见的补势建筑如水口塔、文峰塔、镇楼等。

---

① ［唐］卜则巍《雪心赋》：53。
② ［宋］蔡元定《发微论·裁成篇》。

3.7.1 "补势"与补势建筑

永州地区府县城市规划设计中广泛存在着以人工阁塔损益自然山水形势的做法，并形成了一批延续至今的标志性景观建筑。其中，塔是最常见的补势建筑。永州八府县均曾建过补势塔，其中有 7 座较为完好地保存至今[①]。其中，零陵廻龙塔、祁阳文昌塔、江华凌云塔、新田青云塔是典型代表。

3.7.1.1 零陵廻龙塔

零陵"廻龙塔"是为镇压水患而建的"水口塔"。明万历十二年（1584），"因郡城水势瀚漫"，邑人金都御史"吕藿捐金造回龙塔于此口，以镇水患"。塔位于城北 1 里潇水东岸的石崖之巅，"磴踞危石，高凌碧汉，足增全郡胜观"[②]。

规划者为何在此处建塔？从地形图上详细分析塔的位置，有以下发现：其一，塔恰选址于潇水过零陵城后反向回湾之凸岸。河道在此转弯，无论是从零陵往下游去，或从下游往上游行，都非常需要在此转弯处有所提示，一方面提示已入（或出）零陵界；另一方面提示河道转弯以保行舟安全。在此位置刚好可尽览全城风貌，或许正是塔名所喻"廻龙"之势。其二，宽阔的潇水恰在此处有所"收束"，是形家所谓的"水口"地形。因河岸收束，水流陡急，需要树立标志提示行舟安全。这或许是古代强调在水口处建镇塔的原因之一。其三，此处岩石高峻坚固，是理想的建塔地基，也能提升塔的高度使其更加醒目。总而言之，廻龙塔建于此处，具有警示行船出入城界、河道转弯、水流陡急的标志作用。

今天在大西门外北望，还能清楚看到矗立水畔的廻龙塔。塔外观七级八面，高 37 米，砖石结构。虽为明代建筑，但保有宋代遗风。永州八景中有"廻龙夕照"一景，即指廻龙塔。清人蒋弥高《秋日登回龙塔诗》云，"塔高雄峙永阳城，健步登临迥不群。霞照崌峰明远树，雁飞江浦送归云。湘烟开处蓝如染，潇水流来影尚分。日落秋潭千尺映，白萍洲静漾波纹"[③]。笔者调研途中登塔远眺，零陵

---

① 分别为零陵廻龙塔、祁阳文昌塔、东安吴公塔（廻龙塔）、道州文塔、江华凌云塔、江永圳景塔、新田青云塔。
② （光绪）《零陵县志》卷1舆地/古迹：151。
③ 《零陵县志》1993：714。

城、潇湘口、白萍洲、群玉山岭尽收眼底，确是观览一邑风景之佳处（图3-34～图3-37）。

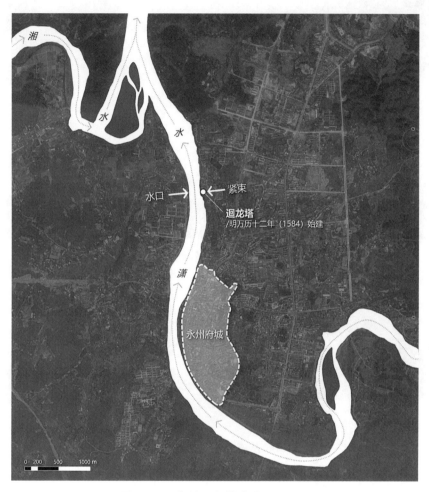

图 3-34 永州迴龙塔选址平面分析

图 3-35 永州迴龙塔的"回顾"之势

图 3-36　从大西门外、潇湘门外北望廻龙塔

图 3-37　从廻龙塔顶眺潇水回弯形势

3.7.1.2　祁阳文昌塔

祁阳"文昌塔"位于县城东南，湘水东岸万卷书岩之巅。建塔之议出自明代祁阳籍进士、铜仁太守邓球"犹念廻峦未耸而渐流之靡靡"[1]的夙愿，选址则源于堪舆家"回顾关锁"[2]的指点。

建塔过程颇为曲折。明万历年间，邓球最早倡议建塔；万历八年（1580）巡按朱琏始出金购地起架；四年后（1584）聘请安庆工匠陈万明，塔方建成；再四年后，在塔侧增建文昌书院。后来塔毁，清乾隆十年（1745）邑冢宰陈大

---

[1] ［明］管大勋. 文昌书院记.（乾隆）《祁阳县志》卷7艺文：326。
[2] 同上。

受建议原址重建文昌塔，他说："地当邑治巽离之间，距城三里许，湘水自东注，祁水北来汇之而南流；石岸崚嶒，屹然成阜……以形家者言此地为邑下游关锁，建塔镇之以砥柱江流，培毓秀气；于阖邑文运有裨益"[①]；三年后（1748）建成。可知建塔之意图，既为补势，亦为培文。

祁阳当地人士一致认为兴建此塔是祁阳之大事，因为该塔是补足祁阳形势的关键。明提学管大勲记邓球语云，"塔名文昌，当邑治巽离间，镇潇湘下流，拔黉宫一面之峰"[②]。（乾隆）《祁阳县志》云，该塔"点缀风光，亦关形胜。屹然七级，矗立云表，与浯溪潇湘亭台鼎峙争奇，极结构之自然，亦包络之尽善。夫山川之缺，不必不待补与人，而灵秀必有所钟，此邦之毓瑞将于斯卜之焉"[③]。乾隆时期邑令李映岱云，"塔以表形胜，院以造人才，二者相为表里，无庸偏废"[④]。（同治）《祁阳县志》云，"危石突起一阜，塔耸其上，双流一砥，邑之风气，洵非小补"[⑤]。塔顶则刻有"华表森森，为邑砥柱"[⑥]八个大字。

从地形图上分析文昌塔的选址考虑，与零陵廻龙塔一样满足了3个条件：一是位于河道过县城下游弯曲处之凸岸，二是位于河道陡然收紧处（水口），三是位于崚嶒挺拔的岩石（万卷书岩）之巅。因此，文昌塔同样具有提示警示行船出入城界、河道转弯、水流陡急的标志物作用。此外，塔位于县城东南方向巽离位之间，还有裨益文运的作用。从祁阳学宫远眺东南，文塔耸立于前，龙山背屏在后，构成以学宫为中心的景观体系。当年规划者也极可能是站在学宫确定了文昌塔的位置、高度与形态（图3-38，图3-39）。

3.7.1.3 江华凌云塔、新田青云塔

不同于前述二塔立基于滨水岩石，新田"青云塔"和江华"凌云塔"分别兴建于县城水口高山之巅。借山势而立，气势更强。

新田青云塔位于县城南3里的翰林山之巅，清咸丰九年（1859）所建，一为镇水口，二为兴文运。翰林山，是新田县治之"应山"，也是县城的"水口山"，高逾百米。据（嘉庆）《新田县志·形势》载，"水口直出，似乎大顺，而高山

① [清]陈大受.重建文昌塔碑记.（乾隆）《祁阳县志》卷7艺文：351。
② [明]管大勲.文昌书院记.（乾隆）《祁阳县志》卷7艺文：326。
③ （乾隆）《祁阳县志》卷首图说：17。
④ [清]李映岱.复修文昌书院记.（乾隆）《祁阳县志》卷7艺文：350。
⑤ （乾隆）《祁阳县志》卷3官署：106。
⑥ （乾隆）《祁阳县志》卷3官署：108。

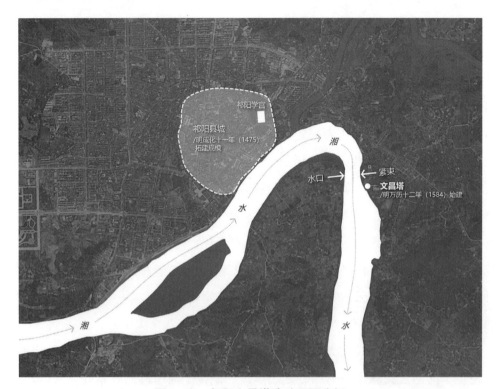

图 3-38　祁阳文昌塔选址平面分析

图 3-39　从祁水县城东南望文昌塔

遮护不见其顺去之迹，故真气内藏，实为灵秀所钟"[1]，此高山即指翰林山。不过从新田老城南门桥上远眺翰林山，所见山势较为平缓，不够挺拔；而青云塔（塔高 35.4 米）的补充，恰恰给山势增加了视觉焦点，使其变得高耸有力（图 3-40）。

---

[1] （嘉庆）《新田县志》卷2地舆/形势辨：84-88。

图 3-40　新田凌云塔及其与县治空间关系

江华凌云塔位于县东 1 里的豸山之巅，同治八年（1869）建，同样是出于镇水口、兴文运的双重目的。豸山紧邻沱水之滨，"峭壁摩空，悬崖俯流，灵境也"[①]，高近百米，为一邑之形胜。自明代起，豸山南麓俯临沱水的崖壁上已有大量宫观寺庙修建，清末又在山巅增建凌云塔，以"裨益文运"（图 3-29）。

这两座清末兴建的补势塔都选择立于高山之巅，而不像明代所建的零陵、祁阳 2 塔位于河畔岩石，可能是相关规划设计原则发生了调整。

3.7.2　以人工阁塔补山川之缺

从上述实例来看，补势塔的功能一为镇水患，二为兴文运，三则二者兼具。无论镇压或兴发，它们都是通过人工建筑"象征性地"巩固或补足自然山水形势的技术手段，所谓"山川之缺，待由人补"。

具体来说，镇水塔的选址一般在城市下游、水口收束处之凸岸，零陵廻龙塔、祁阳文昌塔是典型代表。文峰塔的选址会更多考虑塔相对于学宫或治署的方位及基地高度。方位以东南巽离为佳，基地追求高山之巅。很多补势塔兼具两种功能，因此倾向选址于县城东南方位水口山之巅，如祁阳文昌塔、江华凌云塔、

---

① ［清］刘邦华（邑令）. 凌云塔记. 光绪四年（1878）. 摩于江华县凌云塔基。

新田青云塔等。

补势建筑的衍生价值，是成为当地著名的标志性建筑景观，并且是人工与自然山水完美结合的规划设计典范。因为"事关一邑风气，洵非小补"，补势建筑通常是倾全邑之力鼎建的重大工程，受地方关注，由良匠主持，无论设计、材用、施工都力臻完美。单从人工与自然巧妙融合的设计角度来看，它们特别关注对山势的均衡构想、建筑与山势的比例控制，从城市远观山塔的整体效果等等，凝结着人对自然观照的种种细致巧思。在那样一个测量、施工技艺相对简陋的年代，古人创造出这些比例协调、气势恢宏、有补山川的人工自然景观，实在令人赞叹，正所谓"从来奥境名区，天工居其半，人巧亦居其半"[①]也。

3.8 穿插游走：人工与自然的节奏把控

古人在处理城市建设中的人工与自然关系时，亦重视对层次和节奏的把控。吴良镛在分析历史上绍兴城的环境营建时指出："自然环境与人为环境的结合，也是多层次的，互为穿插的。山水风景陪衬着城市，城市中又有自然风景。绍兴城内有三山，有河池，有园林；三山之上园林之内又有建筑，建筑小院之中又有咫尺园林，河边有街市。从街道与房屋天井中又能看到三山河川的风景，所谓'不出城郭而获山水之怡，身居闹市而有林泉之致'。……人工空间与自然空间的交替，多层次的景观变化，都在绍兴发挥得淋漓尽致，而这些正是构成中国城市的环境特色之一"[②]。

在永州地区的府县城市中，这种人工与自然交融的多层次和趣味性也普遍存在。以零陵城为例，城市滨水、倚山而建——城在山中；城中又有三丘，丘上寺观、园林密布——山在城中。唐时柳宗元在东山之巅筑"西亭"，跨越城市而远望西山；韦刺史在城中作"新堂"，"迩延野绿、远混天碧，咸会于谯门之内"，可知古人在规划设计中有刻意追求这种人工与自然的多层次交融。再以祁阳城为例，城市负祁山、抱湘水而筑城；城中又有龙山，建为学宫。学宫背倚龙山，又前与城外天马文星遥相呼应。再以江华县城为例，城市倚沱岭、临沱江筑城；

---

① [明]冷崇. 创建文星塔记. 转引自：罗哲文. 古塔搜谈[J]. 文物，1982（03）：49.
② 吴良镛. 从绍兴城的发展看历史上环境的创造与传统的环境观念[J]. 城市规划，1985（02）：6-17.

城中县署、学宫皆倚高阜而建，又遥对城外豸山、象山以为"门户"。正因为自然要素在不同层次间的跳跃、关联，城市的内与外在心理空间层面被模糊——虽居城隅，而有天地之阔。

城市整体处于自然之中；城市中则有人化的自然，如园林；城外郊野自然中又有人工建筑群落，如坛庙、寺观、书院、楼阁等等。园林中再有建筑，建筑中再有庭园。如此往复，你中有我，我中有你。可见，古人追求人工与自然的融合，并要体现在不同的时空层次中。这种融合并非单一的、静止的，而是运动的、变幻的。人游走其间，方感受人工与自然交融、流动的妙趣（图 3-41）。

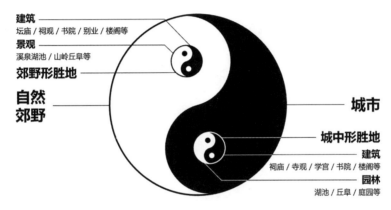

图 3-41 地方城市人工与自然环境的多层次交融

第 4 章

——

郊野自然的规划设计：郊野人居开发

地方城市的郊野空间，是从城墙所围合的人工空间向荒野自然的过渡地带。这一空间层次中不仅容纳着一系列与城墙之内不同又互补的功能活动和专门场所（如祀、修、学、居、游等），其空间环境本身也被赋予了两种对立统一的特殊意涵——一面是对立于庙堂的山林气息，另一面则是深入自然与之沟通的媒介意涵。

在古制中，"郊"位于城的特定位置，指代特定的空间范围。据《尔雅注疏·释地第九》载："邑外谓之郊，郊外谓之牧，牧外谓之野，野外谓之林，林外谓之坰。[注]：邑，国都也。假令百里之国，五十里之界，界各十里也。[疏]：此假令者据小国言之，郊为远郊，牧、野、林、坰自郊外为差耳。然则郊之远近计国境之广狭以为差也。"[①] 由此可知，古人将国都至国界之间的地域均分为五等，最靠近国都的一等称为"郊"（图4-1）。

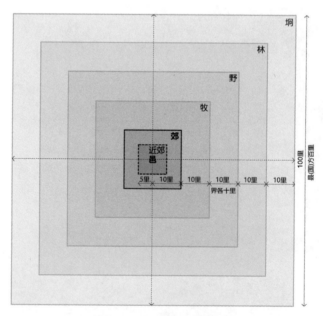

图4-1 "近郊"范围示意
（图片来源：笔者据《尔雅·释地》绘制）

---

① [清]阮元校刻. 十三经注疏：附校勘记（上）[M]. 北京：中华书局，1980：2616.

从封建之国衍及郡县之县，"郊"仍然保持着特定的范围和意义。以"县方百里"计算，"郊"约指从城邑向外 10 里的范围。这一范围正是人们在城邑之外着重开发建设的地带，一方面因为它距离城邑不远，水陆交通便利；另一方面则又接近自然山林，不仅风景优美，而且自由无拘。因此，地方城市的"祀""修""学""居""游"等特定人居功能及其专门场所大多分布于这一范围内。永州地区府县城市的郊野地带开发建设正符合这一规律。

从规划设计的任务来看，在郊野自然中要解决的主要问题是：如何在自然环境中布局和建立起分散的、小尺度的人工环境以容纳特定的功能活动，以及风景的发掘和风景地的规划建设。从规划设计的结果来看，由于山水佳美、用地开阔、束缚较少，郊野自然中的规划设计往往表现出"人工"与"自然"更充分且多样的结合。郊野自然中各种功能场所的规划设计虽各循其道，但也发展出总体空间布局上的"郊野胜地"概念。风景发掘与风景地建设则自成一系，发展出"地方八景"的专门体系，可理解为地方城市风景体系的规划设计。

本章首先考察地方城市郊野自然中的 5 种主要人居功能，并结合永州案例对其专门场所的规划设计进行总结；进而提出地方城市郊野自然中普遍存在的"郊野胜地"概念，总结其基本特征与规划开发模式；最后考察以"地方八景"为主要形式的地方城市风景体系规划。

4.1　郊野自然中的人居功能与典型场所

地方城市外围的郊野自然中，主要存在着 5 类非生产性的人居功能——祀、修、学、居、游。这些功能分别形成了相对固定的空间场所，如"祀"的场所主要为祭祀自然神祇的坛壝神庙；"修"的场所主要为各种佛寺道观；"学"的场所主要为书院 [①]；"居"的场所主要为私人别业；"游"的场所主要为经由人工发掘的风景地。这些场所是城市郊野自然中人居规划设计的主要对象（图 4-2）。

与城市相比，这些人居场所在自然环境中的存在是小尺度的、分散的。它们与自然山水环境的关系更为紧密，并发展出相应的规划设计原则与方法。本

---

① 府县学宫（文庙）有时也会选址于城外郊野自然中，但更多时候会布置于城墙的保护之内。

节结合历史上永州地区的实践案例，分别考察上述五类功能场所的空间特征及规划设计规律。

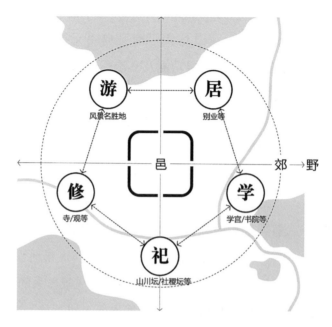

图 4-2 地方城市郊野自然中的主要人居功能及场所示意

4.1.1 "祀"与坛壝

地方城市郊野自然中"祀"的主要场所是对特定自然神祇进行祭祀的各种坛壝。在人类科学技术尚不发达、对自然认知有限的时代，人与自然的关系是极不均衡的。人们祈求风调雨顺、农业丰收、天下太平，本质上是期望获得外部自然对人类社会及人工环境的"保障"。因此，人们需要以祭祀的方式与自然沟通、向自然祈愿和报功；并形成了专门进行祭祀活动的人工场所——坛壝。坛，"祭场也。坛之言坦也"[①]。

古制中，对特定自然神祇的祭祀发生于特定的场所——"郊"。"郊祀"正是天子于城"郊"祭祀天、地的大礼。《汉书·郊祀志》载："帝王之事莫大乎承天之序，承天之序莫重于'郊祀'，故圣王尽心极虑以建其制。祭天于南郊，就阳之义也，瘞地于北郊，即阴之象也"[②]。又《礼记·郊特牲》载："郊之

---

① 据《康熙字典》："坛。《说文》：祭场也。坛之言坦也。一曰封土为坛。……《礼·祭义》：燔柴于泰坛祭天也。……"（[清]张玉书等编撰. 王引之等校订. 康熙字典[M]. 上海：上海古籍出版社，1996）。
② 《汉书》卷25郊祀志第五下。

祭也，迎长日之至也，大报天而主日也。兆于南郊，就阳位也。于郊，故谓之'郊'"。由此可知，"郊"的空间位置带有特殊的象征意义——即位于人工环境与自然环境的"交界"，并喻义人与自然之沟通。

天子于国都之"郊"祭祀天、地，地方官则于地方城市之"郊"祭祀社稷、风云雷雨山川、邑厉等保障地方的自然神祇。中国古代民间信仰中的自然神祇众多，但被列入官方祀典、并要求地方府县城市皆须设立且定期致祭的坛墙主要有 3 种——社稷坛、（风云雷雨）山川坛、厉坛。清雍正朝又增加第 4 种，先农坛。明初对这些坛墙在城郊的布局及设计规制都有明确规定。关于"社稷坛"，据《明史》载："府州县社稷，洪武元年（1368）颁坛制于天下郡邑，俱设于本城西北，右社左稷"①。关于"山川坛"，洪武六年（1373）先令各省设"风云雷雨山川坛"以祭风云雷雨及境内山川，置一坛而设二神位；洪武二十六年（1393）又令天下府州县城皆设风云雷雨山川坛，并同坛增祭城隍②；"筑坛城西南"③。关于"厉坛"，"凡各府州县，每岁春清明日、秋七月十五日、冬十月一日祭无祀鬼神。其坛设于城北郊间。府州名郡厉，县名邑厉"④。可见，三坛应布置于城郊的特定方位，分别承担与不同自然神祇沟通的任务。

虽然这些坛墙在空间上位于城墙之外的郊野自然，但它们更主要从属于官方控制的道德教化体系，并遵循着颇为严格的规划设计制度。因此，关于这些坛墙的布置原则及永州地区府县城市相关坛墙的规划建设情况，将在本书第 5 章"道德之境"的"信仰保障"层次一节再作具体阐述（详见 5.5 节）。

4.1.2 "修"与寺观

地方城市郊野自然中"修"的主要场所为各种佛寺道观。它们数量众多，分布广泛。据（康熙）《永州府志·寺观》⑤所载永州地区府县城外的寺、观、宫、庵，零陵有 74 所，祁阳有 93 所，东安有 21 所，道州有 28 所，宁远有 31 所，永明有 47 所，新田有 20 所，其数量远远超过各府县的坛墙数量（图 4-3）。

---

① 《明史》卷49志第25礼三/吉礼三/社稷。
② 据（光绪）《永明县志》卷23祀典/坛（392）载："明洪武六年，礼臣奏五岳五镇四海四渎礼秩尊崇及京师山川皆国家常典，非诸侯所得预；其省惟祭风云雷雨及境内山川之神，宜共为一坛，设二神位从之。二十六年，又令天下府州县合祭风云雷雨配以山川城隍共为一坛，设三神位"。
③ 《明史》卷49志第25礼三/吉礼三/太岁月将风云雷雨之祀。
④ 《万历明会典》卷94礼部52/有司祭祀下：2137。又《明史》卷50志第26礼四/吉礼四/厉坛载："洪武三年定制……王国祭国厉，府州祭郡厉，县祭邑厉，皆设坛城北，一年二祭如京师"。
⑤ （康熙）《永州府志》卷24寺观：720-728。

图 4-3　永州地区府县方志中的寺观图像
(图片来源：（光绪）《道州志》卷首)

明清地方志中对佛寺道观的记载一般较为简略，只有名称、位置、始建年代等基本信息。但从永州地区情况来看，仍能发现寺观建设与城市及郊野人居发展之间的深层关联，以及寺观规划设计的一些基本规律。

4.1.2.1　寺观是郊野人居开发的"先行者"

寺观通常是郊野自然各类功能场所中最先出现的，或者说是郊野人居开发的"先行者"。以零陵为例，至唐元和年间（806—820），永州府城一带的人居环境还相当落后，与府城一墙之隔就是"蛇虺所蟠、狸鼠所游，茂树恶木，乱杂争植"[①]的"秽墟"之地。但当时府城外几座主要山丘均已有佛寺兴建，东山有法华寺、永宁寺，千秋岭有龙兴寺等。相比之下，当时永州城外的坛庙、书院、别业等建设均尚未开始，说明寺观对郊野山林地带的开发是先行的。

4.1.2.2　寺观选址追求据高阜、佳形胜

寺观选址通常以占据高阜地带、形胜佳处为基本原则。也正是因为寺观是郊野人居开发的先行者，才能最先占据郊野自然中的最佳地段。以零陵的唐代佛寺为例，法华寺位于东山之巅，柳宗元称其"居永州地最高"[②]；龙兴寺位于千秋岭之巅，柳宗元曾赞其风景佳美，尤其"西序之西，属当大江之流；江之外，山谷林麓甚众"[③]。再如祁阳金兰寺，始建不迟于宋绍兴廿八年（1158），该寺地

① [唐]柳宗元. 永州韦使君新堂记//柳宗元集[M]. 北京：中华书局，1979：732.
② [唐]柳宗元. 永州法华寺新作西亭记//柳宗元集[M]. 北京：中华书局，1979：749.
③ [唐]柳宗元. 永州龙兴寺西轩记//柳宗元集[M]. 北京：中华书局，1979：751.

势突出，"环寺皆田，町中一高阜如砥，方十余亩，绕以清渠，旧名玉盘山，是为寺基"①。又乌符观，始建不迟于宋绍定二年（1229），其选址"秀峰突起平畴间，极山水之胜"②。又祁山观，其选址"冈峦突兀，与危峰附丽，观据其上。乔木修竹，苍翠掩映，旧以此为八景之一"③。总体而言，据高阜、佳形胜是寺观（尤其早期寺观）选址的基本原则。

4.1.2.3 寺观是城市选址的"试金石"

新建城市的选址常常会以该地区已有的寺观建设为重要参考。在永州地区，永明、祁阳二县在元明时期迁建新城之前，都曾考察选址一带已有的古刹。永明县于元泰定三年（1326）迁建今址，城址以东的潇水南岸此前已有唐时古刹清凉寺④。祁阳县城于明景泰三年（1452）迁建今址，在此之前，选址东北的小东山上已有永乐时期兴建的甘泉寺⑤。城市选址为何要参考基址周围的古刹？其一，寺观的存在被视为此地适宜人居的信号，说明该址水源充沛、交通便利、田地宜耕、土基宜建。其二，寺观的存在也说明该基址已具备一定的开发基础，如已有道路开辟、田地开垦等。因此，寺观常常被古人视为城市选址的"试金石"。

4.1.2.4 其他郊野人居功能多围绕寺观展开

由于寺观通常是郊野自然开发的先行者，其他人居功能场所，如别业、书院、风景地等，往往依托寺观而展开，空间上表现为以寺观为原点而逐渐向外扩展。一些功能场所，如书院，与寺观之间甚至存在更深刻的空间关联。

4.1.3 "学"与书院

地方城市郊野自然中"学"的功能早期多发生于山林佛寺中⑥，宋代以降形成专门的"书院"场所。

---

① （乾隆）《祁阳县志》卷6寺观：270。
② （乾隆）《祁阳县志》卷6寺观：274。
③ （乾隆）《祁阳县志》卷6寺观：273。
④ 《江永县志》1995：604。
⑤ 据[明]宁良《修甘泉寺记》载，明永乐年间，原位于旧城内的普庵堂毁于火灾，故住持僧会善义择址甘泉建新寺，改名甘泉寺。（（乾隆）《祁阳县志》卷7艺文：314）
⑥ 当时佛寺中常容纳读书、讲习、授徒等功能。

4.1.3.1 从佛寺到书院

魏晋以降佛寺道观大面积占领郊野山林，士人读书修习的个人行为往往寄居在寺观之中，唐代士人在山寺中读书的风气更盛[①]。这主要因为自魏晋南北朝形成了佛教寺院掌握严肃讲学风气的传统[②]，当时除门第贵族之外，只有佛教寺院掌握着书籍和传播知识的力量；此外也与寺观具有寄宿功能有关。至宋代，有些寺观逐渐发展成为群居讲学、传道授业的书院。北宋四大书院中，有二个脱胎于佛寺道观：衡阳石鼓山回雁峰下的石鼓书院，旧为寻真观，唐元和中李宽曾在观中读书，宋至道三年（997）建为书院[③]；长沙岳麓山下的岳麓书院，晋时陶侃尝在此"种杉结庵"，五代时有智璇和尚"推崇儒者之道，割地建屋，购书办学，使士人'得屋以居，得书以读'"[④]，形成学校的雏形，北宋开宝九年（976）扩建为书院。

由佛寺道观发展出书院，也可以理解为是儒士在山林中与佛道争讨地盘的一种方式。"天下名山僧占多，当时的风景绝胜地几乎都有佛道寺观，名儒大师们不甘心佛道独占风景，又从佛道丛林传道授徒得到启发，建立儒家据点，弘扬儒家文化"[⑤]。因此，历史上撤寺改书院或傍寺建书院的案例不在少数。

不过，书院生发于郊野山林的特定环境中，除与寺观的历史渊源外，也与其特殊的环境需求密切相关。一方面，读书讲学需要郊野自然清幽僻静的环境，如朱熹初次造访白鹿洞书院旧基时，对其自然环境大加赞赏，谓其"四面山水，清邃环合，无市井之喧，有泉石之胜，真群居讲学、遁迹著书之所"[⑥]，于是决定复建为书院。另一方面，郊野山林远离庙堂、无所拘束的象征意义，也与书院追求学术独立、精神自由的内核相契合。

宋代以后，书院逐渐成为与官学分庭抗礼的重要教育机构。虽屡有官学化的趋势，但宋、元、明时期的著名书院依然保持着儒家士大夫"隐居山林"的讲学形式。到清代，书院的性质和空间分布才发生了较大变化：一是数量大增，分布广泛，从城市到乡镇（包括少数民族聚居地）都有书院创办；二是官办比例增高，乾隆时期甚至提出建构"官办书院体系"的基本政策[⑦]，官方对书院的

① 参考：朱汉民．邓洪波．陈和主编．中国书院[M]．上海：上海教育出版社，2002：3．
② 参考：钱穆．中国文化史导论[M]．北京：九州出版社，2011：178．
③ 参考：朱汉民．中国书院文化简史[M]．北京：中华书局，上海古籍出版社，2010：18-19．
④ 朱汉民．岳麓书院的历史与传统[M]．长沙：湖南大学出版社，1996：5．
⑤ 朱汉民．邓洪波．陈和主编．中国书院[M]．上海：上海教育出版社，2002：3．
⑥ [南宋]朱熹．知南军榜文．
⑦ 参考：邓洪波．中国书院史[M]．台北：台大出版中心，2005：569-574．

性质、办学方针、教学制度、生徒条件、学规课程等都有明确规定[①]；三是清代书院多建于城市中，几乎丧失了其生发山林、独立治学的初衷。

4.1.3.2 永州地区书院的基本概况

永州地区府县的书院建设十分普及。正所谓"书院所以辅官学，州县必有之"[②]。又因永州（道州）与理学鼻祖周敦颐的渊源,使永州地区府县对书院建设格外重视。如零陵知县陈三恪所云，"永州为濂溪周子故乡，顾邑中书院未设，于所以课育造就之方犹未克举，官斯土者不可不以振兴为己任也"[③]。

自宋至清，永州地区府县城市共建有42所书院[④]。就其兴建年代而论，宋代4所，元代1所，明代8所，清代26所，其余3座不详。就其空间位置而论，位于府县城内者9所，位于城外近郊者16所，位于市镇乡里者15所，其余2所不详。就其山水环境而言，有14所提及山水条件，其中7所提到周围"环水"或"前临水"，6所提到"后倚山"，5所提到"据高阜"。就其祭祀情况而论，有17所提及，其中8所祀周敦颐，1所祀朱熹，1所祀蔡元定，1所祭蒋琬（依故居而立），1所祀元结（依故居而立），3所祀历代先贤名宦，4所并建文昌阁或文昌塔。就其与佛寺道观的关系而论，有7所提及，其中4所由佛寺别立或撤寺改建，3所由文昌阁改建或与文昌阁并建（图4-4）。

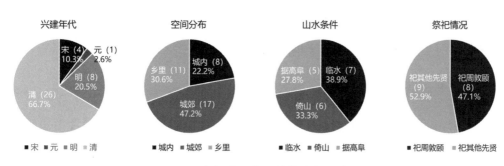

图4-4 永州地区书院的营建状况统计

① 邓洪波，陈谷嘉. 中国书院史资料[M]. 杭州：浙江教育出版社，1998：857. 详见乾隆元年"上谕"。
② （光绪）《东安县志》卷4建置/书院：122-124。
③ [清]陈三恪. 创建群玉书院记. （光绪）《零陵县志》卷5学校/书院：316-318。
④ 据（光绪）《零陵县志》、（同治）《祁阳县志》卷6学校、（光绪）《东安县志》卷4建置、（光绪）《道州志》卷5学校、（光绪）《永明县志》卷22学校、（嘉庆）《宁远县志》卷4建置、（同治）《江华县志》卷5学校、（嘉庆）《新田县志》卷3建置统计。凡上述方志中所载名称为"书院"者，皆列入统计。但事实上，这些所谓"书院"的内涵标准并不统一：清代的社学、义学也常常称为"书院"，有些方志中将社学、义学列为"书院"，有些则没有。如江华县清代所建乡义学皆称"书院"，永明县清代社学有些称为"书院"。此外，诸方志中记载"书院"的空间范围标准也不统一，有些县志列出了县境中的全部书院，有些仅列出县城周围的主要书院。

4.1.3.3 发展历程：宋代始建，明代普及，清代激增

从永州地区 42 所书院的发展历程来看，总体上呈现宋代始建、明代普及、清代激增的大势。

永州地区的书院建设始于宋代。这时期兴建的 4 所书院均在道州，其中道县 2 所，宁远县和永明县各 1 所。这种相对集中与道州为濂溪故里有密切关联，这 4 所书院中有 2 所以"濂溪"命名也说明了这种渊源。其中，道州"濂溪书院"的前身是淳熙五年（1178）从文庙分立的濂溪祠，景定年间（1260—1264）奉理宗御书"道州濂溪书院"六字碑而扩建为书院[①]。

元代永州地区仅祁阳县新建 1 所书院，即至元三年（1337）在浯溪兴建的"浯溪书院"。

明代是永州地区书院开始普及的重要时期，先后兴建 8 所书院。其中，零陵、东安二县于嘉靖年间（1522—1566）兴建了各自的第一所书院，即"宗濂书院"和"崇正书院"。祁阳、永明二县分别于隆庆四年（1570）和嘉靖年间增建有"文昌书院"和"宗元书院"。宁远县则增建 4 所书院，分别为嘉靖三十八年（1559）"志道书院"、万历二年（1574）"会廉书院"、万历三年（1575）"崇正书院"和"申义书院"。截至新田县分设之前，永州 7 县中已有 6 县建有书院。

清代永州地区的书院激增 26 所，是宋元明三朝兴建书院总数的 2 倍。建设时间主要集中在雍正（3）、乾隆（10）、道光（5）、同治（5）四朝，尤以乾隆朝最多，与当时官方的倡建政策相关。江华、新田二县直至清代始有书院建设。

4.1.3.4 选址原则：钟情郊野，追求形胜

在宋、元、明时期始建的 13 所书院中有 10 所位置可考，除零陵"宗濂书院"、东安"崇正书院"（后改景濂精舍）2 所建于城内之外，其余 8 所均位于府县城外的郊野地带，延续了书院生发于郊野山林的传统。其中，祁阳"浯溪书院"位于县城西南之浯溪，"文昌书院"位于县城东南湘水之畔；道州"濂溪书院"位于州城西门外；宁远"会濂"、"崇正"、"志道"、"申义"四书院分别位于县城东、西、南、北四郊；永明"宗元书院"位于城南潇水对岸。

[①] 据（光绪）《道州志》卷7先贤志（513）载："濂溪祠即濂溪书院，在州学西。宋绍兴己卯知军州事向子忞始祀周子于学之稽古阁。……嘉靖间迁于今所。景定间守臣杨允恭援九江书院例，请额于朝，赐御书'道州濂溪书院'额"。故将濂溪祠扩建为濂溪书院。

这 8 所书院的选址皆追求山水形胜地。如祁阳"浯溪书院"所在的浯溪为唐代道州刺史元结开发，有"浯溪形胜满湘中"之美誉，书院"下枕崖石，前临浯水"。"文昌书院"位于万卷书岩，"前临湘江，后枕天马"。道州"濂溪书院"倚州学宫而立，学宫一带本就堪称"美地，丰衍端夷，水环以流，有泮官之制"[①]，书院选址则"前临濂水，后有元山"。宁远东关外的"会濂书院"亦以县学宫旧基而建，"其地宽平高爽，风景壮胜"；有水"发源于舜峰而会于濂溪，殆天造地设显示濂溪先生得斯道之正派"[②]，可知选址时不仅考虑环境佳美，还追求山水的象征意义。总体而言，宋、元、明时期的书院选址普遍坚持着"郊野形胜地"的标准原则。

清代永州地区的书院数量激增。在清代新建的 26 所书院中，11 所分布于下属乡镇[③]，其余 15 所中有 6 所位于府县城内，9 所仍位于城外郊野地带。不过，兴建于城中的书院，仍以山水形胜为选址标准。以零陵为例，"群玉书院""东丘书院"分别位于城中东山、千秋岭山麓，山环水抱与郊野景致无二。又如宁远"春陵书院"，乾隆年间初建时选址于县城东隅；几十年后嫌其"规模狭隘，地近廛嚣，以讲学之地而与列肆持筹辈□域而居，则道不崇而学无以正"[④]，于是另择址新建。新址选在县治西隅，"高爽清幽，虽城域，犹名山也"[⑤]。可见，郊野山林仍是理想的书院选址环境。

在 42 所书院中有 14 所提及所处的山水环境，其中 7 所（50%）提到周围"环水"或"前临水"，6 所（42.8%）提到"后倚山"，5 所（35.7%）提到"据高阜"；说明环水、倚山、据高阜也是书院选址中的突出倾向。

4.1.3.5　祀学并重：尤祀周敦颐者为多

与地方文庙学宫"庙学并置"的传统一致，祭祀先贤也是书院的主要功能之一。其目的是"藉先贤之灵振兴文教，培养人材，而彬彬蔚起也"[⑥]。

① [唐]柳宗元.道州文宣王庙碑记//柳宗元集[M].北京：中华书局，1979：120.
② [明]郭崇嗣.会濂书院记.（道光）《永州府志》卷4学校：344.
③ 例如，祁阳县西的文明市于乾隆年间始建"文明书院"。东安县北的芦洪市于康熙年间在东郊九龙岩建有"濂溪书院"。道州的四广桥乡于道光年间始建"道南书院"。宁远县的冷水铺市、礼士湾邨、琵琶岗邨分别于道光、同治年间建有"巇麓书院""崇德书院""望巇书院"。江华县的锦冈乡、锦田乡、上五堡邨分别于乾隆年间建有"秀峰书院""锦田书院""三宿书院"。新田县的下漕洞、清水洞分别于雍正、乾隆年间建有"芹溪书院""清溪书院"。其中，江华县上五堡的"三宿书院"是由理猺官创建的少数民族书院，专收猺人秀者肄业其中。
④ [清]詹尔廉.重修崇正书院碑记.（嘉庆）《宁远县志》卷8艺文：989.
⑤ 同上。
⑥ [清]吴德润（县令）.朱子阁记.（道光）《永州府志》卷4学校：333。

在永州地区，有些书院的建设初衷就是为祭祀特定的先贤：如零陵"濂溪书院"是为祀周敦颐而建[①]；祁阳县"浯溪书院"是为祀元结、颜真卿二公而建[②]；宁远县"会濂书院"是为祀周、程二公而建[③]；东安县"濂溪书院"是在周敦颐尝游之芦洪九龙岩为祭祀他而建[④]；零陵"东丘书院"是在汉将蒋琬故居千秋岭而建，专祀蒋琬[⑤]。有些书院甚至是从先贤祠改扩建而成：如东安县"紫阳书院"是依托"朱子祠"而扩建[⑥]；新田县"榜山书院"是依托文昌阁而扩建[⑦]；宁远县"泠南书院"是重修文昌阁时并建[⑧]。

永州地区书院的祭祀对象主要包括三类：一为儒家先师先贤，如孔子、周敦颐、二程、朱熹、蔡元定等；二为对地方有杰出贡献的名宦，如蒋琬、元结、颜真卿、杨玉生等；三为庇佑科考文运的神祇，如文昌、魁星等。在17所提及祭祀对象的书院中，有8所祭祀周敦颐，占比47.1%，排名第一。而在有准确名称记载的29所书院中，则有10所带有"濂溪"或"濂"字。可见，身为永州人的理学鼻祖周敦颐，是永州地区书院最主要的祭祀对象。

在书院的空间布局中，也往往将承载祭祀功能的大成殿、先师殿、濂溪祠等布置于中心，外围才布置讲堂、学舍等教学和生活空间。如祁阳"浯溪书院"的空间布局"中为大成殿，以奉先圣，东西两庑属焉；又于殿之左为祠，以祀元颜二公；右为明伦堂；前为三门；周一崇垣，规制宏伟"[⑨]。东安"濂溪书院"

---

① ［清］魏绍芳（知府）．国朝新建濂溪书院碑记．（道光）《永州府志》卷4学校：314。

② ［元］苏天爵．建浯溪书院记．（乾隆）《祁阳县志》卷7艺文：308。"（元、颜）二公风流余思在此山隅，当作祠宇，以奉事之。并筑学宫，招来多士，庶几遐方有闻风而兴起者矣"。

③ ［明］郭崇嗣（守道）．会濂书院记．（道光）《永州府志》卷4学校：334。"会濂书院者，宁邑令所修以祀周程者也……元公虽世家营道，而宁远实其水木本源之地也；又闻父老相传，二程先生尝从元公盘桓于此，是学宫又其讲道之所……周程发千载之秘、续道学之传，尤吾儒之追思仰慕者，盖即学宫故地建祠祀之，以称仰止之意"。

④ ［清］朱士杰．国朝重建濂溪书院序．（道光）《永州府志》卷4学校：333。"邑有芦洪司去县治百里许，有胜地名'九龙岩'者焉，峭拔嶙峋，壁立千仞，乃周子宦游之所。在昔置有书院，翰墨之迹溢于碑版，而今已矣……仍旧址捐俸建书院二层。前祀周子，以妥侑先贤；后延博士弟子，以训迪来学"。

⑤ （道光）《永州府志》卷4学校：333。"东丘书院，在太平寺。相传汉相蒋琬之宅。后裔舍为寺，不可考。旧名龙兴寺，别立东丘书院，以祀琬"。

⑥ ［清］吴德润（县令）．朱子阁记．（道光）《永州府志》卷4学校：333。"择吉于乾隆己巳年十月正其方面，兴工建造（朱子）高阁，越庚午年十二月落成告竣。制作恢宏，巍然大观。……即于此为紫阳书院，延师课士肄业于其间焉"。

⑦ （光绪）《新田县志》卷3建置：128。"乾隆六十年……知县罗为孝、教谕张国藩改移（榜山书院于）东门文昌阁；添买胡姓地基，作文昌后殿，以文昌殿前建为讲堂，东西斋房四座。其正殿塑文昌帝君像，逐年庙祝供奉香火。其制有头门、二门，内有建魁星楼一座。楼之左有庙祝住二间"。

⑧ ［清］欧阳泽闿．城南重建文昌阁并添设泠南书院记．（光绪）《宁远县志》卷5学校：297。"城南泠南书院即旧文昌阁遗址，今重建而添设之者也。……城南诸君子亦于文昌庙倡捐而重建之。……今为正殿一，后殿一，头门一，垣门二，四隅各厅一。复于庙右添建书院。院前为魁星楼，中为讲堂，堂后厅事一，左右两榭；为斋舍，肄业者四十有四"。

⑨ ［元］苏天爵．建浯溪书院记．（乾隆）（祁阳）《县志》卷7艺文：308。

有两进院落，"前祀周子，以妥侑先贤；后延博士弟子，以训迪来学"[①]。永明"濂溪书院"也以濂溪祠为中心，周围环以学舍讲堂，"环祠之东西增置学舍若干楹，各讲堂一所，其东匾曰'志伊'，其西匾曰'学颜'，盖循先生之教人者以教人也"[②]。宁远"会濂书院"中设三堂以祀周、程三先生，周围环以讲堂学舍亭阁等："乃芟荒芜，画为规制：中构中堂三间，以奉三主；而堂之后为太极阁，阁之旁为风月亭，左右列讲堂，号房若干楹，以为诸生肄业之所"[③]。从永州地区的书院实例来看，祭祀先贤作为功能和空间布局上的双重核心，是书院规划设计的一项重要传统。钱穆认为这种传统源于书院对寺院的模仿[④]，只不过将佛祖高僧换成了先贤名儒（图4-5～图4-8）。

图4-5 道州濂溪书院
（图片来源：（光绪）《道州志》卷首）

图4-6 祁阳文昌书院
（图片来源：（乾隆）《祁阳县志》卷首）

图4-7 零陵群玉书院
（图片来源：（光绪）《零陵县志》卷首）

图4-8 零陵群玉书院对景
（底图来源：（道光）《永州府志》卷首）

---

① [明]郭崇嗣（守道）. 会濂书院记.（道光）《永州府志》卷4学校：333。
② [明]萧象烈（郡守）. 濂溪书院记.（道光）《永州府志》卷4学校：348。
③ [明]郭崇嗣. 会濂书院记.（道光）《永州府志》卷4学校：344。
④ 钱穆在《中国文化史导论》（2011：178）中指出，"书院的开始，多在名山胜地，由社会私人捐资修筑，最重要的是藏书堂，其次是学员之宿舍；每一书院，常供奉着某几个前代名儒的神位与画像，为之年始举行祠典，可见书院规模，本来是颇仿佛寺而产生的"。

4.1.3.6 撤寺崇儒：儒家对郊野地盘的追讨

书院与寺院的关系是颇为复杂的。一方面，书院早期脱胎于佛寺，在制度上模仿佛寺，在空间上依傍佛寺；另一方面，后期又常常出现抵制夷教、撤寺而改立书院的情况。

永州地区明清时期就曾多次出现撤寺改立书院的情况，如宁远县于明代撤胜因寺改建"崇正书院"、清代改高安寺建"崇儒书院"、东安县撤清溪僧寺改建"濂溪书院"等。以宁远"崇正书院"为例，明万历年间，当地人信奉佛教的风气很盛，由此带来幼儿不教、父母不养等严重的社会问题。"民之惑于其教，去父母、离宗族者，岁不知若干人；至于七八岁之童负美质堪读书者，父母又遣去投佛为徒，故读佛经者较于读儒书者为多"①。为了改变这种扭曲的风气，万历四年（1576）知县蔡光将西门外胜因寺裁撤，改建为"崇正书院"。名曰"崇正"，旨在"明圣学、端士习"也。他一方面遣散缁流，使其"愿归而养父母"；另一方面选幼徒而教之，使"愿归而读儒书"。百姓醒悟"昔崇尚之非，而今崇尚之是"②，于是崇儒重教，社会风气大为改观。

从寺庙改建为书院，也可以理解为是儒家向佛道追讨郊野自然地盘的实践。虽然佛寺道观是郊野自然中最早的开发者和定居者，但书院的发展和壮大逐渐改变着三者在郊野自然中的势力范围与空间比例，本质上是对郊野空间的争夺。

4.1.4 "居"与别业

地方城市郊野自然中"居"的早期状态多为隐居。秦汉以前，隐居往往表现为一种在深山老林中居食简朴、行踪诡秘的状态。然而魏晋以来，随着自然"逐渐成为独立观赏的审美对象"③，郊野山林中的隐居行为也退去神秘，更多流露出诗情画意。陶渊明"方宅十余亩，草屋八九间；榆柳荫后檐，桃李罗堂前"④的"田园居"，谢灵运"左湖右江，往渚还汀；面山背阜，东阻西倾"⑤的"山林居"等，都成了士人追求模仿的榜样。到了唐代，儒士在郊野山林中营居更成为一

---

① [明]朱应辰. 崇正书院记.（康熙）《永州府志》卷20艺文：574.
② 同上.
③ 周维权. 中国名山风景区[M]. 北京：清华大学出版社，1996：25.
④ [晋]陶渊明《归田园居》。
⑤ [晋]谢灵运《山居赋》。

种流行风尚，王维的辋川别业、杜甫的浣花溪草堂、柳宗元的愚溪宅园、白居易的庐山草堂等，都堪称士人山水营居的经典案例。自先秦迄唐宋，"隐"的成分减弱而"居"的成分渐强。以士人群体为代表，开始有意识地探索"山水营居"的理论与实践，成为郊野人居开发的一种重要类型。

4.1.4.1　永州地区郊野营居的主要方式

在永州地区，唐宋时期的士人群体开启了在郊野自然中"山水营居"的实践。这些士人主要为外来，他们怀抱着山水营居的内心渴望，在永州山水间获得了实践的机会。因身份和目的的不同，他们的营居方式大体分属两类：其一是到此为官或过境云游，被永州的奇异山水深深吸引，而主动选择定居于此。如唐代元结在出任道州刺史期间走遍永道二州欲求一处理想的归隐终老地，最后在祁阳浯溪如愿，兴建浯溪别业。又如唐代郴州刺史杨越公"尝过道州见元结，还过莲塘李氏，慕邑之形胜秀异，遂卜居于（宁远）县西之董洲"[1]。其二是贬谪至永道二州的士人，最初是被动寄居山水间，但"居之既久，习而相安"[2]，又从山水之间获得感悟，开始主动营居。如唐柳宗元营建八愚宅园，宋汪藻营建玩鸥亭别业。无论哪一种，士人的营居实践或许有不同的初衷和目的，但客观上都为永州地区郊野自然的人居开发做出了重要贡献。不少唐宋时期的名士别业在后世得到守土者的持续维护，成为当地乃至全国闻名的风景区。

4.1.4.2　士人"山水营居"规划设计的共性特征

永州地区唐宋士人的山水营居实践中，以元结浯溪别业、柳宗元八愚别业、汪藻玩鸥亭别业最为著称。它们对后来永州士人的山水营居产生了深远影响，在地方志中被屡屡提及。此三个案例中反映出士人山水营居规划设计的一些共性（图4-9）。

元结（719—772）于唐永泰年间两次出任道州刺史。永泰二年（766）左右，他在途中发现了祁阳县浯溪一带的水石胜异，决定在此兴建别业。"浯溪在湘水

① （康熙）《永州府志》卷15流寓：426。
② （道光）《永州府志》卷14寓贤：895。

图 4-9 祁阳浯溪与永州愚溪

之南，北汇于湘，爱其胜异，遂家溪畔。溪世无名称者也，为自爱之，故命浯溪"[①]。元结在"浯溪"之畔建中堂以自居，建右堂以宿客；据怪石山之巅辟为"峿台"，以登高望湘江；又在溪口小丘之巅建造"吾廎"以自娱。他将最爱的溪、台、廎三处皆命名为"吾"，为它们做《铭》，并刻石于精挑细选的岩石之上。他还邀请好友、大书法家颜真卿书写他最得意的作品《大唐中兴颂》，并镌刻于峿台下的江畔石崖上。在元结的规划设计中，溪流和高台是整个别业的核心。

柳宗元（773—819）于唐永贞元年（805）被贬永州。最初一直寓居于城外佛寺中，五年后（810）他重返政坛的希望破灭，于是在城西一条溪流畔购地安家而"甘为永州民"。他选定了愚溪中部风光"尤绝"的地段："灌水之阳有溪焉，东流入于潇水。予以愚触罪，谪潇水上。爱是溪，入二三里，得其尤绝者家焉"[②]。择溪之后，柳宗元又买丘、得泉、疏沟、挖池、建堂、造亭、为岛，建构起"八愚"宅园。在这 8 个要素中，"溪"与"丘"是他最先选定的要素，也是整个别业规划设计的基础。这两个要素在八愚宅园中的地位，与元结营建浯溪别业有异曲同工之处。

汪藻（1079—1154）于南宋绍兴十三年（1143）被贬居永州[③]。他在潇水之滨永州城西墙之上筑"玩鸥亭"为别业[④]，正对愚溪口，居高而临下。他在《玩鸥亭记》中自述："余谪居零陵，得屋数椽，潇水之上。屋临大川，愚溪之水注焉，

① [唐]元结. 浯溪铭//元次山集[M]. 北京：中华书局，1960：152.
② [唐]柳宗元. 愚溪诗序//柳宗元集[M]. 北京：中华书局，1979：642.
③ 《宋史》卷445列传204文苑7汪藻.
④ [清]李珂《玩鸥亭诗》云："独坐鸥亭望，江流自渺茫，人家临水静，苔草塞城荒；秋澹山偏媚，晴空日觉长，不来高处立，谁识北风凉"（（光绪）《零陵县志》卷2建置：216)，说明玩鸥亭位于高处。又（康熙）《永州府志》卷首《潇湘图》中绘有"玩鸥亭"，位于城墙之上。

因结茆茨为亭。而愚溪之口有群鸥，日驯其下，名之曰'玩鸥'"①。虽然不像元、柳那样枕溪而居，但别业对溪而据高，又别有一番新意（图4-10）。

图4-10　永州"玩鸥亭"
（底图来源：（康熙）《永州府志》卷一：19）

　　三个规划设计的共同之处在于选择山水形胜处，继而在人工建设中充分利用山水特征，并通过人工建设强化环境的山水特征，尤其着重对"溪"的利用和对"高"的追求。"得溪"，是三者共同的选址依据：元结、柳宗元"家"溪畔；汪藻"对"溪而居。"居高"，是三个规划设计中的刻意营造：元结学古人"筑高台以瞻眺，伸颈歌吟，以自畅达"②；柳宗元追求登高之后"悠悠乎与颢气俱，而莫得其涯，洋洋乎与造物者游，而不知其所穷，心凝形释，与万化冥合"③的超然之感；汪藻为居高望远，瞰溪而"玩鸥"。"溪"与"高"，是"水"与"山"的象征。士人群体不仅看重山水对人居的物质支撑，更看重它们抚慰人心、超脱物外的精神作用。柳宗元曾在《钴鉧潭西小丘记》中表达对水的深刻感情："清冷冷状与目谋，瀯瀯之声与耳谋，悠然而虚者与神谋，渊然而静者与心谋"④。可知士人群体在郊野营居中寻求的不仅是山水容身之处，更是"山水知音"。

① [宋]汪藻. 玩鸥亭记. （康熙）《永州府志》卷19艺文：538。
② [唐]元结. 峿台铭//元次山集[M]. 北京：中华书局，1960：152.
③ [唐]柳宗元. 始得西山宴游记//柳宗元集[M]. 北京：中华书局，1979：762.
④ [唐]柳宗元. 钴鉧潭西小丘记//柳宗元集[M]. 北京：中华书局，1979：765.

4.1.5 "游"与风景

"游"是地方城市郊野自然中最广泛存在的活动。前述修行之寺观、教学之书院、隐居之别业，在某种程度上都是"游"所引发的结果，有些又成为后来人"游"的对象。郊野自然中逐渐形成"游"的专门场所，即风景地。

位于城市郊野的风景地，从内容来看可能包括自然景观、题名碑刻、亭台楼阁、寺观祠庙、故迹遗址等不同形态，但它们作为风景的共性（或基本概念）是人文与自然的结合。无论多么美好的自然风光，总需要经过人的品评题名、修补点缀，才成为传统文化中真正的"风景"。如果没有人的痕迹，自然便只是无名的荒野。永州地区诸府县城外的郊野地带都形成不止一处风景地，如零陵之东山、朝阳岩、愚溪，祁阳之浯溪、天马山，道州之濂溪、元山、宜山，宁远之东溪、逍遥岩，江华之豸山、阳华岩，永明之亭山，新田之翰林山等。从永州地区的这些实例来看，风景地的开发形成主要包括三个层次：一是命名题刻，文字开发；二是择立亭台，人工点缀；三是增拓功能，风景成区；它们可能是针对不同风景的三种开发方式，也可能是层层叠加的三个开发步骤。

4.1.5.1 命名题刻，文字开发

命名题刻的行为，包括对风景的识别、评价、命名与题刻，即发现荒野自然中有价值的风景，在对它们进行评价的基础上予以命名，再将题名和品评刻石于风景之中，以彰示后人。永州地区很多风景的早期命名离不开元结。他在任道州刺史期间在道、永二州发掘了不少风景，如道州之"右溪"、"寠尊石"、"七泉"，零陵之"朝阳岩"，祁阳之"浯溪"，江华之"阳华岩"、"寒亭"等，皆出自元结的命名。命名之后，他以作《铭》的方式记录风景发掘的过程以及对风景的评价，并将铭文刻在风景中精心挑选的岩石上，创造出新的风景。例如他在《朝阳岩铭》中写道："刻石岩下，问我何为？欲零陵水石，世人有知"[①]；在《右溪铭》中写道："为溪在州右，遂命之曰右溪。刻铭石上，彰示来者"[②]。

命名题刻往往是风景开发中的第一步，但却具有将无名自然赋予人文价值的非凡意义。在命名和题刻中，体现出人对风景的理解、和建立风景地的立意，

---

① [唐]元结著. 朝阳岩铭//元次山集[M]. 北京：中华书局，1960.
② [唐]元结著. 右溪记//元次山集[M]. 北京：中华书局，1960：146.

这也正是风景被后人追慕的重点所在。正如柳宗元所言，兰亭若"不遭右军，则清湍修竹，芜没于空山矣"[①]。"美不自美，因人而彰"，人的命名品题，为风景赋予了灵魂。

4.1.5.2 择立亭台，人工点缀

风景发掘之后，往往要进行人工游憩设施的建设。亭台作为最简单易行的建筑形式，在风景地中有广泛应用。永州地区的风景开发中出现过许多名亭，如零陵三亭、祁阳合江亭、道州宬尊亭、观澜亭、宁远喜雨亭、江华共济亭等。以零陵为例，唐元和年间，县令薛存义发现东山南麓一带别有洞天，于是"作三亭，陟降晦明，高者冠山巅，下者俯清池"[②]。刺史崔能发现府治后山地形殊胜，于是"立游亭，以宅厥中。直亭之西，石若披分，可以眺望。自下而望，则合乎攒峦，与山无穷"[③]。再如道州，元结发现右溪风光后，"乃疏凿芜秽，俾为亭宇。植松与桂，兼之香草，以神形胜"[④]。建亭，成为人工点缀自然的主要方式，也成为自然人文化、人工化的一种标志。

亭者，停也。亭的本意是让人在最适宜观景的位置能有所庇护以停留览胜，而亭又往往成为风景中的点睛之笔，是人工与自然结合的关键之处。柳宗元曾记录在马退山新建茅亭的构思及过程："作新亭于马退山之阳。因高丘之阻以面势。不斫椽，不剪茨，不列墙，以白云为藩篱，碧山为屏风"[⑤]。一座极为朴素的茅亭，因为处于山阳面势的要害位置，得以将"诸山来朝，势若星拱"的山水全局尽收眼底——正是芥子纳须弥的巧妙设计。

4.1.5.3 增拓功能，风景成区

经过命名品题、择立亭台，风景地已初步形成。美好的风景，往往会吸引其他功能加入，如寺观、书院、别业等，逐渐形成功能更复合、建设规模更大的风景地。

以零陵东湖为例，唐代先有李暠在湖畔建芙蓉馆，宋时范纯仁曾谪居于此，范公离开后，张栻改建为思范堂，清代又在湖畔增建碧云庵、群玉书院、龙王

① [唐]柳宗元. 邕州柳中丞作马退山茅亭记//柳宗元集[M]. 北京：中华书局，1979：729.
② [唐]柳宗元. 零陵三亭记//柳宗元集[M]. 北京：中华书局，1979：739.
③ [唐]柳宗元. 永州崔中丞万石亭记//柳宗元集[M]. 北京：中华书局，1979：734.
④ [唐]元结著. 右溪记//元次山集[M]. 北京：中华书局，1960：146.
⑤ [唐]柳宗元. 邕州柳中丞作马退山茅亭记//柳宗元集[M]. 北京：中华书局，1979：729.

庙等建筑。东湖从单纯的自然风景地，逐渐增加居、祀、修、学等功能，成为功能复合、内涵丰富的自然人文风景区。再以道州㝇尊石为例，本是一块天然特异的怪石，唐代元结始命名，并作铭建亭，后世屡有修缮重建，至清光绪元年又"重构其亭，并建书院，而古迹于是乎永护矣"[1]。同样是从一处自然风景，逐渐增加游、学等功能，形成围绕古迹的文教风景区。

综上，郊野自然中风景地的开发，有赖人的命名品题、设施建设、甚至更多功能的充实和长期维护，本质上是自然风景不断人文化的过程。

4.2 "郊野胜地"：郊野自然中的集中开发

前文对祀、修、学、居、游等郊野人居功能及其典型场所的规划设计分别进行了考察。但在永州地区府县城市的郊野地带，还普遍存在着一种多种人居功能集中布置于特定山水形胜地的情况，如零陵的东山、东湖、千秋岭、愚溪，祁阳的浯溪、龙山、万卷书岩，东安的东郊，宁远的东溪、南郊、逍遥岩，道州的元山、濂溪故里，江华的豸山等等，我们不妨称之为"郊野胜地"。作为地方城市郊野自然中的集中建设地段，这些"郊野胜地"的空间特征、开发模式、规划设计等皆有规律可循。

4.2.1 "郊野胜地"的空间特征

考察永州地区诸府县城市的"郊野胜地"，在山水条件、区位选择、功能侧重、开发历程等方面表现出以下共性特征。

4.2.1.1 自然山水条件突出

"郊野胜地"能够吸引诸多功能聚集、并持续建设的核心首先在于其优越独特的山水条件。永州地区的郊野胜地或依托特异之丘阜峰峦，或围绕溪流河口，皆选取山水形胜处。以山而胜的郊野胜地，如零陵朝阳岩、祁阳龙山、江华豸山；以水而胜的郊野胜地，如祁阳浯溪、宁远东溪等。

不同的山水条件影响着郊野胜地的规划设计，形成了各具特色的空间形态。

---

[1] （光绪）《道州志》卷1方域/山川/㝇尊石：128。

以祁阳龙山为例，这是一座坐北朝南、南坡平缓的山丘，其西、南方向有泉，汇为池塘向东流入湘江。因此，规划者首先在龙山南麓建设文庙，形成"背倚龙山，前为泮池"的格局。其他文教相关功能，如濂溪书院、景濂书院[①]、训导署、教谕署、节妇祠、孝子祠等，则逐渐向学宫东西两侧聚集，沿池横向展开（图4-11）。

图4-11　祁阳龙山"文教风景区"
（底图来源：（乾隆）《祁阳县志》卷首）

江华岑山与祁阳龙山高度相近，但是一座拔地而起、石壁斗绝的独峰。其东侧紧邻沱江，山巅视野开阔，冯水与沱江交汇之形势一览无余。因此规划者对岑山的开发主要侧重临江一面，在江边石崖上先后建有玄帝宫、观音阁、文昌阁、三官阁、吕祖阁等寺观建筑，山顶建有凌云塔。乾隆五十年（1785）规划三官阁时，曾对临江一面的建筑群有整体考量："三官阁之造，何为不属于五层楼而连于文昌阁者？盖文昌阁，士人之祖庙也，为三教之首称。左有观音阁，右有三官阁，培成三教，羽翼儒宗，理势然也。且更为岑山岩添一景致，谁曰不可。而使后之登览者游目荒郊，骋怀山水，观随气之□，听应时之禽。沱川东注，梧岭南屏，青狮戏球于虚明之洞，白象餐霞于丽泽之滨。然则俯于斯，仰于斯，

---

① 据（乾隆）《祁阳县志》（62）载，"景濂书院，康熙中里民共建，后经改撤，尚存前楹三间，今并为教谕署书室"。故《祁阳学宫图》中未绘出。

坐乐于斯，不大有感兴于将来者哉？"①这座三官阁（后改名豸山古寺）更以其嵌入峭壁天然裂缝的独特建筑形态而著称，明教谕滕元庆有诗云："峭然崖壁立，一窍向中开；却是天工巧，何须人力培。闲云拳野鹤，曲径护苍苔；夜静无关锁，千峰伴月来"②。（图 4-12 ～图 4-14）

图 4-12　江华豸山寺观阁塔

图 4-13　石缝中的豸山古寺

图 4-14　自豸山古寺远望沱江对岸象山

① ［清］松溪山人．三官阁记．乾隆五十年作．摩于江华县豸山古寺山门侧石壁。
② ［明］滕元庆．三官阁诗．摩于江华县豸山古寺前殿右侧崖壁。

4.2.1.2 位于城市近郊地带

永州地区的"郊野胜地"大多位于城市的近郊地带。如祁阳"万卷书岩"在县城东南3里，"浯溪"在城西4里；宁远之"东溪"在县城东2里，"逍遥岩"在县东北3里；江华之"豸山"在县城东1里；东安之"王子岭"在县东1里；道州之元山在州城西门外。也有些原本位于城外的"郊野胜地"在城市扩张过程中被纳入城中[①]，但它们最初都是人们有意识地在城市近郊山水形胜处进行的人居开发。

那么，城市"近郊"大概是什么范围？《尔雅注疏·释地第九》中说："邑外谓之郊，郊外谓之牧，牧外谓之野，野外谓之林，林外谓之坰。[注]：邑，国都也。假令百里之国，五十里之界，界各十里也。[疏]：此假令者据小国言之，郊为远郊，牧、野、林、坰自郊外为差耳。然则郊之远近计国境之广狭以为差也。《仪礼·聘礼》云'宾及郊'注云：郊，远郊。周制天子畿内千里，远郊百里。……近郊各半之'"[②]。由此可知，古人将国都至国界之间的地域均分为五等，最近一等称为"郊"，其中更近国都的一半称为"近郊"，其范围是国方的1/20。从封建制之国到郡县制之县，以"县方百里"计算，则"郊"为10里，"近郊"为5里，即自城市向外5里的范围称为"近郊"。从永州地区府县城市郊野胜地的空间分布来看，基本都在距县城5里的"近郊"范围内（图4-2）。

将着重经营的"郊野胜地"控制在这一范围内，一方面是为了"可达"。这些郊野胜地或在航道之滨，或在城外大道之侧，有些则紧邻城门，都有较好的交通条件，使人居建设工程的勘测、施工、未来使用都更为便利。另一方面是为了"可视"，即使郊野胜地成为从城邑远望时的重要景观。笔者发现，许多郊野胜地依托的山水要素与前述城市择向时选取的应山、朝山等有重合，也说明它们具有限定城市人居空间边界的作用。

4.2.1.3 功能综合，以文教为中心

这些"郊野胜地"凭借其山水佳美、交通便利的优势，而往往聚集祀、修、

---

① 例如，永州的东山、千秋岭、东湖（南池）等在隋唐时期位于州城（子城）外，是当时的郊野形胜地。随着南宋景定年间永州扩建外城，上述形胜地遂被包入城中。再如，祁阳龙山也属类似情况，原在县城东关外，后随着县城扩建而被包入城中。
② [清]阮元校刻. 十三经注疏：附校勘记（上）[M]. 北京：中华书局，1980：2616.

学、居、游等多种郊野人居功能。这些功能之间相互关联，共同形成集文教、祭祀、游憩等于一体的综合风景区。仍以祁阳龙山为例，其开发中以文庙的选址建设最早，之后形成包括行政（训导署、教谕署）、教学（县学宫、濂溪书院、景濂书院）、祭祀（濂溪祠、节妇祠、孝子祠）、游憩（莲子池、龙山、学宫八景）于一体的综合型文教风景区。又如东安东郊，宋明两代建县学宫于此；后改建朱子阁祭祀朱熹，又添建紫阳书院；清代增建廻龙塔，兼具镇水口与兴文运功能；逐步形成一个文教为主的综合风景区。祁阳浯溪、万卷书岩，宁远东溪、南关郊，道州元山等郊野胜地，也都具有功能综合、文教为首的共同特征。

4.2.1.4 长期经营，重点经营

这些"郊野胜地"大多是城市郊野地带较早开发的地段（有些甚至早于城市的选址建设），也是历代长期经营、重点经营的地区。以零陵为例，东山、千秋岭的始开发可追溯至东汉，愚溪、朝阳岩的开发则始于唐代。祁阳浯溪的开发始于唐代，明代迁建县城后，县城近郊的龙山、万卷书岩等地段则获得持续开发。东安东郊的开发可追溯至三国时代，因诸葛亮曾在东郊山岭一带驻兵，故得名"诸葛岭"。随着宋雍熙年间迁建县城于此，东郊一带相继建设学宫、祠庙、书院、阁塔等，形成综合风景区。道州西关外元山一带的开发始于唐代，宋元明清不断增建。江华豸山的开发则伴随明代迁建县城而开展，明清持续建设。

4.2.1.5 形成地方标志性人居景观

得益于天然美好的山水条件和后天持续的人工维护与更新，"郊野胜地"往往成为地方城市的标志性景观，并在地方八景中占有重要比重。永州八景中，"山寺晚钟""愚溪眺雪""恩院风荷""朝阳旭日"分别是东山、愚溪、东湖、朝阳岩4处郊野胜地的代表性景观。道州八景中，"元峰钟英""莲池雾月"2景在西关元山郊野胜地；"月岩仙境""濂溪光风"2景在濂溪郊野胜地。祁阳八景中，"春城花雾""甘泉荷雨"2景在龙山郊野胜地；"书岩霁月"在万卷书岩郊野胜地；"三吾胜迹"在浯溪郊野胜地。清嘉庆年间形成的祁阳学宫八景中，又在龙山一带发掘出"龙山秀霭""泮沼廻澜""春城花雾""甘泉荷雨""濂祠书声""湘楼钟韵""虹桥步月"7景，另1景"天马骧云"其实也是从龙山遥望东南天马山

所见之景观。这些"郊野胜地"为地方八景贡献了大量标志性人居景观。

4.2.2 "郊野胜地"的整体规划：以宁远四郊为例

"郊野胜地"的规划设计总是因"地"的不同条件而形成不同的特色。历史上，宁远县城四郊就因应地段的不同特色，形成了4个各有侧重的郊野胜地。为我们提供了一个城市郊野胜地整体规划的典型案例。

4.2.2.1 东郊郊野胜地：以溪为胜

宁远四郊风光，以东郊"东溪"最胜，对这一地段的开发也最早。它位于宁远县城东南2里泠水迴弯北岸，溪流盘曲，山林茂盛。"青峦嶂列如眉，碧流环抱如带，深林拥翠，能耐岁寒，细草含芳，不关春暖。夫山光水澄，夹朗虚明，旷也；恒有云屯雁集，鱼泳飘归，旷而不病其散。木丛灌莽，迫遽迥合，奥也；恒有月桂花香，风临鸟语，奥而不病其邃。其形胜如此"[①]。一言以蔽之，其"山水清奇，形胜甲春陵也"[②]。

正因为形胜突出，东溪一带早在唐开元年间（713—741）已有佛寺兴建，称东溪寺。寺中唐人所植的古松，历1100余年至清末仍存，宁远八景中列为"东溪古松"一景。宋代建设不详，明清时期的开发则十分密集。明正统元年（1436）依唐寺旧基重建东溪寺；嘉靖十五年（1536）迁县学宫于此，11年后（1547）迁回城内；万历二年（1574）又依学宫旧基建会濂书院；万历三十九年（1611）增建东文昌阁；天启年间（1621—1627）在东溪寺增建亭台；清康熙三十六年（1697）、乾隆十年（1745）两次重修东文昌阁；乾隆三十四年（1769）再次重建东溪寺；乾隆四十年（1775）扩建东文昌阁，增濂溪祠、魁星阁[③]。

在东溪郊野胜地先后出现寺观、祠庙、学宫、书院、亭阁等多种人居功能，其根本原因在于这里的山水条件十分符合这些功能场所的环境需求，使人"难已叠葺"也。屡次修建寺庙于此（县令蒋璜、绅士樊名世等成之），因为东溪山环水抱、旷奥有致、静谧清幽，"于禅居宜"[④]。学宫选址于此（宁远知县周谅成之），因为这里"势位崇隆，清流环合如泮官形"[⑤]，极符合学宫选址的理想水形条件。

---

① [清]樊名世. 东溪寺序.（光绪）《宁远县志》卷2建置/寺观：100。
② [清]樊名世. 东文昌阁记.（光绪）《宁远县志》卷2建置/楼阁：128。
③ [清]樊名世. 东文昌阁记.（光绪）《宁远县志》卷2建置/楼阁：128。
④ [清]樊名世. 东溪寺序.（光绪）《宁远县志》卷2建置/寺观：100。
⑤ （嘉庆）《宁远县志》卷4学校：411。

会濂书院选址于此（宁远知县蔡光成之），因其地"宽平高爽，风景壮胜"，且有发源于舜峰、汇合于濂溪的泠水象征着周敦颐"得斯道之正派"，符合弘扬儒学、培育人才的书院选址要求[①]。对于东溪的环境优势，清人樊名世的总结最精准："其形胜如此，匪惟于禅居宜，而于吾儒之游亦宜。旷与奥与，于吾儒心性之学实有所裨。旷与奥与，于吾儒技艺之学，更非无补。后之学者游于斯，必于斯有起不徒。形胜娱观己，此所以为最也，所以难已叠葺也"[②]。这最后的"难已叠葺"四字，不仅道出了佳美山水的吸引力和驱动力，也道出了古人对优秀人居选址的无限珍惜。正是这种"难已叠葺"之情，支撑着几百年甚至上千年对一处郊野胜地的持续维护与更新。

今天的东溪一带，被污水厂占据、水质污染、周围高楼林立等现状，使我们已很难想象当年的形胜，只有水边形态各异的奇石还默默提示着这里曾经的盛况（图4-15）。

图4-15　宁远东溪一带水石残迹

4.2.2.2　南郊郊野胜地：以桥为胜

南郊风光虽不如东溪，但凭借重要的区位交通条件，也形成县城近郊重要的郊野胜地。南郊的交通优势，一方面仰仗南门外的"南关大道"。这条大道自古就是通往九嶷山舜帝陵的陆路必经通道，古代官员、游客前往九嶷山祭祀或

---

① ［明］守道郭崇嗣. 会濂书院记.（道光）《永州府志》卷4学校：344。"蔡君喜，躬往阅之，相厥地形：宽平高爽，风景壮胜，有水自舜源峰来，映带左右，西抵州与濂水合。喟然太息，谓诸生曰：'斯道之在天下，犹水之在地中。道统之相传犹地脉之相通也。舜受执中于尧，为道学之祖；而周元公当千载绝学之后，不由师儒，默契道体，其一脉之相传非偶然也。此水发源于舜峰而会于濂溪，殆天造地设，显示濂溪先生得斯道之正派乎！'"
② ［清］樊名世. 东溪寺序.（光绪）《宁远县志》卷2建置/寺观：100。

游赏，都要在宁远县城停留一晚，次日一早再由南门出发前往。另一方面则仰仗南门外的泠水航线，这是宁远县客货运输的水路必经通道。水陆交通在南门外转换，不仅形成了繁华的集贸市场[①]，也为郊野胜地的营造创造了有利条件。

根据文献记载，南郊一带的开发建设最早可追溯至南宋状元乐雷发（1208—1283）在泠水畔的"雪矶"隐居。"河边有石磊落，名'雪矶'，即宋乐雷发隐居垂钓处"[②]。后人为纪念乐雷发，在此建状元坊。这一带当时还建有南林寺，乐雷发曾作《南林寺诗》[③]。根据"寺左即大河"的记载，推测佛寺位于南门桥之西南，坐西向东。明洪武初年又在南郊一带建南坛"山川坛"[④]，正统五年（1440）在南门外建"望仙桥"[⑤]。

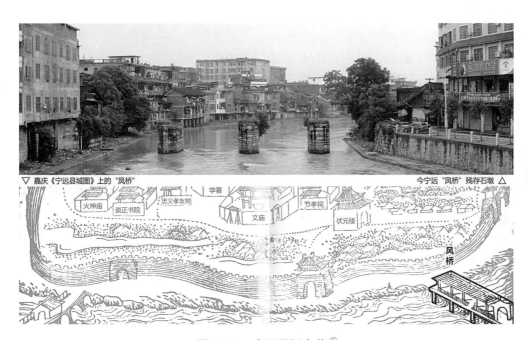

▽ 嘉庆《宁远县城图》上的"凤桥"　　　　　　　　　今宁远"凤桥"残存石墩 △

图 4–16　宁远凤桥今昔[⑥]
（底图来源：下：（嘉庆）《宁远县志》卷首）

---

① 宁远县城集市有二：一为北门外"寿福市"，一为南门外"车洞市"（（康熙）《永州府志》卷2舆地/51）。
② （光绪）《宁远县志》卷2建置：103。又据《宁远县志》（1994：462）载，"雪矶钓台遗址题刻，在县城五拱桥上游30米处的礁石群上，为南宋特科状元乐雷发归隐故里钓鱼处。在其中隆起较大的礁石上刻有'雪矶'二字，每字约28公分见方，两旁刻有小字曰'宋乐声远先生尝垂钓于此'，'勒石以志宗仰云，同里后学石焕章识'。"
③ （光绪）《宁远县志》卷2建置：103。
④ （光绪）《宁远县志》卷2建置：91。南坛"在南关外里许，……祭时设三主于坛上：一曰风云雷雨之神，居中；一曰本县境内山川之神，居左；一曰本县城隍之神，居右"。
⑤ （光绪）《宁远县志》卷2建置：116。
⑥ 今天在宁远县城南门外泠水上仍可见5座残存石桥墩，与[清]曾钰《重修凤桥记》中描述的"累石为柱五，杀其端以缓水势"的形象，以及嘉庆版《宁远县城图》右下角所绘的桥梁形态颇为相似。大概经年累月，木廊已毁，仅存石墩。

清乾隆以降的百余年间，在此相继兴建凤桥、南文昌阁、泠南书院等一系列交通、文教设施，南郊郊野胜地基本形成（图4-16）。乾隆二十七年（1762）邑人李光杜等修建"南门亭桥"，改善交通条件并增加休憩功能。"累石为柱五，杀其端以缓水势。架梁甃石，翼以扶阑，上覆以亭如其桥。于是往来憩息，无复昔日之艰矣"①。嘉庆十四年（1809）绅士李秀、陈经本等重修南门桥并改名"凤桥"，着重其作为县城门户的象征意义和景观意义。桥之"制由旧而壮丽过之，雁齿鸟革，焕然聿新，为一邑之巨观"②。"尝秋夜望步屧其上，江深月朗象万殊，雄堞亭槛隐映于波光月色中，临江楼阁灯火射，而隔岸渔歌断续时起，与水声相酬答。四顾悠然，如身在鳌背上也"③。嘉庆十五年（1810）又于南郊一带增建"南文昌阁"。其选址"地形方正，风气完厚"，"印山矗立于左界，鳌山挺峙于右肩，前向三峰，后枕县治"，且南方"实应文明，尤宜建阁"④，可知规划设计中充分考虑了地形、朝向及山水格局。同治十三年（1874）重修南文昌阁⑤，又增建"泠南书院"——"泠水绕其前，鳌山峙其后；园亭池沼，鱼鸟亲人；登高眺远，景象一新"⑥，可知不仅扩大了规模，还增加了园林楼阁。

至此，宁远南郊依托其水陆交通枢纽的特性形成了集行、祀、修、学、居、游等多功能综合的城市"郊野胜地"。不仅人口增加，功能充实，人居环境提升改善，还形成了"南林丛桂""凤桥秋月"等多处标志性胜景，后被收入"宁远八景"中。

4.2.2.3 西郊郊野胜地：以寺为胜

西郊一带并无特别之形胜，但因有向西通往永、道二州的官道，也汇聚了不少郊野人居功能，形成宁远城郊一处郊野胜地。西郊最早的开发始于宋绍定年间（1228—1233）兴建"胜因寺"，后改名"西林寺"。明洪武初年在西关外

---

① ［清］曾钰. 重修凤桥记.（嘉庆）《宁远县志》卷8艺文：999.
② 同上.
③ 同上.
④ ［清］王定元. 南文昌阁记.（光绪）《宁远县志》卷2建置：129."距南关外百步许，地形方正，风气完厚。印山矗立于左界，鳌山挺峙于右肩，前向三峰，后枕县治，洵明灵之安宅也。形家者言，宜于此建文昌阁。""南方乡临午位，实应文明，……诚欲协天经，顺地纪，以蔚人材，则阁之建于南方也尤宜。"
⑤ （光绪）《宁远县志》卷5学校：297."同治甲戌，刘元鍪、冯步青、周正文等重建文昌宫，上下三座。宫右筑书院、东西两斋、孔圣祠、讲堂、魁星楼一座。讲堂之西园地一段置有亭台……规模宏敞，迥异旧观。"
⑥ ［清］欧阳泽闿. 城南重建文昌阁并添设泠南书院记.（光绪）《宁远县志》卷5学校：297. 文昌阁"今为正殿一，后殿一，头门一，垣门二，四隅各厅一。复于庙右添建书院，院前为魁星楼，中为讲堂，堂后厅事一，左右两榭，为斋舍，肄业者四十有四。泠水绕其前，鳌山峙其后。园亭池沼，鱼鸟亲人，登高眺远，景象一新。"

建"社稷坛"；万历三年（1576）县令蔡光撤西林寺改建"崇正书院"。"书院之
制，有门以闭出入，有堂以会讲。房则为间者二十，可肄业六十人。有湢有厨，
又有鱼塘以资会膳"[①]。

4.2.2.4　北郊郊野胜地：以山为胜

北郊郊野胜地在县城北关外 5 里的大富山逍遥岩一带。与其他 3 个郊野胜
地相比，这一带的开发建设略晚。首先因为大富山、逍遥岩被视为"风景"本
就较晚。大富山（又名黄马畔），"为县治主山"；其下"半里有石山特立"[②]名逍
遥岩，"为县治主脑"。它们在明代以前并未被重视，在南宋两部地理总志《舆
地纪胜》和《方舆胜览》中均无相关记载。直到明嘉靖《湖广图经志书》中，
首次出现了关于大富山的记载。而以此二山为主山、主脑的说法，则分别出自（康
熙）《永州府志》和（嘉庆）《宁远县志》。

当大富山和逍遥岩进入当地的风景体系后，对这一地段的开发建设才陆续
开展。明洪武初先在逍遥岩以南建"高安寺"，"规模宏敞，禅、应二门分居左右，
寺侧建书房。近城古刹，此为最胜"[③]。当地传说"逍遥岩"一带是西周王子泰伯、
仲雍出逃荆蛮的隐居之处，万历二年（1574）知县蔡光兴建"泰伯祠"和"仲
雍祠"[④]。祠庙的扩建中还增设了"讲堂"以申乡约，并建东西厢为"孝友祠"、"至
德祠"。二祠之下"有泉涌出"，清代分别命名为"让泉"和"友于泉"。清同
治二年（1863），邑令王光斗又将经营不善的高安寺改建为"崇儒书院"[⑤]。至此，
北郊依托大富山、逍遥岩二山形成了集祀、修、学、游为主的郊野胜地。在康
熙版《泰伯仲雍祠图》中还特别描绘了这一地区当时的盛况，说明时人观念中
北郊郊野胜地的存在（图 4-17）。

---

① [明]朱应辰（县令）. 崇正书院记.（康熙）《永州府志》卷20艺文：574。
② （嘉庆）《宁远县志》卷1山川：121。
③ （嘉庆）《宁远县志》卷10寺观：1189. 文中"禅、应二门"指佛教中的禅门、应门两大派系。
④ [清]丁懋儒（知府）. 泰伯祠记.（康熙）《永州府志》卷20艺文：576. "摄宁远蔡君光于万历初年至邑，
　 岁适旱，祷泰伯祠雨泽沾足，获有年，因白于当道为置祭春秋。……盖自有祠而入有司之祭享始于此"。
⑤ [清]王光斗（知县）. 崇儒书院记.（光绪）《宁远县志》卷5学校：300。

图 4-17 《泰伯仲雍祠图》
（底图来源：（康熙）《永州府志》卷首：24）

4.2.2.5 四郊郊野胜地的整体规划

宁远四郊"郊野胜地"的开发建设虽有先后，但明清是四郊均有密集建设的时期，并且存在对四郊整体规划、统筹安排的观念。

按照明初关于四郊功能的官方规制，宁远县在南郊设"山川坛"，西郊设"社稷坛"，东、北二郊则各依据其山水特色布置为新的功能。北郊有大富山、逍遥岩，又有泰伯、仲雍"采药衡山，逃之荆蛮"的传说，故于万历二年（1574）建"泰伯祠""仲雍祠"，又增设孝友祠、至德祠，力图形成一个依托形胜、古迹的近郊信仰祭祀中心。东郊则有溪流茂林，风景最胜，因此先迁学宫于此，又改建书院，增建文昌阁、魁星楼、濂溪祠等，形成东郊文教中心。南郊则依托良好的交通条件，增建文昌阁、书院等，形成南郊文教中心。

这里不得不提到一位积极推进四郊统筹规划的规划者——万历二年（1574）任宁远知县的蔡光。他亲自主持了四郊更新规划，在东郊建"会濂书院"，在西郊建"崇正书院"，在北郊建"泰伯祠""仲雍祠"等。虽然他主导的建设偏重文教功能，但仍然尽量发挥各郊优势而提出综合性布局，对后来四郊形成各有侧重的城市郊野胜地起到重要作用（图 4-18，图 4-19，表 4-1）。

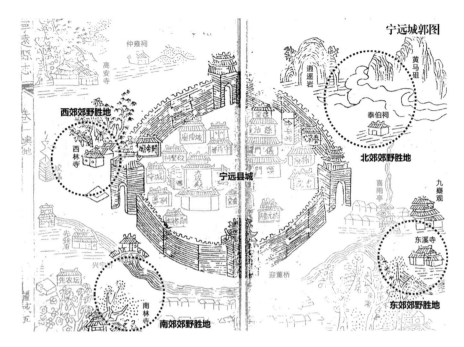

图4-18　《宁远城郭图》中描绘的四郊"郊野胜地"
（底图来源：（乾隆）《宁远县志》卷首）

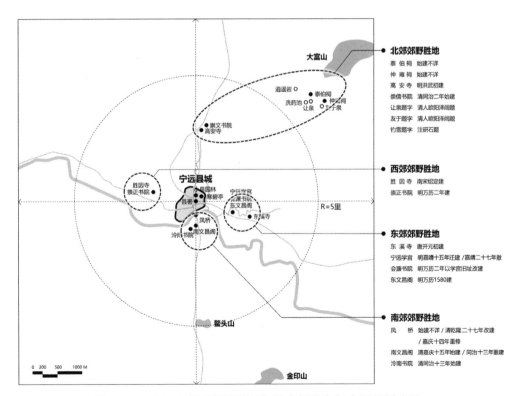

图4-19　宁远四郊"郊野胜地"的空间分布与主要规划建设

宁远四郊"郊野胜地"的主要功能营建历程　　　　表 4-1

	东郊郊野胜地	南郊郊野胜地	西郊郊野胜地	北郊郊野胜地
居		乐雷发隐居处（南宋宝祐 4 年（1256)左右）		
修	东溪寺（唐开元始建；明正统元年（1436）重建；清乾隆三十四年（1769）重建）	南林寺（南宋建）	胜因寺（南宋绍定年间（1228—1233)建）	高安寺（明洪武初建）
祀	文昌阁（明万历三十九年（1611）始建；清康熙三十六年、乾隆十年重修；乾隆四十年（1775）扩建） 濂溪祠（清乾隆四十年（1775）建） 魁星楼（清乾隆四十年（1775）建）	山川坛（明洪武初建） 文昌阁（清嘉庆十五年（1810）建；同治十三年（1874）扩修） 魁星楼（清同治十三年（1874）建）	社稷坛（明洪武初建）	泰伯祠（明万历二年(1574)建/蔡光） 仲雍祠（明万历二年(1574)建/蔡光） 孝友祠 至德祠
学	会濂书院（明万历二年（1574）建/蔡光）	泠南书院（清同治十三年（1874）建）	崇正书院（明万历二年（1574）建/蔡光）	高安寺书院（明洪武初） 崇儒书院（清同治二年（1863）建）
游	东溪寺园林	文昌阁园林		逍遥岩/洗药池/二泉

参考：(嘉庆)《宁远县志》

4.2.3 "郊野胜地"的持续更新：以祁阳浯溪为例

成功的"郊野胜地"往往是历代持续维护建设、不断发掘地段新内涵的结果。在永州地区，有不少经久不衰的"郊野胜地"，祁阳浯溪便是其中的典范。

浯溪的开发始于唐永泰二年（766）道州刺史元结在此兴建别业。元结的营居实践，使浯溪从一片荒野自然变为宜居的宅园；而他的文章与声望，使浯溪从默默无闻的溪流变为世人皆知的名胜。元结去世以后，慕名而来、追思纪念者络绎不绝，一方面，游人常有感而发，有所增建；另一方面，历代地方守土者也视其为珍贵资源，悉心维护与拓展。自中唐至清末的 1100 余年间，浯溪曾有超过 78 次修拓增建，出现过祀、修、学、居、游等多种功能，形成亭台楼阁等胜景40余处[①]，留下出自300余人的摩崖石刻505方[②]，并形成多版八景总结[③]。今天的浯溪，是我国南方现存最大的露天碑林，是历经千年营建而延续至今的"郊野胜地"，已被列为全国重点文物保护单位（1988年第三批）、湖南省风景名胜区（1991年）和全国AAAA级旅游景区（2009年）。

考察元结去世以后历代对浯溪的维护与开发，可发现"郊野胜地"持续更新的规律与特征。

4.2.3.1　"后元结时代"浯溪的主要建设

在"后元结时代"的浯溪开发建设中，具体的营建行为大体分为两类：一类是对元结故迹的恢复重建，如对"峿台"、"吾庼"、"右堂"、"宬尊亭"等后世曾有多次复建。另一类则是结合对元结的纪念追思，增建新的祠庙、寺观、书院、亭台楼阁等建筑，拓展新的功能。第二类中，以"中宫寺"、"颜元祠"、"浯溪书院"、"三绝堂"4项最为著名，且延续性最强（图4-20，图4-21，表4-2）。

图4-20　浯溪图

（图片来源：（乾隆）《祁阳县志》卷1：21-22）

---

① 桂多荪. 浯溪志[M]. 长沙：湖南人民出版社，2004：9.
② 据浯溪文物管理处统计。
③ 包括：明四景（据[明]宁良《浯溪四首》），清旧八景、旧十景、新八景（据（乾隆）《祁阳县志》卷6浯溪）、新十六景（据[清]宋溶《浯溪新志》）。

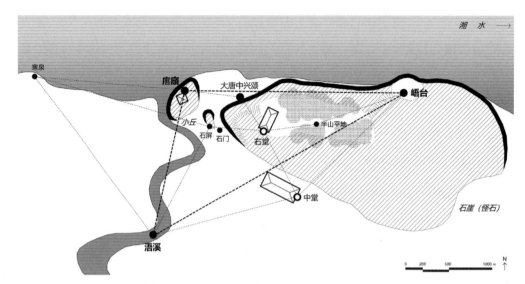

图 4-21　元结"浯溪别业"复原及分析

中宫寺　系僧人以元结"中堂"改建为佛寺[①]。始建于何时不可考，但知北宋庆历（1041—1048）年间诗僧显光于原址重建；元祐（1086—1094）年间僧承亮迁建于浯溪上游；明成化十六年（1480）僧正商又重建；清初僧仁瑞改"浯溪书院"为佛寺；康熙八年（1669）知县王颐、僧海聪、寂光等复建；雍正八年（1730）僧普佃又迁建于浯溪以东、渡春桥以南三百步[②]。元结去世以后，中宫寺就一直承担着祭祀元结、颜真卿二公的功能。在对浯溪地段的日常维护方面，中宫寺僧徒也起到重要作用。

三绝堂　始建于北宋皇祐六年（1054），是祁阳县令齐术为保护《大唐中兴颂》摩崖石刻而建。据宋孙适《三绝堂记》云："永州祁阳县南浯溪之北有奇石焉，元次山颂唐中兴，颜鲁公书，世名'三绝'。皇佑五年，平乐齐君术始来为令，期月称治；行视其亭，悯然惜之，乃作堂以护其文"[③]。元明之间修建不详，仅知清康熙九年（1670）、咸丰九年（1859）、同治元年（1862）曾有三次修拓。

元颜祠　系南宋绍兴二十一年（1151）永州知州许永在元结"中堂"旧址所建。此前元、颜二公各有祠，许永见旧祠"上雨旁风，庙貌倾委"，于是将二

---

① 据桂多荪《浯溪志》（2004：77）："次山去浯溪后，祁人以'中堂'祀次山，故改称'中宫'。后延僧居守，故又称'中宫寺'"。

② [清]宋溶. 浯溪新志//桂多荪. 浯溪志[M]. 长沙：湖南人民出版社，2004：78.

③ [宋]孙适. 三绝堂记.（乾隆）《祁阳县志》卷7艺文：303。

表 4-2

唐以后语溪开发情况统计

朝代	年号	年份	公元	开发者	唐代开发胜景		宋代开发胜景								元		明代开发胜景														清代开发胜景							总计
					悟台	中吾堂	宏石渠尊堂	溪园渠	三绝堂	中宫台寺	渡香桥	语溪精舍	独有堂	笑呗亭	颜无祠	语溪书院	千佛阁	小憩亭	仰高亭	望中兴堂	漫郎亭	观音阁	寒泉亭	镜亭	镜石亭	招胜亭	喜清亭	中直山房	笑呗轩	虚怀亭	宝篆亭	枝薯山房	吾岩房	语池岩	语洞	息祠别墅	揽翠亭	小亭	
唐	元和	十三年	818	元友让	▲	▲																																	7
宋	庆历	元年	1041	僧显南	▲				▲																													13
宋	皇祐	五年	1053	齐术										▲																								
宋	熙宁	元年	1068	蔡琼						▲																												
宋	元祐	元年	1086	僧承亮							▲																											
宋	绍兴	二十二年	1152	许永									▲																									
宋	宝祐	五年	1257	僧宗绍																																			
宋	咸淳	五年	1269	僧宗绍											▲																							4
元	至元	五年	1339	王荣忠		▲			▲							▲	▲																					
元	成化	十七年	1481	僧正商						▲						▲	▲	▲																					9
明	弘治	元年	1488	涂时	▲	▲																																	
明	嘉靖	四年	1491	周郡虎		▲		▲																														
明	嘉靖	四年	1525	黄煜															▲																			
明	万历	六年	1527	邓显祺																▲																		
明	崇祯	元年	1573	郭盛楚																	▲																	
明	顺治	十三年	1640	朱礼汴					▲	▲						▲						▲																
清	顺治	十四年	1657	孙斌																			▲																
清	康熙	八年	1669	王颐			▲																	▲															
清	康熙	二十五年	1686	范承勋	▲	▲	▲																		▲														45
清	康熙	三十四年	1695	王启烈		▲	▲																																
清	康熙	三十六年	1697	范承勋			▲																		▲		▲	▲											
清	雍正	十一年	1733	王武淳																					▲	▲	▲	▲	▲	▲	▲	▲	▲						
清	乾隆	三十年	1765	李颜																														▲					
清	乾隆	三十四年	1769	朱容																																		▲	
清	嘉庆	二十二年	1817	李编																																			
清	道光	二十年	1840	易学超																																			
清	咸丰	二十八年	1848	王保生					▲																														
清	咸丰	九年	1859	刘达善	▲	▲	▲		▲	▲					▲																▲	▲	▲	▲					
清	同治	元年	1865	杨翰																																▲	▲		
清	同治	九年	1870	陈玉祥																															▲				
总计					2	6	4	1	5	4	1	1	1	1	3	3	5	2	1	1	1	1	1	1	1	2	2	1	2	1	1	2	1	1	1	1	1	1	78

注：根据桂多荪《语溪历代营建表》改绘分析。

祠合并"易而新之"①。元至元三年（1266）新建"浯溪书院"时，又将"元颜祠"并入书院之中。明成化十七年（1481），前浙江布政使祁阳人宁元善、僧正商重建中宫寺时，又于寺右建"元颜祠"②；稍后复建书院时，又移"元颜祠"于书院左厢③。清康熙三十四年（1695）知县王启烈将"元颜祠"移回中堂故址；乾隆三十四年（1769）县令宋溶又移祠于书院旧址；乾隆五十一年（1786）再次迁回中堂故址；此后道光二十年（1840）、二十八年（1848）、同治元年（1862）均有重修，位置不变。

浯溪书院 始建于元至元三年（1266），位于元结"中堂"之南偏西。兴建书院的初衷是祭祀元、颜二公，并借二公之灵振兴文教、培育人才。据元苏天爵《建浯溪书院记》云："当作祠宇，以奉事之，并筑学官，招来多士，庶几遐方有闻风而兴起者矣"④。此后书院岁久倾颓，明成化十七年（1481）僧正商复建，"其制中为堂四楹，以奉孔子四配；前为门庑四楹，以严内外。左右厢各四楹，盖有待而未敢必也"⑤。知县喻子乾改书院左厢为"元颜祠"，嘉靖四年（1525）郡守黄焯又书院内增建亭台。清康熙八年（1669）知县王颐、学使蒋永修重修。

除上述四者外，宋元明清之间浯溪还有不少亭台楼阁兴建。如宋熙宁间（1068—1077）邑令蔡琼依右堂故基建"笑岘亭"⑥；明弘治三年（1490）邑佐周邵虎在东崖之巅建"小憩亭"⑦；嘉靖六年（1527）巡湖御史邓显骐、按察金事汪臻、永州知府黄焯合建"望中兴亭"；万历间（1573—1620）邑人郭盛楚在笑岘亭东北建"漫郎亭"。清康熙三十四五年间（1695—1696）知县王启烈于三绝堂前建"挹胜亭"；乾隆二十九年（1764）知县李蒔在峿台侧建"笑岘山房"⑧，在吾亭以东、峿台以南、湘江之浒建"中直轩"⑨，次年又在峿台东建"喜清阁"；

① [宋]许永（知州）. 颜元祠堂记//桂多荪. 浯溪志[M]. 长沙：湖南人民出版社，2004：44."绍兴二十一年，予守永州……谒二公祠，上雨旁风，庙貌倾委……乃属县宰相刘獬易而新之。未几獬罢去，复以宰李和刚董其事"。
② [明]程温. 重建浯溪元颜祠堂记. （乾隆）《祁阳县志》卷7艺文：319。
③ [明]程温. 重修三吾书院记. （乾隆）《祁阳县志》卷7艺文：320。
④ [元]苏天爵. 浯溪书院记. （乾隆）《祁阳县志》卷7艺文：308。
⑤ [明]程温. 重修三吾书院记. （乾隆）《祁阳县志》卷7艺文：320。
⑥ "笑岘"系借对晋人杜元凯图好虚名的嘲讽，颂扬元、颜二公忧国忧民的高尚品德。后改"虚白亭"，又改"胜异亭"。
⑦ [明]周邵虎. 小憩亭记//桂多荪. 浯溪志[M]. 长沙：湖南人民出版社，2004：84.
⑧ [清]伍泽梁. 胜异亭记//桂多荪. 浯溪志[M]. 长沙：湖南人民出版社，2004：86.
⑨ 据[清]宋溶《浯溪新志》载："中直轩，知县李蒔建，郡守朱瑛题，取公词'中直浯溪'之句也。"（桂多荪. 浯溪志[M]. 长沙：湖南人民出版社，2004：86.）

乾隆三十四年（1769）知县宋溶于峿台以西、渡香桥以东建"三一亭"①，于新颜元祠侧建"枕流漱石山房"②，又模仿元结增置"峿岩"、"浯池"、"吾庐"新三吾③，并于元结《峿台铭》刻石前建"宝篆亭"④。但多是游览建筑，功能附属，规模较小。总体来看，"后元结时代"的浯溪建设仍紧扣"元结"主题，或复原其故迹，或延展其文意，或颂扬其精神，或模仿其经营，都不断延续并强化元结与浯溪的关联。

4.2.3.2 浯溪长期规划设计的特点

如果将"后元结时代"的浯溪营建看作一次长时段的规划设计，那么它在人居功能构成和规划设计手法上都表现出"郊野胜地"营建的基本特征。

首先，从人居功能构成来看，浯溪以元结故居为核心，又相继聚集了祀、修、学、游以及新的居，形成功能综合的人文自然风景区。"祀"有元颜祠，"修"有中宫寺，"学"有浯溪书院，"游"有亭台楼阁、摩崖石刻，"居"有息柯别墅⑤等。这5种郊野人居功能总是倾向在山水形胜地段聚会，相互依存，相互补充，共同构成城市郊野自然中的郊野胜地。5种功能之间有着深刻的内在关联。就浯溪而言，"居"是此郊野胜地形成的基础、主线；"祀"是对"居"的衍生；"修"和"学"是基于共同环境偏好而发生的功能拓展，也带来空间的扩展；"游"则是整个规划开发过程中始终伴随的活动。"祀""修""学"往往相互依托，如元颜祠、中宫寺、浯溪书院之间的复杂关系。其中"修"较为稳定，中宫寺（寺僧）尤其在浯溪地段的日常维护和重大项目开发中起到了关键作用，许多项目的倡议虽然出自地方官吏或士绅，但具体操作执行则往往由僧寺主持。

其次，从规划设计手法来看，浯溪案例中主要存在以下四种类型。一是在先贤故迹原址进行带有新功能或新意义的建设。如中宫寺、元颜祠最初都是依元结"中堂"故址改建，以祭祀元、颜二公为主要功能；笑岘亭依元结"右堂"故基改建，题名颂扬元、颜二公忧国忧民的精神。二是为保护和观赏先贤故迹

---

① 据[清]宋溶《浯溪新志》载："寿樟旁荫，一品石前拱，溪水环流，而余以暇日得吟咏其间，因以'三一'名吾亭，与欧阳'六一'之义同"。（桂多荪. 浯溪志[M]. 长沙：湖南人民出版社，2004：86.）
② 据[清]宋溶《浯溪新志》载："水声潺湲，昼夜不息，与枕口谋。万石簇立，状如龈颚，与齿牙谋。次山卜居，意岂有所托耶？因取此以名之"。（桂多荪. 浯溪志[M]. 长沙：湖南人民出版社，2004：87.）
③ "峿岩"在峿台之东，"浯池"在胜异亭左，"吾庐"在枕流漱石山房南，称"新三吾"。
④ 据[清]宋溶《浯溪新志》载："在《峿台铭》之前，予既得玉箸篆后建此亭"。（桂多荪. 浯溪志[M]. 长沙：湖南人民出版社，2004：89.）
⑤ 清同治初，永州知府杨翰于元颜祠南建"息柯别墅"，罢官后隐居于此。

在其周边进行的新建设。如三绝堂是为保护和观赏《中兴颂》摩崖石刻而建，望中兴亭、宝篆亭分别是为欣赏《中兴颂》和《峿台铭》刻石而建。三是为弘扬先贤精神而在新址进行的新功能建设。如浯溪书院的建立兼具祭祀先贤、与培育人才的考虑，息柯别墅的建设则为体会先贤隐居山水的高远志趣。四是依托山水发掘新风景并增建亭台，立意与命名呼应先贤。如宋溶模仿元结发掘"新三吾"，漫郎亭、中直轩等在命名上追念元结等。

综上所述，在"郊野胜地"的形成过程中，各人居功能之间往往存在着深刻的时空关联，它们总是相互吸引而聚集于山水形胜地段，形成综合性的自然人文风景区。各种功能及其典型场所的规划设计也存在规律，往往以某一功能为主线，其他功能要素形成空间上的延续或拓展。在旧址上重建是常有发生的事，以新建设维护古迹地段，并吸引新的关注，被认为比单纯的"保护"遗址更重要，也更具有人文价值。

4.3 "地方八景"：风景评价与体系规划

中国古代对风景的发掘建设活动起源很早，但对地方人居环境中的分散景观有意识地整理、总结以至形成体系，则在唐宋开始出现，至明清盛行，以"地方八景"为其主要形式。

一般认为，"八景"始自北宋画家宋迪作《潇湘八景图》。据沈括《梦溪笔谈·书画》载，"度支员外郎宋迪工画，尤善为平远山水。其得意者有平沙雁落、远浦帆归、山市晴岚、江天暮雪、洞庭秋月、潇湘夜雨、烟寺晚钟、渔村落照，谓之'八景'"[①]。这组《潇湘八景图》陈列于长沙的八景台，得到南宋宁宗赵括的御笔题诗后名声大振，引发各地纷纷效仿。到明清时期，有赖于官方的支持、文人的创造，"八景"逐渐成为地方府县总结本地标志性风景的惯例[②]。各地方志中常有对当地八景的详细记载，甚至配有《八景图》。但也有人批评八景形式过度泛滥，其中不乏滥竽充数、无病呻吟者。

其实在宋迪《潇湘八景图》之前，文学和绘画领域中已有不少"风景组合"题材，如唐王维"辋川二十首"、柳宗元"永州八记"等对风景发掘与创造的真

---

① [宋]沈括. 梦溪笔谈. 卷17书画[M]. 北京：中华书局，1985：109.
② 明代，中央政府曾下令各地呈报本地纂定的八景，使八景总结具有一定的官方性质。

实记录。但这些诗画八景与明清兴起的地方八景有本质区别：前者是以"景"为题材的艺术创作，而后者是对地方风景体系的总结与建构。

4.3.1 景、境与"八景"

"八景"中的"景"与视觉中心的现代"景观"概念有所不同，它是一个包含着空间、时间、天气、感官、情绪等多维度的综合概念。

"景"最初指"日光"，后引申为"日影"。《周礼·地官·大司徒》："以土圭之濩测土深，正日景"[①]；《说文》："景，光也"[②]。《释文》："景，境也。明所照处有境限也"。直到魏晋南北朝以后，"景"才逐渐产生了风景、景物、景致的意思，如南朝宋鲍照有"怨咽对风景，闷瞀守闺闼"[③]之句，《世说新语·言语》有"风景不殊，正自有山河之异"之语。而到"八景"中的景，又增加了对人居环境特征的关注与表现。

从字面来看，四字一组的"景"通常包含有地点、时间、气象、感官、风物、活动等多种要素。但本质而言，景所传达的是一种"境"，是在特定条件下人对环境的整体感受，是一个个引人入胜、可居可游的人居环境。例如"濂祠书声"一景，使人仿佛置身于郊外整修一新的濂溪书院窗外，倾听童子的琅琅读书声。又如"凤桥秋月"一景，仿佛伫立于南门外新落成的凤桥之上，伴着徐徐秋风，静赏一轮明月。它们勾勒出地方人居的日常画面，也透露出地方上颇为自豪的标志性景观。

有时因为与历史人物的关联，这些"境"也表现出地方历史文化的内涵。以"愚溪眺雪"一景为例，在溪流之畔看雪景有何稀奇？却被一个"愚"字道破了玄机——置身冰天雪地的愚溪之畔，耳边仿佛响起"千山鸟飞绝，万径人踪灭"的悲叹，身旁仿佛蜷缩着"蓑衣斗笠"的柳宗元，此时此刻仿佛梦回唐朝，理解了他"独钓寒江雪"的悲凉。这一景不仅介绍了欣赏愚溪风光的最佳季节，也述说着柳宗元与永州的不解之缘，引人追慕（表4-3）。

---

① [清]阮元校刻. 十三经注疏：附校勘记（上）[M]. 北京：中华书局，1980：704.
② [汉]许慎撰. [清]段玉裁注. 说文解字注. 第2版[M]. 上海：上海古籍出版社，1988：304.
③ [南朝宋]鲍照《绍古辞》之七。

"八景"之"景"的组成结构　　　　　　　　　　　　　　　表 4-3

组成结构	八景举例
地点 + 时间 + 气象	潇湘夜雨、朝阳旭日、蘋洲春涨、凤桥秋月
地点 + 时间 + 感官	雁塔晨钟、山寺晚钟、渔舟唱晚
地点 + 气象	龙山秀霭、泮沼廻澜
地点 + 活动	开元胜游、愚溪眺雪、雷洞灵湫、咸阳古渡
地点 + 感官	浯溪漱玉、濂祠书声、祁山积翠、古刹临风
……	……

4.3.2　永州地区府县"八景"的构成、分布与形成

永州地区八府县中，除东安县外均有"八景"总结。各府县总结八景的时间都在明清时期。明隆庆《永州府志》中记载有芝城八景（即永州八景）、祁阳八景、道州十二景。万历《江华县志》中载有江华八景[①]。明人陈毓新[②]曾作《永明八景诗》，故永明八景的形成年代大约在明末。宁远八景、新田八景[③]在清代总结。永州、祁阳、道州在清代还出现对旧八景的更新版本，故有多个八景版本。

根据地方志中的记载，七府县共有 11 个版本的"八景"（表 4-4）。去除前后版重复者，共有 68 处不同胜景。这些"八景"在内容构成、空间分布、形成时间等方面表现出如下特征。

明清永州地区诸府县"八景"　　　　　　　　　　　　　表 4-4

府县八景	八景内容	形成时间（或出处）
永州八景 （芝城八景）	天梯晓日、万石亭高、湘水拖蓝、嵚峰叠翠、澹岩秋月、愚岛晴云、怀素墨池、紫岩仙井	明正统年间知府戴浩总结
	朝阳旭日、蘋洲春涨、恩院风荷、绿天蕉影、廻龙夕照、香零烟雨、愚溪眺雪、山寺晚钟	清
祁阳八景	浯溪胜迹、雷洞灵湫、湘水涵清、祁山叠翠、乌符仙咏、白鹤云屏、龟潭夕照、燕冈阴雨	明隆庆五年前

---

① 《江华县志》按语中明确谈到有"八景"，但文中仅载五景。另有二景（寒亭秋色、暖谷春容）在（明隆庆）《永州府志》中被列入"道州十二景"。其八景的空间分布均在唐宋老县城周边，而新县城附近明代已有风景建设、诗文品题的豸山景区却无一景入选，由此推测：江华八景的总结应在明天顺六年（1462）县城迁建以前。

② 据（道光）《永州府志》卷2记载，陈毓新曾于明崇祯五年（1632）作《游冻清源记》，可知其活跃时间在明末。

③ 新田八景的总结始于清顺治十二年任新田知县的沈维垣。[清]沈维垣. 新田八景序.（嘉庆）《新田县志》卷9艺文：580。

府县八景	八景内容	形成时间（或出处）
祁阳八景	祁山叠翠、湘水环清、春城花雾、甘泉荷雨、熊岭朝暾、雷洞灵湫、白鹤云屏、紫霄霞绮	清乾隆三十年前
	祁山叠翠、湘水环清、熊岭朝暾、燕冈阴雨、白鹤云屏、紫霄霞绮、书岩霁月、雷洞灵湫	清嘉庆十七年前
道州八景（十二景）	濂溪光风、莲池霁月、窊樽古酌、开元胜游、五如奇石、九嶷仙山、元峰钟英、宜峦献秀、寒亭秋色、暖谷春容、月岩仙踪、含晖石室	明隆庆五年前
	元峰钟英、莲池霁月、开元胜游、窊樽古酌、宜峦献秀、月岩仙踪、濂溪光风、含晖石室	清光绪三年前
宁远八景	东溪古松、南林丛桂、金泉试茗、凤桥秋月、印山春雨……	清
江华八景	阳华胜览、寒亭秋色、暖谷春容、浪石清流、奇兽虚明、洄溪寿域、秦岩深处、梧岭南屏	明万历二十九前年
永明八景	潇水拖蓝、层岩叠翠、麟石腾烟、凤亭插汉、五岭朝霞、三峰雾雪、鹅崖飞瀑、古刹临风	明崇祯年间总结
新田八景	朝阳晓日、恩寺寒烟、古洞石羊、朱砂夜月、西峰叠翠、南桥双碧、平岗天马、龙泉峭壁	清嘉庆十八年前

注：明"永州八景"载[隆庆五年]《永州府志》。明"祁阳八景"载[隆庆五年]《永州府志》；清乾隆版"祁阳八景"载[乾隆三十年]《祁阳县志》；清嘉庆版"祁阳八景"载[嘉庆十七年]《祁阳县志》，同治版县志因之。明"道州八景"载[隆庆五年]《永州府志》；清"道州八景"载[光绪三年]《道州志》，有图。清"宁远八景"载1994《宁远县志》，不全。明"江华八景"载[万历二十九年]《江华县志》。明"永明八景"载[康熙四十八年]《永明县志》。清"新田八景"载[嘉庆十八年]《新田县志》。

4.3.2.1　内容构成

考察永州地区诸府县八景的内容构成，表现出兼具自然与人工景观、覆盖人居诸多方面的总体特征。

在 68 处胜景中，有 40 处主要属于自然景观，占总数的 58.8%；有 22 处主要属于人工景观，占总数的 32.4%，另有 6 处兼具自然与人工属性，占总数的 8.8%。相比之下，自然景观略多，反映出永州地区自然山水形胜丰富的特征，但自然与人工景观比例基本均衡。

自然景观中，主要包括：山岭景观 18 处、岩洞景观 10 处、奇石景观 8 处、河溪景观 6 处、泉池景观 4 处，反映出该地区山水清奇、岩洞奇石尤多的特征。

人工景观中，主要包括：寺观景观 12 处、阁塔景观 4 处、名人故居 4 处、学宫书院 2 处、桥渡景观 2 处、民居景观 2 处、农牧景观 1 处、关隘景观 1 处等。

其中，既有名人故居，如元结别业"浯溪胜迹"、柳宗元八愚"愚岛晴云"，也有村落民居，如道州楼田村"濂溪风光"、江华民居"泂溪寿域"；既有官方学宫书院，如祁山学宫"甘泉荷雨"、道州书院"莲池霁月"，也有民间寺庙，如零陵高山寺"山寺晚钟"、宁远南林寺"南林丛桂"；既有日常桥渡，如宁远"凤桥秋月"、新田"南桥双溪"，也有军事关隘，如祁阳熊罴关"熊岭朝瞰"等；内容上涉及人居环境的方方面面。

4.3.2.2　空间分布

考察永州地区诸府县八景的空间分布，基本上表现出城内外兼顾、四方均衡的总体特征。

如永州八景（清）中，有2景位于城内（"山寺晚钟"、"恩院风荷"）；6景位于城外，其中：北有"蘋洲春潮"、"廻龙夕照"2景，东有"绿天蕉影"、"香零烟雨"2景，西有"愚溪眺雪"1景，南有"朝阳旭日"1景；四方分布较为均衡。又如祁阳八景（清乾隆版）中，有1景位于城内（"春城花雾"）；7景位于城外，其中：北有"祁山积翠"、"熊岭朝瞰"、"紫霄霞绮"3景，东有"甘泉荷雨""白鹤云屏"2景，西有"雷洞灵湫"1景，南有"湘水环清"1景。再如道州八景（清）中，亦有1景位于城内（"宓樽古酌"）；7景位于城外，其中：北有"宜峦献秀"1景，南有"含晖石室"1景，西有"元峰钟英"、"莲池霁月"、"月岩仙境"、"濂水光风"4景；四方有所兼顾，但西方更多，与历史上道州的开发偏重西部吻合。永明县城规模很小，因此永明八景（明）全部位于城外：东有"古刹临风"1景，西有"层岩叠翠"、"鹅崖飞瀑"2景，北有"凤亭插汉"、"三峰霁雪"2景，南有"潇水拖蓝"、"麟石腾烟"2景，而"五岭朝霞"1景中的五岭分别指县东铜山岭、东南黄甲岭、西南横岭、县西层岭、西北都庞岭，泛指县境四方的横岭巨嶂；空间分布亦四方均衡。从康熙版《永明八景全图》中也可以明显看到八景均布于县境四方的情景（图4-22，图4-23）。

江华八景的空间分布则表现出另一种逻辑，几乎全部沿南北交通走廊而呈线性分布。这条南北走廊贯穿江华全境，北通道州、南至广西贺州，是古代中原沟通岭南的重要通道之一[1]。其有水、陆两条干道，水路即沿沱江河道；陆路

---

[1]　这条通路自江华向北90里至道州，270里至永州府，945里至湖南省，5700里至北京；向南300里至广西贺县，2000里至两广省城（（同治）《江华县志》卷1方域：86）。

图 4-22　永明八景图
（图片来源：（康熙）《永明县志》卷首：14）

图 4-23　江华八景图
（图片来源：（同治）《江华县志》卷首：58-59）

沿沱江河谷而行,古称"尖山大道"[①]。江华县境内的风景开发基本沿这条通道而展开，八景中有 7 景分布于县城以南的沱江沿线：南关外有"寒亭秋色"、"暖谷春容" 2 景，城南 5 里有"浪石清流"、"奇兽虚明" 2 景，南 30 里有"泂溪寿域" 1 景，南 50 里有"秦岩深处" 1 景，南 70 里有"梧岭南屏" 1 景。江华八景呈现沿交通走廊的线性空间分布，一方面是因为这条通道所依托的沱水河谷由两岸崇山峻岭相夹而成，本来就是岩洞、奇石、溪泉密集的地带，提供了风景开发的自然条件。另一方面，这条通道带来了发掘风景的人才和游览风景的游客，江华八景中大部分发掘于唐宋时期，多为当时外来官员名士在行旅途中所发掘。此外，道路两侧山区人居发展受限，也是风景发掘未能向两岸纵深发展的原因（图 4-24）。

总体而言，永州地区府县八景的空间分布特征，说明规划者在选取八景时存在"均衡四方"的特殊考虑；但在一些地形及交通条件特殊的地区，风景发掘也不得不受制于此而呈现其他特征。

4.3.2.3　成景时间

考察永州地区诸府县八景的形成时间，虽然八景总结均在明清时期，但风景的始发掘却以唐宋时期居多。

根据诸景中主体要素的始命名或始建设年代可判定其成景年代。如"朝阳

---

① 即今207国道一线。

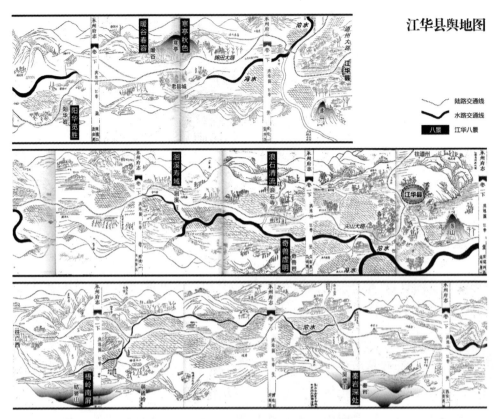

图 4-24 江华八景沿南北交通走廊分布
（底图来源：（道光）《永州府志》卷首：98-103）

旭日"的主体要素是零陵城外潇水西岸的朝阳岩，该岩由唐永泰年间（765）道州刺史元结始命名，故其成景时间至迟在唐代。如此统计，永州 68 处胜景中有 41 处可判知成景时间。其中又有 28 处发掘于唐宋两代，占 68.3%，说明唐宋时期是永州地区风景发掘与形成的主要时期（表 4-5，图 4-25）。

永州地区唐、宋两代形成的"八景"要素   表 4-5

八景	唐代发掘			宋代发掘			数量
	要素	所属八景	发掘者	要素	所属八景	发掘者	
永州八景	朝阳岩	（朝阳旭日）	元　结	紫岩井	（紫岩仙井）	张　浚	8
	绿天庵	（怀素墨池）	怀　素				
		（绿天蕉影）	怀　素				
	万石亭	（万石亭高）	崔　能				
	愚溪	（愚岛晴云）	柳宗元				
		（愚溪眺雪）					
	澹岩	（澹岩秋月）	张　灏				

续表

八景	唐代发掘			宋代发掘			数量
	要素	所属八景	发掘者	要素	所属八景	发掘者	
祁阳八景	浯 溪	（浯溪胜迹）	元 结	雷 洞	（雷洞灵湫）	宋道观	3
				紫霄宫	（紫霄霞绮）	宋道观	
道州八景	窊樽石	（窊樽古酌）	元 结	元 山	（元峰钟英）	吴必达	7
	五如石	（五如奇石）	元 结	开元观	（开元胜游）	王履道	
	含晖洞	（含晖石室）	薛伯高	月 岩	（月岩仙踪）	赵 抃	
				濂 溪	（濂溪光风）	周敦颐	
宁远八景	东溪寺	（东溪古松）		南林寺	（南林丛桂）	宋时寺	2
江华八景	阳华岩	（阳华胜览）	元 结	暖 谷	（暖谷春容）	蒋之奇	6
	寒 亭	（寒亭秋色）	瞿令问	奇兽岩	（奇兽虚明）	蒋之奇	
	浪 石	（浪石清流）	天宝寺				
	泂 溪	（泂溪寿域）	元 结				
永明八景	清凉寺	（古刹临风）		层 岩	（层岩叠翠）	逄端□	2
总计41景	总计17景			总计11景			28景

图 4-25 道州八景图

（图片来源：（光绪）《道州志》卷首：28-43）

其中，永州2版八景中至少有5景的主体要素在唐代已被发掘，即朝阳岩、绿天庵、万石亭、愚溪、澹岩；1景在宋代出现，即紫岩井。祁阳3版八景中至少1景发掘于唐代，即浯溪；2景形成于宋代，即雷洞、紫霄宫。道州2版八景中至少有3景形成于唐代，即窊尊石、五如石、含晖洞；4景形成于宋代，即元山、开元观、月岩、濂溪故里。宁远八景中至少1景形成于唐代，即东溪古松；1景形成于宋代，即南林丛桂。江华八景中至少4景发掘于唐代，即阳华岩、寒亭、浪石、泂溪；2景发掘于宋代，即暖谷、奇兽岩。永明八景中至少1景形成于唐代，即清凉寺；1景发掘于宋代，即层岩。新田设县已在明末，故新田八景均为明末清初新开发。

唐宋时期的风景发掘，在很大程度上仰仗当时一大批远道而来的名士。因为他们的发掘、命名、题刻，永州山水有了名字，为世人所知。如浯溪、朝阳岩、阳华岩、窊尊石、五如石等皆为唐元结发掘，寒亭为瞿令问所建，愚溪为柳宗元发掘，含晖洞为薛伯高发掘，暖谷、奇兽岩为宋人蒋之奇发掘。也有些胜景是因名人故迹而成景，如"怀素墨池"、"绿天蕉影"为唐代草圣怀素修炼之处，"紫岩仙井"是宋代名宦张浚寓居时所凿，"濂溪光风"、"月岩仙境"、"莲池霁月"是宋代理学鼻祖周敦颐故居故游之处等。这一方面说明唐宋名士确实对永州地区的风景发掘做出重要贡献，另一方面也说明"八景"总结中重视唐宋古迹及名人效应的价值取向。

4.3.3 "地方八景"与城市风景体系规划

对于明清地方府县城市而言，"地方八景"的甄选与总结还具有城市风景规划的意味，并且对城市的历史保护与空间发展产生积极影响。

4.3.2.1 明清地方城市总结"八景"是城市风景规划的主要手段

风景的发掘经营历来是中国人居环境营建中的重要内容。从实用层面来看，人们需要风景作为欣赏的对象、游憩的场所；从精神层面来看，地方风景也是地方家园感、归属感的重要组成部分。因此，地方城市的规划设计者总是对风景的发掘和风景地的规划格外重视。以新田县为例，清初县令沈维垣[1]就曾专门论述地方风景规划的必要性，以及他主持总结"新田八景"的历程和心得。

> "新邑绵亘永郡，延袤数百里，峰峦层嶂，岩折起伏，霞绕云飞。彼定中揆日之初，相阴阳而观流泉，已选胜于兹矣。特未经览陟，虽有佳境，终隐没于榛莽之中耳。莅兹三载，每于案牍之暇，偕一二知邑登临眺望，剪棘踞磴，就形借势，推义生名，因得其景凡八：曰朝阳晓日，曰硃砂夜月，曰南桥双碧，曰西峰叠翠，曰龙泉峭壁，曰恩寺寒烟，曰古洞石羊，曰平冈天马。未尝矫意牵合，若天设成迹，而假余以著名也。……然有司宰一邑，

---

① 沈维垣系清顺治十二年（1655）任新田知县。

或兴或革，职所攸存。倘有裨于风土人情，不妨作之以昭兹来。许是役也，以壮一邑之大观，更以彰僻壤之灵秀"①。

沈维垣的这段话中透露出三个重点：其一，地方风景规划是有司之"职所攸存"。总结八景的主要目的在于："以昭兹来"，即吸引旅游；"壮一邑之大观"，即提升城市整体形象；"更以彰僻壤之灵秀"，即推广宣传地方文化。这与今天的城市景观体系规划异曲同工。其二，新田县选址定基之初时，规划者已充分考虑当地的山水条件和风景资源。对风景的规划本应与县城规划一并开展，但囿于当时条件而未能完成。其三，规划者三年来坚持从事风景的发掘建设工作，最终形成了"新田八景"。

由此可知，身为县令的沈维垣确实将总结"八景"视为地方城市规划建设的一项必要内容，并视之为守土者的责任。

4.3.3.2 "八景"形式促进着地方风景的发掘、更新与评价

就表现形式而言，"八景"提供了一种公众易于接受和传播的规划文本形式。虽然明清时期泛滥的"八景"常被诟病其形式附会、内容空虚，但不得不承认，这种形式易于传播、易于接受，并能在一定程度上促进人们对地方风景体系的认知和思考。

从基本原理来看，要从一邑数量众多、类型众多的胜景中挑选出八处作为地方风景的代表，这其中必然需要审慎的甄别与取舍。在甄别取舍之间，规划设计者必然要更加清晰地把握风景评价的价值和标准，也就更加明确该城市总体规划的目标和原则。如前节所述，八景总结需要考虑到地方均衡、时代均衡、自然人文均衡等基本原则，其背后显然与城市的总体规划建设构想密切关联。以祁阳县为例，清乾隆时期总结"八景"时就提出了风景筛选的明确标准。

"志列八景，杨升庵议之。谓域中安有如许景？非也。楚南擅江山之胜，而祁山水尤秀绝。祁之景莫如浯溪，顾其中碑碣亭台汇状千百，未可以一二景赅也。……自浯溪而外，南揖九嶷，北联回雁，中间山水环绕，景之足供人游赏者且并不可以八计。兹仅登其最著者，乃符八之数"②。

正因为"八"之数固定且有限，才要"登其最著者"。因此，祁阳县历史上曾出

---

① [清]沈维垣. 新田八景序. （嘉庆）《新田县志》卷9艺文：580。
② （乾隆）《祁阳县志》卷1图说：31《八景图说按》。

现过康熙、乾隆、同治朝三版"八景"（图4-26），以适应人居环境的发展变化。新版较旧版往往有继承，也有更替。有些近年来获得重点发展的地区甚至出现地区性八景，如祁阳的"浯溪八景"、"学宫八景"等，使得旧版"祁阳八景"中出现虚位，以待新景。被补充上的新景则由于受到各界重视而获得新的发展机遇。这是"形式"对"内容"的反向作用。

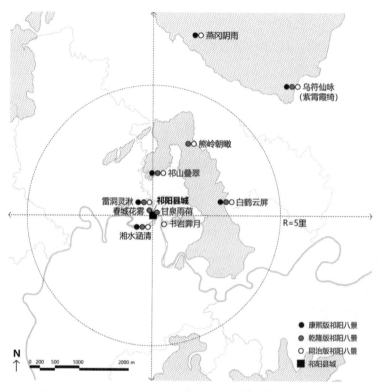

图4-26　康熙、乾隆、同治三版"祁阳八景"空间分布

4.3.3.3 "地方八景"也促进着地方城市自然、人文古迹的保护与传承

"地方八景"总是被视为地方风景与文化的典型代表。出于对地方文化的珍惜与保护，地方官民皆对这些自然或人文胜景呵护有加，历代重视维护，并屡有增建。一些胜景即使遭到破坏，也能很快获得修补或重建，使历史上的胜景继续传承。因此说，"地方八景"客观上起到了保护与传承地方自然及人文古迹的作用。

第 5 章

『道德之境』的规划设计：人工秩序建构

如前文所述，古代地方城市营建中总是有意识地对社会共识的道德观念、行为准则与文化精神有所表达，形成地方城市的"道德之境"①。地方城市中这种对道德教化及其相应物质空间环境的突出重视，一方面根植于中国古代共同的人居理想中，是规划设计者的主观表达；另一方面则是地方政府及社会实现政治治理、社会教化、文化传播的客观需要。唐宋以来，地方城市中"道德之境"的重要性更加凸显，一是因为相比于中央政令对基层地方的鞭长莫及和时效阻隔，物质性的"道德之境"能更加持久、有效地发挥作用，使外在的道德准则、行为规范"内化"为个人的道德信念与自我约束，从而减低道德教化的社会成本。二是因为地方社会的宗族结构本就是传统道德观念生长、传播、维系的土壤，建立"道德之境"是地方社会的内在需求与自然表达。三则是因为对那些荒远偏僻、民族杂居的边地而言，"道德之境"的着重建设还具有民族融合、文化认同的重要意义。

那么，"道德之境"具体包括哪些要素和结构，又如何起到辅助地方社会道德教化的作用？笔者基于对包括永州地区在内的大量地方城市案例的考察发现，"道德之境"的作用机制主要包含三个层次（图 5-1）：

（1）"道德之境"中首先包含着容纳各种道德教化活动的功能性空间场所要素——主要包括从属于 5 个功能层次的 12 种空间场所要素。它们作为"道德之境"中的实体，直接发挥着规范社会行为、弘扬道德精神、传播价值观念的作用。

（2）这些功能性空间场所要素所构成的空间秩序，即"道德之境"的整体空间结构，也体现着传统道德价值观念，间接发挥着规范、宣扬、教化的作用。

（3）"道德之境"中依托于各种物质实体之上的"文字"也构成一个特殊的作用层次，它们更加直白、高效、持续地发挥着道德宣教的作用。支撑文字的物质设施的规划设计，则决定着文字出现的位置、频率及形态。

---

① "道德之境"指在城市营建过程中以建构人工空间环境的道德秩序、实现道德教化为主要目的的规划设计所创造的环境总和或整体。即通过特定的功能场所要素和空间组织手段建构起有裨于规范社会行为、弘扬道德精神、传播价值观念的物质空间环境。

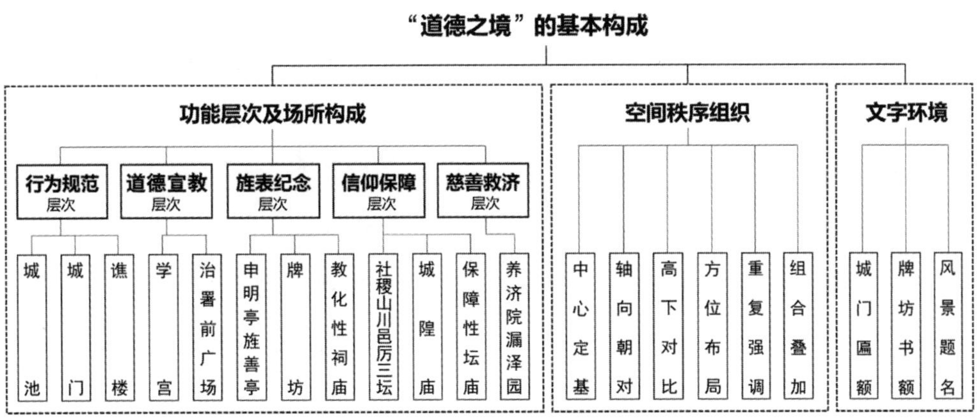

"道德之境"的基本构成

| | | | | 功能层次及场所构成 | | | | | | | | | | | | 空间秩序组织 | | | | | | 文字环境 | | |

图5-1 "道德之境"的基本构成

本章将结合永州地区府县城市案例，分别对"道德之境"三个层次的规划设计进行论述。第5.1～5.7节讨论"道德之境"的功能层次及各类空间场所要素的规划设计；第5.8节讨论"道德之境"的空间秩序组织法则；第5.9节讨论"道德之境"中的文字环境。[①]

5.1 "道德之境"的功能层次与空间要素

"道德之境"的第一要义，是为各种道德教化相关活动提供空间场所。这些活动按照功能划分，主要包括"行为规范"、"道德宣教"、"旌表纪念"、"信仰保障"和"慈善救济"5种类型，主要涉及12项空间场所要素。

"行为规范"指在空间和时间上对人的日常行为进行规范与约束。其空间场所或设施主要包括：（1）城池、（2）城门、（3）谯楼。城池和城门作为区隔城市内与外、人工与自然的空间边界，限定出一个可集中作用于道德教化的空间范围。虽然道德教化的相关活动往往会超越这一边界，但城池以内仍然是实现道德教化的核心地带。谯楼（含钟、鼓楼）是计时报时、规范作息的基础设施，也是象征着宣政教、彰美盛的德化中心。

"道德宣教"指进行狭义的道德教育和社会教化。其空间场所或设施主要包

---

① 本章部分内容曾以《"道德之境"：从明清永州人居环境的文化精神和价值表达谈起》为题发表于《城市与区域规划研究》第6卷第2期（2013：162-204）。

括：（4）学宫文庙、（5）治署前广场。学宫文庙及其相关联的文教设施体系，主要容纳学校教育活动。治署前广场主要容纳社会教化活动，如宣谕讲约、公众集会等。

"旌表纪念"指对道德典范进行旌表、祭祀、纪念[1]。其空间场所或设施主要包括：（6）旌善／申明亭、（7）牌坊、（8）教化性祠庙。旌善／申明亭和牌坊是专门实现旌表（或警示惩戒）、纪念功能的标志性建筑物。教化性祠庙是为祭祀道德模范而建立的专门性祠庙建筑，兼有祭祀、纪念、并激发地方认同感与荣誉感等意义。

"信仰保障"指对人类社会具有隐性保障作用的各类神祇的信仰与祭祀。其空间场所或设施主要包括：（9）社稷／山川／邑厉三坛、（10）城隍庙和（11）其他官方保障性坛庙。这些祭祀对象（多为自然神祇）因对人类社会具有"保障性"的功德而被封神、祭祀、报功。借由这些坛庙和祭祀活动，人类社会建立起与外部自然之间具有"道德"意义的关联。

"慈善救济"指地方社会对特定群体进行救助或救济。其空间场所或设施主要包括：（12）养济院／育婴堂／漏泽园等。

分属于上述五种功能类型的12项空间要素，构成了"道德之境"中的功能空间主体。从永州地区的情况来看，这些功能层次和空间要素在地方城市中普遍存在。以下分别对各层次及空间要素的作用机制、空间特征、规划设计方法进行阐述。

5.2　行为规范层次

行为规范，指在地方城市的规划设计中通过特定的物质要素或设施、实现对公众行为的空间约束和时间规范的功能层次。"道德之境"中实现这一功能的空间要素主要包括城池、城门与谯楼。

5.2.1　城池与城门：行为约束的空间边界

城池，作为古代城市中不可忽视的一道人工空间边界，客观上具有约束行为与限定内外的重要作用。这种约束与限定，一方面体现在对外部危险的防御

---

① 也包括对非道德行为的警示与惩戒，如申明亭。

和对内部安全的保障，所谓"城郭之设，所以保障生民，以御外侮，不可一日无也"[1]；另一方面则体现在这一人工边界限定出一个可以暂时摆脱外部干扰、按照人类社会的理想秩序进行空间组织的人文空间。在这样一个空间之内，人们建立起复杂的社会制度、明晰的空间秩序，以保证道德教化的良好运转；这是"道德之境"的核心地带。这一空间边界本身，即城池的规模、形态等，也起到反映社会秩序、宣扬道德教化的作用，比如城市规模与行政等级、人口规模的关系。

城门，作为封闭的、静态的城垣上唯一可以启闭的、动态的出入口，是调节和强调这一人工边界约束力的重要元素。城门往往是城墙营建中着力最多之处：城门外往往增设瓮城以加强其防御性能；城门上往往增建城楼，一来有瞭望军情的实用意义，二来有壮一邑观瞻的象征意义；有些城门楼设钟鼓以警示报时，配合城墙的约束与限定作用；有些则供奉神灵以保佑平安，表达人居空间对外部自然的敬畏。城门的名称也往往强烈体现着当地特有的文化与期许。

永州地区府县城市的始筑城时间先后不一，但几乎全部在明代前期完成了城垣重建[2]，使城市的规模、形态相对稳定，一直延续至清末。这些在明初100年间完成的城垣建设，为永州地区府县城市人居环境的稳定发展提供了条件，也为其内部"道德之境"的建设提供了保障。以下结合永州地区府县城市的实际情况，分别对城池在规模确立、形态控制、城门设置等方面的特征及规律进行考察。

5.2.1.1 城池规模确立：等级差异与地区差异

永州8座府县城市中，永、道两州城在明代以前已有城垣，但明初仍重新勘定城基，大规模筑城。永州府城于南宋景定元年（1260）始筑外城，周1635丈，土城包砌砖石；明洪武六年（1373）撤旧更新，沿用至清末。道州城唐代已迁至今址，有旧城，宋元间或有迁建，明初洪武二年（1369）迁回今址并重定城基，修筑石城，周5里96步。其余6座县城则是到明代才在今址修筑城垣。其中，宁远、东安、永明3城在明代以前已确定城址（无城垣或仅有藩篱），至明初开始筑城。宁远县城于明洪武二年（1369）始筑土城，周围3里；洪武二十九年（1396）西扩为4里；正德六年（1511）包砌砖石，万历二十年（1592）改筑石城。东安县城于明洪武二十五（1392）始筑土城；景泰年间扩城至周围350丈；

---

① ［明］何维贤. 祁阳县修城记. （乾隆）《祁阳县志》卷7艺文：312.
② 唯独新田县为明末新设县，其筑城时间也在明末。

成化七年（1471）包砌砖石。永明县于明天顺八年（1464）始筑砖城，周 360 丈。另祁阳县城和江华县城早在唐宋时代已有旧城，明初迁址重建。祁阳县城于明景泰三年（1452）迁至今址并筑土城，周 480 丈，城门包石；崇祯十三年（1640）拓城，内外纯用石砌。江华县城于明天顺六年（1462）迁至今址并筑砖城，周 360 丈；隆庆二年（1568）增拓，纯用砖石。另新田县城为明崇祯十三年（1640）始设县，并择址新建城垣，周 537 丈，内外包石。综上可知，永州 8 府县城，除新田外，有 7 座在明代前期确定了城池规模、并修筑砖石城墙，为各府县城明清时期的人居稳定发展奠定了基础。

从明初确定的府县城城垣规模来看，永州地区府县城市似乎存在着颇为明显的等级差异——即符合府城 9 里、州城 5 里、县城 3 里的规模等级秩序。其中，永州府城周 9 里 27 步[1]，道州城周 5 里 96 步，其余 6 座县城周围在 360～540 丈之间，即周 2～3 里[2]。早期文献如《周礼·考工记》《春秋》等曾记载城市规模依据行政等级而确定的制度[3]。后代视之为古制，但未必严格遵行。有些学者甚至指出，从文献记载和实际统计来看，全国范围内不同等级城市的规模差异并不明显[4]。不过就局部地区而言，在同一时期内规划建设的行政建制城市是极有可能遵循着一定的等级秩序的，例如明初创建的永州地区府县城市群（表 5-1，图 5-2）。

同为明初确立规模的府县城市，永州地区的城市规模则略小于畿辅和中原地区，而与四川地区较为接近。根据王贵祥（2009）关于明代城池规模的地区研究，畿辅、河南、山东、山西、陕西等地区府城周长以 9 里最多，6 里其次，县城周长以 3、4 里居多，而较偏远的四川地区府城周长以 9 里最多（31.0%），

---

① 永州府城规模虽然继承自南宋，但明初重建时未做改变，说明符合当时的城市等级规制。
② 从初建规模来看，宁远、新田2县为540丈，祁阳县为480丈，东安、永明、江华3县皆为360丈。
③ 例如《周礼·考工记》载："匠人营国，方九里，旁三门。……王宫门阿之制五雉，宫隅之制七雉，城隅之制九雉。……门阿之制，以为都城之制。宫隅之制，以为诸侯之城制"。《左传·隐公元年》载："先王之制：大都，不过参国之一。中，五之一。小，九之一。"《公羊传注疏·定公十二年》载："五堵而雉。（二百尺。）百雉而城。（二万尺，凡周十一里三十三步二尺，公侯之制也。）礼，天子千雉，盖受百雉之城十，伯七十雉，子男五十雉；天子周城，诸侯轩县。轩县者，缺南面以受过也。）"
④ 成一农（2009：139）指出，"除了西周之外，中国古代没有城市行政等级决定城市规模的制度"，"清代既不存在城市行政等级制约城市规模的制度，也不存在城市行政等级决定城市规模的现象，城市规模与城市行政等级之间的相关性并不强"。王贵祥（2012：110）研究明代河南省各级城市规模后指出，"城池的规模没有明显与城市的行政等级相吻合"，"并不能够从城市的行政等级中得出一个十分清晰的规模级差系列，这说明明代城镇规模并不是严格按照行政等级确定的"。笔者认为，这些城市之所以未表现出明显的规模等级差异，可能与它们并不在同一时期、相近规划背景下建设有关。换言之，城市规模上的等级差异可能表现于特定时间、特定范围内的规划建设活动。

4里其次（17.2%），县城周长以3里最多（25.4%），2里其次（20.6%）[①]。他指出，明代城池规模与城市所处的地理位置及人口多寡密切相关，"稍微偏远一些的地区，由于人口与财力的限制，其城池规模则比一般的规制略低一些"[②]。永州地区由于地理偏远、人口稀少，城市规模较一般规制略低。

永州地区府县城市明代初立城垣规模 表5-1

府县	时间	周围
永州府城	洪武六年（1373年）	9里27步（1633.5丈）
道州城	洪武二年（1369年）	5里96步（948丈）
宁远县城	洪武二年（1369年）	3里（540丈）
东安县城	景泰年间（1450—1457年）	2里（350丈）
祁阳县城	景泰三年（1452年）	2.6里（480丈）
永明县城	天顺八年（1464年）	2里（360丈）
江华县城	天顺年间（1457—1464年）	2里（360丈）
新田县城	崇祯十三年（1640年）	3里（537丈）

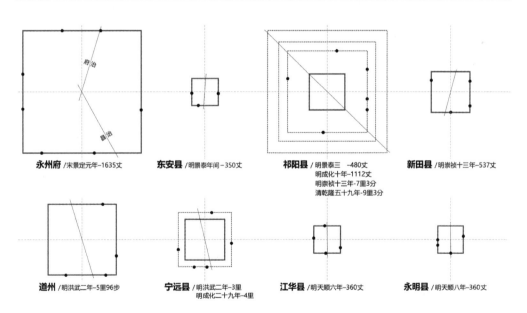

图5-2 永州地区府县城池规模方型比对

---

① 据王贵祥（2009：98-100）统计，四川省县城126座，周长"3里"及"3里多"者32座，"2里"及"2里多"者26座。府城29座，其中周长"9里"及"9里多"者9座，"4里"及"4里多"者5座。笔者据此数据计算百分比。

② 王贵祥. 明代城池的规模与等级制度探讨//贾珺主编. 建筑史（第24辑）[M]. 北京：清华大学出版社，2009（2）：86-104.

5.2.1.2 城池规模变化：应对人口增长的挑战

前文指出，城池的初始规模因其等级差异和地区差异而表现出一定规律。但随着城市人口的增加，城池的初始规模往往无法满足日益增长的空间需求。就永州地区而言，其人口在明清时期发生了急速增长：明代增幅尚缓，自洪武二十四年至万历四十七年的 200 余年间增长 1.3 倍；清代则发生了爆炸式增长，自顺治初年至道光六年（1826）的不到 200 年间增长了近 18 倍[①]（表 5-2）。人口的大幅增长对城市的空间规模提出新的要求，不同城市表现出不同的应对方式：一类是不断增拓城池以适应人口和空间需求的增长；另一类是跨越城池在城外安置增加的人口和建设但不拓展城池。明清时期永州地区府县中人口增长最快的 2 县，祁阳和江华，分别是上述两种应对方式的典型代表。

（1）不断拓城以适应人口增长：以祁阳县城为例

自明初至清末，祁阳县人口增长了 35 倍。虽然无法确知县城人口的增幅，但其增长趋势显然存在，祁阳县城规模的不断扩大也是证明。自明景泰三年至乾隆五十九年的 350 年间，祁阳县城拓筑了 3 次，周长自 480 丈增至 1674 丈，涨幅 3.5 倍。第一次拓城发生于明成化十一年（1475），即初建城后的 23 年。最初只是计划改土城为石城以增强防御，但规划负责人嫌旧城规模太小"不足以庇众"，于是向东北方向拓城，周长自 480 丈增至 1100 余丈。第二次拓城发生在明末崇祯十三年（1640），距上一次拓城 165 年。新城"周围七里三分。有门七，内外纯用石砌。楚南各郡邑城工未有坚实完备如祁者"[②]。据推断，这次拓城仍是往东北方向，并将整个龙山包入城中，东城墙逼近小东江[③]。第三次拓城发生在清乾隆五十九年（1794），距上一次拓城 154 年。"知县王述周重修城，周九里三分，高二丈"[④]此次拓城以旧城遭水冲塌为契机[⑤]，同时应对人口的大幅增长，主要向北拓展[⑥]（表 5-3）（详见 6.3.1.2 节）。

---

① 虽然古代地方志中户口数据的准确性存疑，但历年数据变化反映出的人口增长趋势应为事实。
② （乾隆）《祁阳县志》卷2疆域·城池：49。
③ 据［清］刘臬远《新修祁阳县学记》载："祁阳肇学于小东江，明嘉靖迁于青云桥，皆在治外；至崇正时藩府另城广其郛而长围之，学虽在治内，而脉受伤。故昔也振藻艺林、科名蔚起，今且式微不振，不无致咎于泽宫之迁播也。"（（乾隆）《祁阳县志》卷8艺文：341）。
④ （民国）《祁阳县志》卷4建置/城池：400。
⑤ 据（同治）《祁阳县志》载，"乾隆五十九年五月内，因水冲坍城墙数处，知县王述周奉文借帑修理，分年扣廉归欠。"（（同治）《祁阳县志》卷6疆域/城池：394）
⑥ 据《祁阳县志》（1994：227）载："乾隆五十九年（1794）重修，又向北扩为9.3里"。

明清时期永州地区府县城市人口变化 表5-2

	府县	洪武二十四年(1391)	弘治五年(1492)	嘉靖三十一年(1552)	隆庆二年(1568)	万历四十七年(1619)	顺治初年(1644)	嘉庆二十一年(1816)	道光六年(1826)	增幅(倍)
户	永州府	25006	21112	25789	23454	26566	<20000	303900	315100	12
	零陵县	5930	3518	4953	4775	5517	7139	89240	90948	15
	祁阳县	1696	1682	3614	2308	3374	—	56605	62944	37
	东安县	1573	1022	1262	1252	1619	—	44108	44167	28
	道　州	4629	4431	5425	4689	5007	—	37570	38644	8
	宁远县	8492	7529	7420	7421	7411	—	23366	23357	—
	永明县	2124	2423	2323	2240	2537	—	22570	23769	11
	江华县	562	527	792	769	1101	<1000	15498	16319	29
	新田县	—	—	—	—	—	>100	14980	15015	—
口	永州府	113590	111786	141490	140415	146370	<100000	1680058	1773700	16
	零陵县	29199	24673	30747	30774	33129	56027	396075	416000	14
	祁阳县	10953	17420	24810	22765	26981	—	329700	377761	35
	东安县	6588	20209	14205	14201	13547	—	229748	230334	35
	道　州	23862	21522	24615	24602	24685	—	168130	171298	7
	宁远县	29363	11395	28608	28606	28791	—	131601	132298	—
	永明县	11134	12730	14061	14061	14061	—	142610	156162	14
	江华县	2490	2818	4444	4433	5246	—	83758	89952	36
	新田县	—	—	—	—	—	—	198430	199957	—

注：洪武、弘治、嘉靖、隆庆、万历5组户、口数据引自（康熙）《永州府志》卷12田赋：313-315。顺治、嘉庆、道光3组户、口数据引自（道光）《永州府志》卷7食货·田赋：468-469。

明清时期祁阳县城三次拓建规模与方向 表5-3

拓建时间	使用时间	周围	拓城方向	城门数量
明景泰三年（1452年）	23年	480丈	—	4
明成化十一年（1475年）	165年	1112丈	东北拓	5
明崇祯十三年（1640年）	154年	7里3分（合1314丈）	东拓包龙山	7
清乾隆五十九年（1794年）	≥118年	9里3分（合1674丈）	北拓	7

（2）跳出城垣发展而不筑城：以江华县城为例

自明初至清末，江华县人口增长了36倍，尤以清代中后期增长最猛。江华县城于明天顺六年迁建后，曾于隆庆、万历年间拓建，主要为增强防御。根据万历《江华县志》所载，成化至嘉靖年间城内仍"居民稀少"[①]，关厢居民常被劫掠，于是增筑外城以加强防御。清代江华县城人口大幅增长，于是在南门外至沱江

①（万历）《江华县志》卷1城池。

之间的滨水地带逐渐兴建广和坊、教场坊和新建坊新城区[1]，同治《江华县城图》中有所描绘（图 3-30）。一些重要公建也从城中迁出而向南关外聚集，如雍正十年（1732）曾迁学宫于南关外；嘉庆十八年（1813）改建为沱江试院（即江华考棚）[2]；乾隆三十一年（1766）在南关外建豫章宾馆（"重檐复阁，绵亘半里"[3]）；道光九年（1829）增建凝香书院（即粤东商民义学）；同治年间增建乾元宫、养济院（考棚侧）、奎星阁、天后宫（即福建商民客馆）等[4]；光绪二十四年（1898）又在沱水上增建西佛桥以加强两岸交通[5]。整个清代 270 余年间，江华县城向南关外的沱水边发展建设，但并未扩建城墙。今天老县城南关外仍保存着清代的街道和建筑，富江路曾经是南关外最繁华的商业街（图 5-3，图 5-4）。

从祁阳、江华 2 个案例来看，人口的增长都引发了城市的发展，但并不一定引发城墙的拓筑。修筑城墙的目的主要在于防洪和防御。防洪方面，祁阳县城近水（湘江），屡为水患所扰，几次拓城皆以旧城被洪水冲毁为契机；而江华县城远水，城池较少受到水患破坏。防御方面，江华县城周围群山环抱，天然形势可凭可依；而祁阳县城地处潇湘下游，平衍开阔，"地无峻山险川为之限域"，"欲求经久之计，莫若设城郭以为屏蔽"[6]。因此，是否随着人口增加而扩筑城墙，很大程度上由防洪和防御的需求所决定。当然，祁阳县经济实力较强，对保卫财产安全的要求更高，也是当地积极拓筑城墙的原因之一。

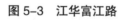

图 5-3　江华富江路　　　　　　　　　　图 5-4　江华西佛桥

---

① 《江华瑶族自治县志》1994：239。
② （同治）《江华县志》卷 5 学校：490。
③ （同治）《江华县志》卷 2 建置：166。
④ （同治）《江华县志》卷二建置：165，166，169，170。
⑤ 佚名. 重修西佛桥序. 民国 24 年作. 刻于江华县西佛桥上。
⑥ [明]何惟贤. 祁阳县修城记. 景泰六年作. （乾隆）《祁阳县志》卷 7 艺文：312。

5.2.1.3 城池形态控制

如前文所述，永州地区府县城池几乎全部表现出由自然山川限定的自由形态。这种自由形态的选择，一方面受制于河流形态，如零陵、东安、祁阳、道州、宁远、永明、新田7城至少一侧紧靠河流并以之为壕堑，多数则有两至三面临河，故河道的天然形态形塑了城池的局部形态。另一方面，在较少受到自然要素限定时倾向为圆形，如江华县城形态未直接受河流影响，而呈不规则圆形，其他诸城未紧靠河流的城墙段落也多似圆形。这主要是出于易防御、省工料等考虑，因为围合面积相同时，圆形边长最短（图5-5）。

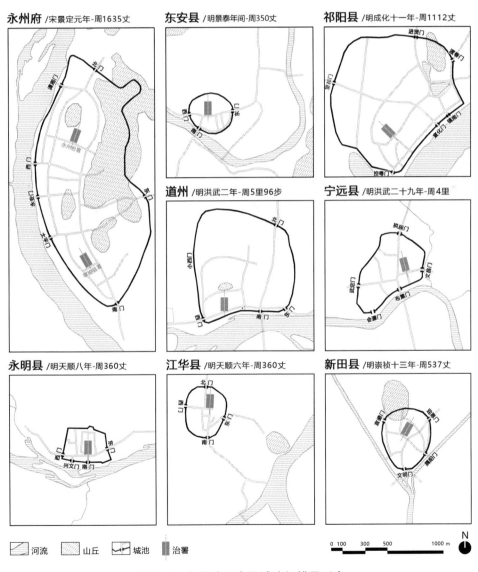

图5-5 永州地区府县城池规模及形态

5.2.1.4 城门设置

永州地区府县城市的城门设置，明代初建时多以东、西、南、北四门为基本设置，如祁阳、江华、新田3县初设四门，东安、永明2县初设东、西、南三门。四门方向并不一定是正南正北正东正西，而是以治署朝向为"南"，并考虑城门与外围山水要素的朝对关系而有所调整。在之后的城池修拓中，许多城市往往在临水面增辟城门，以满足交通、用水等实际需求。如清代零陵城7座城门中有4座朝向潇水，道州城5座城门中有3座朝向潇水，明末祁阳县城7座城门中4座朝向湘水及小东江，宁远县城5座城门中有3座朝向冷水及其支流；明末新田县城4座城门中有3座滨水。

明清永州地区府县城垣大部分在近代战争中遭到破坏，或在1949年以后被陆续拆除。今永州府城仅存西、北、南3段城墙，东门及瓮城门2座城门；道州城仅存南城墙残段，和东、南2座城门（图5-6，图5-7）。

图 5-6　永州府城东门及瓮城门残迹

图 5-7 道州城南门及城垣残迹

5.2.2 谯楼：行为约束的时间中心

地方城市中在时间上发挥规范与约束作用的主要设施是谯楼，也称鼓楼。

谯楼起源较早，最初指城门上用于瞭望军情的高楼，亦称战楼。如《史记·陈涉世家》载"独守丞与战谯门中"[1]，颜师古注云，"谯门，谓门上为高楼，以望远者耳。楼一名谯，故谓美丽之楼为丽谯"。当时的谯楼之上未必设鼓，即便有鼓也是为了警众，而非报时。汉代为报时有专门的"建鼓"制度，刘敦桢在《大壮室笔记》中提到汉代官署中兼具报时与召集号令功能的建鼓："县治称寺，其县寺前夹植桓表二，后世二桓之间架木为门曰桓门，宋改曰仪门。门外有更衣所，又有'建鼓'，一名'植鼓'，所以召集号令，为开闭之时。官寺发诏书及驿传

---

① 《史记》卷48陈涉世家第18。

有军书急变,亦鸣之。自两府外,皆具此制"①。北齐时兖州又建立"鼓楼"制度以警惕盗贼:"北齐李崇为兖州牧,州多盗,崇乃村置一楼,楼一鼓,以警盗贼。唐张说始设于京城之内"②。自汉至隋唐,大概鼓楼之警众与报时功能相结合,形成了地方州军子城中相对固定的"鼓角楼"或"谯楼"制度。郭湖生指出,"子城门,或名州门、府门、军门,视门额而定,亦名鼓角楼或鼓角门,置更漏鼓角以节时而警昏晚。城楼设鼓角,唐代已然,而州军子城鼓角楼实因城市报时制度而设。建筑宏伟峻拔,全城观瞻所系,亦名谯楼"③。至元代"令各地堕毁城垣,禁止修城,于是罗城子城毁弃殆尽,子城之制乃绝。唯有鼓角楼往往独存,后世称为'谯楼',以为城市晨昏警时之用"④。由此可知,谯楼是唐宋时期州军子城之正门门楼,上置鼓角以报时,且建筑宏伟,为全城标志;元代子城虽不存,但谯楼往往延续,有报时、警众之功能。

明清时期,地方府县城市一般在治署正门设有"谯楼"。据清雍正《湖广通志》载,"凡郡必有城,城有楼,其名曰谯楼,之上设鼓、角与漏三物,所以壮军容,定昏晓,兴居有节,不失其时"⑤。在永州地区,八府县城除新田外皆有谯楼。永、道二州谯楼系沿袭宋代遗构而重建,其余5县谯楼则在明初创建。从地方文献中关于"谯楼"的记载来看,它们对地方人居"道德之境"的建构具有多层次的重要意义。

5.2.2.1 谯楼对地方"道德之境"的重要意义

其一,谯楼是"启朝昏、节作息"的报时设施。古人认为,天有"朝、昼、夕、夜"四时,依时则有"兴事、作功、内省、节劳"四事;君子按时作息则谓"勤、明、忠、颐";而倘若"鼓角失司、朝昏无徵",则"兴居无节、号令不时、百职咸废",造成社会秩序的混乱。因此,谯楼作为报时计时的基础设施,具有调节百姓作息、保障号令准时发布、使社会秩序井井有条的重要作用。故古人感叹,谯楼"启我朝昏,节我作息,泽我无穷"⑥也!

① 刘敦桢. 大壮室笔记//刘敦桢全集（第一卷）[M]. 北京：中国建筑工业出版社,2007：86-109.
② [宋]高承《事物纪原》卷2/鼓楼。转引自：萧红颜. 谯楼考[J]. 建筑师,2003（02）：77-84.
③ 郭湖生. 中华古都：中国古代城市史论文集[M]. 台北：空间出版社,2003：152-153。郭湖生指出,子城罗城之设,昉于南北朝,已确凿无疑,或可追溯于两晋。至唐代则州军治所设子城,已为常规。
④ 郭湖生. 中华古都：中国古代城市史论文集[M]. 台北：空间出版社,2003：163.
⑤ [清]迈柱《湖广通志》卷112：820.
⑥ [明]黄佐. 重建鼓角楼记.（康熙）《永州府志》卷20艺文：585。

其二，谯楼是"察民情、论治道"的治理场所。谯楼居于县治正门，登临可尽览全城，因此往往成为官员视察民情、讨论政务的治理场所。如清代零陵知县宗霈曾写道，地方官员在政务之余常登上谯楼，"远而望潇湘之潋流，西山之晖景，既足以旷志而舒情；近而见市廛氓庶，宛转目前，当必怦然动子爱之心于不觉；因之指点疆围，商论治道，其有赖于斯楼非浅鲜也"[①]。

其三，谯楼被认为是"敬民事、为善政"的政治表征。谯楼作为重要的人居基础设施，其建置维护如何也反映出地方政府的作为。谯楼完备，则说明地方官员"为政善"[②]、"敬民事"[③]；谯楼若修缮不力，则遭邑民诟病，被认为是"政之疵"[④]也。因此，地方官员一上任往往先关心当地谯楼有无修缮。以道州为例，南宋绍兴二十九年（1159），向子忞"来镇是邦，下车之初念所以听政修令之时，莫急于漏刻之法"[⑤]；庆元二年（1196），张焕卿到任道州，见谯楼"土木力殆"感叹："一郡眉目顾忌弗理，挈壶氏至不安其职，鸡人司晨、抱关吏击柝以警夜，如燕巢幕，何以观政？他日遗新使君忧，或稽其违殆无辞也"，遂重修谯楼。谯楼制度完备、建筑雄伟，甚至被视为是"彰美盛、奏昇平、崇象魏、明教法"的表征[⑥]。

其四，谯楼是促成"民气达、民形聚"的德化中心。作为地方城市的标志性建筑，谯楼不仅仅是全城的视觉中心，对地方百姓而言也具有心理层面的感召力和凝聚力。清代祁阳县令王颐曾这样描述新竣工的祁阳谯楼："兹丽谯以起，合邑具瞻，夫仅为壮观云尔哉？今而后，居高广播，响应远闻，振民之力而使兴也，动民之情而使和也，平民之性而使觉也；仰之使知所载也，望之使知所归也。将所谓以声与势达四方之气、聚四方之形者，俱于是乎在，而又宁区区求诸声与势之间耶？余因复进而言曰：有所以发乎其声、运乎其势而民气斯达、民形斯聚者，是更在流行以德焉"[⑦]。可见，谯楼成为官民沟通的一座桥梁。"居高

---

① ［清］宗霈（知县）. 重修鼓楼记.（光绪）《零陵县志》卷2建置：199。
② 《宋史》中曾记载范延经过袁州萍乡听闻更漏分明而知张忠定"知善政"的故事："自入境驿传桥道皆完葺，田莱开辟，野无惰农；及之县则廛肆无游民，市易不喧哗；夜宿邸中，更漏分明，是以知善政也"。
③ ［清］万全（藩参）. 修谯楼记. 顺治十三年作.（光绪）《零陵县志》卷2建置：198。清代零陵藩参万全则指出更漏分明是"敬民事"的表现："古者璇玑玉衡以齐七政，趋民事而使勤。故官无败事，民无弃业。自浑天仪颁诸郡国，后世因之，其于敬民事一也"。
④ ［宋］义太初. 鼓角楼记.（光绪）《道州志》卷11艺文：872。
⑤ ［宋］吴民先. 莲花漏记.（光绪）《道州志》卷11艺文：857。
⑥ ［清］何大晋. 重修鼓角楼记.《光绪道州志》卷11艺文：892。"国家景运方新，通都巨邑宜其焕然改观，而莱芜满目，瓦砾接踵，鸡人废筹，寝兴失节，司昏旷职，出入无稽，非所以彰美盛、奏昇平、崇象魏、明教法也"。
⑦ ［清］王颐. 祁阳重建鼓楼记.（康熙）《永州府志》卷20艺文：611。

广播，响应远闻"的，正是社会共同的价值观念和行为准则，它们借由谯楼传出的"声与势"，使"民气达、民形聚"。谯楼实际上成为形塑地方家园感与归属感的德化中心。

5.2.2.2 永州地区谯楼的规划设计特点

永州地区八府县共建有 7 座谯楼。其中，永、道二州至迟在宋代已建有谯楼，是其子城制度的一部分。永州谯楼始设于宋咸淳九年（1273）左右；道州谯楼（鼓角楼）始建不详，宋天圣四年（1026）曾重修。其余 5 县谯楼皆创建于明代，有些与治署同时建设，如祁阳县（明景泰三年，1452）；有些则在治署重修时添建，如永明县（成化十三年，1477）、东安县（嘉靖六年，1527）。考察永州地区的 7 座谯楼（表 5-4），在选址和形态方面表现出以下共同特征。

永州地区府县城市谯楼（鼓楼）规划建设情况　　　　　表 5-4

府县谯楼	始建年代	位置	迁废情况
永州谯楼	宋咸淳九年（1273 年）	子城闉上	清光绪二年（1876 年）拆毁，永善堂出资改建铺屋五间
祁阳谯楼	明景泰三年（1452 年）	县大门左（治东南隅）	清初谯楼毁，康熙八年（1669）重建。康熙三十五年（1696）以形家言有碍风水移建城隍庙左宣文楼
东安谯楼	明嘉靖六年（1527 年）	县治头门	—
道州鼓角楼	宋天圣四年（1026 年）前	州治仪门前郡治之谯门	宋天圣、庆元年间、元、明洪武、嘉靖三年、清康熙六年均有重建
宁远谯楼	明正德十三年（1518 年）前	县仪门前即县头门	明正德十三年（1518 年）重建
江华鼓楼	明	县治仪门前	—
永明谯楼	明成化十三年（1477 年）	县治头门	清顺治九年（1652 年）重建县治，省谯楼。康熙三年（1664 年）复建谯楼于县治头门。嘉庆间撤谯楼

注：永州、道州、宁远谯楼信息据（嘉靖）《湖广图经志书》卷13永州·宫室：1109。其余诸县谯楼信息据各县清代县志载。

选址方面，谯楼皆位于子城或治署南门。永州府城谯楼"在子城闉上"[①]，

[①] （嘉靖）《湖广图经志书》卷13：1109。

"闉"指瓮城之门,即子城南门瓮城。道州鼓角楼"在州治前门"[①],"楼距牙（衙）门十步许"[②]。其余5县谯楼皆位于县治头门。

形态方面,谯楼总是力求成为全城制高点和标志物。谯楼对建筑高度的追求,一方面是基于报时传声的功能性需要；另一方面则来自"壮一邑之观瞻"的象征性需要。以道州为例,宋天圣四年（1026）重建谯楼（鼓角楼）时形如"高阁洞开"之状；庆元二年重修时觉得地势稍低又抬高四尺；明代再次重修以达到"宏且崇",清康熙五年重修后则"层楼飞阁"——表现出对高度的不懈追求。再如祁阳谯楼,"鼓特有楼,盖县治首起,嵯峨以耸斯民观听者。（楼）屹柱危楹,层檐竦桷,悬窗倚日,飞栋凌云。登级凭高,内而城郭人民,外而烟村市井；遥而四顾江山图画,以及户口之繁、田畴之高下、冲途之来去舟车,无不一览见之"[③]。从城中观谯楼,是"耸斯民观听"的标志性建筑；从谯楼观城市,则城郭内外江山图画,一览无余。

5.3 道德宣教层次

如果说"广义"的道德教化是指以整个"道德之境"为手段实现传统价值观念和行为准则的传播；那么,"道德之境"中实现狭义道德宣教的场所主要包括两类：其一是对特定群体进行专门性道德教育的官私学校、书院等空间,其二是对更广泛民众进行道德宣化的公共广场等空间。前者以府县学宫为中心,后者以府县治署前广场为中心。

5.3.1 学宫文庙：学校教育的中心

5.3.1.1 地方社会对文教设施的特别重视

学校教育是社会实现道德宣教的最直接方式,也是国家治理的重要手段。三代已有学,"夏曰校,殷曰序,周曰庠,皆所以明人伦也。人伦明于上,小民亲于下,有王者起,必来取法,是为王者师也"[④]。后世执政者也都明白教育

---

① ［明］黄佐. 重建鼓角楼记.（乾隆）《永州府志》卷20艺文：584。
② ［宋］义太初. 鼓角楼记.（康熙）《永州府志》卷19艺文：547。
③ ［清］王颐. 祁阳重建鼓角楼记.（康熙）《永州府志》卷20艺文：611。
④ 《孟子·滕文公上》。

为政治之本的道理，所谓"教者，政之本也；道者，教之本也。有道然后有教也，有教然后政治也"①；"治国之要，教化在先；教化之道，学校为本"②。国家设学兴教，其根本目的在于培养符合儒家道德标准的理想人格：一则"学而优则仕"，选拔优秀人才进入国家官吏系统；二则在民间陶淑感化，培植风气。因此，设立学校历来是国家之大事，并逐渐形成各级地方城市皆设立官学的地方制度。汉武以后，儒家思想逐渐成为官学教育的主要内容。至唐贞观四年（630）太宗诏令"州县学皆作孔子庙"，孔子始超越其他圣贤成为全国郡县官学中的专门祭祀对象。唐以降，历代均敕令地方府县建学立庙③，又以明初的一次规定最详，成效最著，"从教官编制、学生人数、学生待遇、教学内容诸方面对地方学校提出了具体要求，改变了以往各朝地方学校无严格制度，守令得人则兴、去官则罢的松散局面"④。当然，宋元明清在府县官学之外还出现了书院、社学、义学等多种学校形式⑤，不过学宫文庙始终是各级地方城市的文教中心。除承担祭祀、讲学的职能外，文教相关管理职能（如教谕署、训导署等）、道德教化相关的集会仪式职能（如乡饮酒礼⑥等）等也集中于学宫文庙，或围绕学宫文庙布局。

地方社会对文教事业及学校建设的格外重视，不仅是为遵守国家制度和官

---

① [西汉]贾谊《新书·大政下》。
② [明]《明太祖实录》。
③ 据《新唐书》志5礼乐五载："（唐）武德二年，始诏国子学立周公、孔子庙。……贞观二年，乃罢周公，升孔子为先圣，以颜回配。四年，诏州、县学皆作孔子庙。十一年，诏尊孔子为宣父，作庙于兖州，给户二十以奉之。"又据（康熙）《永州府志》卷7学校（173）载："宋庆历中诏天下皆立学。……明初诏天下府州县建学立师"。
④ 王日根. 明清民间社会的秩序. 长沙：岳麓书社. 2003：144。据《明史》卷69志第45选举一载："郡县之学，与太学相维，创立自唐始。宋置诸路州学官，元颇因之，其法皆未具。迄期，天下府、州、县、卫所，皆建儒学，教官四千二百余员，弟子无算，教养之法备矣。洪武二年，太祖初建国学，谕中书省臣曰：'学校之教，至元其弊极矣。上下之间，波颓风靡，学校虽设，名存实亡。兵变以来，人习战争，惟知干戈，莫识俎豆。朕惟治国以教化为先，教化以学校为本。京师虽有太学，而天下学校未兴。宜令郡县皆立学校，延师儒，授生徒，讲论圣道，使人日渐月化，以复先王之旧。'于是大建学校，府设教授，州设学正，县设教谕，各一。俱设训导，府四，州三，县二。生员之数，府学四十人，州、县以次减十。师生月廪食米，人六斗，有司给以鱼肉。学官月俸有差。生员专治一经，以礼、乐、射、御、书、数设科分教，务求实才，顽不率者黜之。十五年，颁学规于国子监，又颁禁例十二条于天下，镌立卧碑，置明伦堂之左。其不遵者，以违制论。盖无地而不设之学，无人而不纳之教。庠声序音，重规叠矩，无间于下邑荒徼，山陬海涯。此明代学校之盛，唐、宋以来所不及也。"
⑤ 宋代出现私人办学的书院。元代出现专注基层教育、初等教育的社学。明初官方曾有诏令地方府县遍建社学。清代，社学则逐渐被义学所取代。参考：郭齐家. 中国古代学校[M]. 北京：商务印书馆，1998：129；王日根. 明清民间办学勃兴的社会经济背景探析//明清民间社会的秩序[M]. 长沙：岳麓书社，2003：143-154；《明史》卷69志第45选举一；（康熙）《永州府志》卷六学校：200等。
⑥ 据《万历重修明会典》卷79礼部37乡饮酒礼（1821）载："洪武初五年定，在内应天府及直隶府州县，每岁孟春正月、孟冬十月，有司与学官率士大夫之老者，行于学校；在外行省所属府州县，亦取法于京师。……十六年，颁行图式一，各处府州县每岁正月十五日、十月初一日于儒学行乡饮酒礼。……前一日，执事者于儒学之讲堂，依图陈设坐次。……"。

员职责 ①，还因为道德教化与文教经营的重要意义也是地方社会的普遍共识。一方面，文教关乎一邑之社会风气、道德风尚，为官民所共瞩。"文庙、郡治、考棚、书院，凡夫风化所关、政教所系，郡人士莫不同心协力，以复前规" ②；"自古建国，君民教学为先，纲常伦纪之大、人心风俗之原，于是乎在。望（学宫）官墙之美富，以兴其仰止景行之思，忆前哲之风流，以长其道德功名之气" ③；"夫士首四民，文风原于士习，士习弗端，民于何型，交于何有？守土者自当以是为己任" ④；"夫广教化、美风俗，莫大乎建学" ⑤；"为政莫大于敷教" ⑥ 等等，是地方社会的普遍认识。另一方面，文教关乎科名，不仅能为地方赢得荣耀，也会为地方的日后发展带来实际利益。因此，学宫、书院、奎阁、文塔等的选址营建，总被视为地方上的头等大事。地方志中开辟专门的《学校志》详细记录文教建筑的制度沿革及历次修建始末；方志附图中也必不可少《学宫（文庙）图》。学宫文庙的选址，是地方社会最常关注的议题 ⑦。明清风水著作中甚至有关于学宫文塔选址规划的专门方法（如《都郡文武庙吉凶论》、《文笔高塔方位》、《庙星方位》等篇）。学宫文庙建筑，作为地方城市中的标志性建筑，更是倾合邑之力鼎建；其规模之宏伟、建筑之精美，甚至成为邻邑互相攀比的对象。也正因为地方社会的这种重视，学宫文庙在漫长的历史变迁中总是能得到优先而细致的维护，以至较好地保存至今。就永州地区而言，8府县文庙中有4座较为完好地保存下来：其中宁远、新田、江华3县文庙的院落格局较完整，零陵文庙仅存大成殿及东西庑，但单体建筑保存完整，基地形势也清晰可见。今天从宁远文庙、零陵文庙那雕刻精美的镂空石雕龙柱，仍可想象明清地方社会对道德文教之重视（图5-8）。

---

① 创办学校是地方官吏的职责，积极发展文教事业是官员"善政"的体现。他们往往因此而名留史册，如若经营不善，则有可能受到处罚。永州诸县方志中有不少关于官员到任之初即兴文事的记载，舆论总是给予极高之评价，期望继任者能延续此传统。
② （同治）《瑞州府志》卷首序。
③ [清]詹尔廉．重修学宫碑记．（嘉庆）《宁远县志》卷9艺文下：983。
④ [清]蒋震．文昌阁考棚合序．（嘉庆）《宁远县志》卷8艺文上：996。
⑤ [清]陈三恪．创建群玉书院记．（光绪）《零陵县志》卷5学校/书院：316。
⑥ [清]沈永肩．春陵书院记．（嘉庆）《宁远县志》卷8艺文上：974。
⑦ 宋以降，地方社会普遍认为文庙学宫的选址布局与当地文运科名兴衰有关，因此府县学宫文庙往往多有因此而迁址重建的记载。以永州宁远文庙为例，首创于唐；宋代改迁县治时新建学宫于县治西南；明嘉靖十五年，县令周谅"用术者言'文士不振，气有隆替'"，于是迁学宫至郭之东。然而"十年卒不验，金以为过，计愿复其旧"；遂至嘉靖二十六年又复迁回城内旧址。（[明]罗洪先．迁复儒学记．（嘉庆）《宁远县志》卷8艺文：857）

西门"道冠古今坊"　　泮池及棂星门

大成殿龙柱　　大成殿　　大成殿龙柱

图 5-8　宁远文庙

5.3.1.2　学宫文庙的选址、朝向与格局

永州地区历史上共建有 9 座府县学宫。其中，永、道二州建学最早，至迟在唐元和年间（806—820）已有学宫建设[1]；其余诸县大多在宋代始设学，规模制度完备则迨至明际。考察永州地区学宫文庙的规划设计，在选址、格局、朝对等方面表现出共性规律（图 5-9）。

---

[1] 参考：［唐］柳宗元《道州文宣王庙碑记》，（康熙）《永州府志》卷7学校：173。

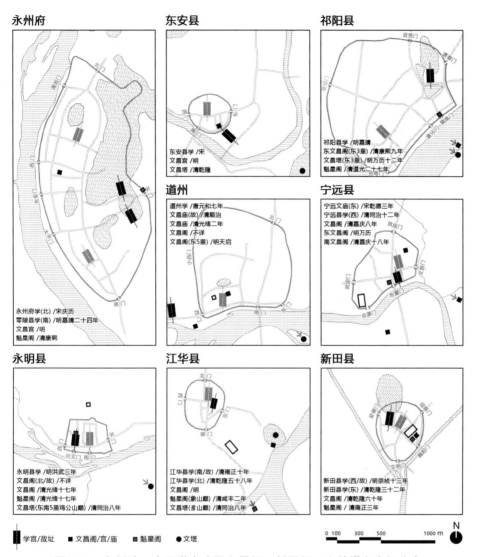

永州府

永州府学(北) /宋庆历
零陵县学(南) /明嘉靖二十四年
文昌宫 /明
魁星阁 /清康熙

东安县

东安县学 /宋
文昌宫 /明
文昌塔 /清乾隆

祁阳县

祁阳县学 /明嘉靖
东文昌阁(东3里) /清康熙九年
文昌塔(东3里) /明万历十二年
魁星阁 /清道光二十七年

道州

道州学 /唐元和七年
文昌庙(故) /清顺治
文昌庙 /清光绪二年
文昌阁 /不详
文昌阁(东5里) /明天启

宁远县

宁远文庙(东) /宋乾德三年
宁远县学(西) /清同治十二年
文昌阁 /清嘉庆八年
东文昌阁 /明万历
南文昌阁 /清嘉庆十八年

永明县

永明县学 /明洪武三年
文昌阁(北/故) /不详
文昌阁 /清光绪十七年
魁星阁 /清光绪十七年
文昌塔(东南5里鸡公山巅) /清同治八年

江华县

江华县学(南/故) /清雍正十年
江华县学(北) /清乾隆五十八年
魁星阁(象山巅) /清咸丰二年
文昌塔(塔山巅) /清同治八年

新田县

新田县学(西/故) /明崇祯十三年
新田县学(东) /清雍正三十二年
文昌阁 /清乾隆六十年
魁星阁 /清雍正三年

■ 学宫/故址　■ 文昌阁/宫/庙　■ 魁星阁　● 文塔

0 100　300　500　1000 m　N

图5-9　永州地区府县学宫（及文昌阁、魁星阁、文笔塔）空间分布

（1）选址：偏爱高阜地势、天然水形、东南方位

因为地方社会对学宫选址的格外重视（特别是将学宫选址与文运兴衰关联），永州地区府县学宫均曾发生过多次迁建。迁建的理由主要有三：其一，故址风水不利科甲，需择风水佳处新建；其二，故址狭小，需择宏敞之处新建；其三，故址地势卑湿（或毁于水患），需择高爽之地新建。其中因第一个理由而引发的迁建最多。这9座学宫曾出现过30处选址，其中使用最久的近1100年，最短的仅有7年。从地方志中关于这些选址的描述中，可以总结出学宫选址的几个主要偏好（表5-5）。

永州地区府县学宫（文庙）选址迁建情况   表 5-5

府县	选址时间	位置	相对治署方位	使用时间（年）	地形、山水朝对关系
永州府学（5）	唐元和间	潇水西红蕖亭	西	—	—
	宋庆历间	东门内	东南	约150	东山之麓
	宋嘉定间	徙而下之	东南	约400	东山南麓
	明万历四十七年（1619年）	高山旧址	东南	153	东山之麓（嘉庆复东山旧址）
	清乾隆三十七年（1772年）	太平门内	南	48	千秋岭
零陵县学（7）	宋嘉定初	黄叶渡愚溪桥左	西	约150	—
	明洪武三年（1370年）	城南	南	120	—
	明弘治三年（1490年）	城北	北	55	地高，以避水
	明嘉靖二十四年（1545年）	城东百户康庄宅地	东	196	东山南麓
	清乾隆四年（1739年）	县治后万寿宫左	北	36	—
	清乾隆四十年（1775年）	城东旧址左十余步	东	71	其地高敞
	清道光二十六年（1846年）	徙旧学北数十步	东	65	前向崷峰，后倚东冈
祁阳县学（3）	明嘉靖前	小东江高冈	东	—	—
	明嘉靖间	龙山南麓	东	约350	背倚龙山，泉流汇为泮池
	清顺治十四年（1657年）	县治左	东	10	前临潇水，后枕祁山，左冈右溪
东安县学（3）	宋	城南二百步	东南	约400	清溪绕其前
	明景泰元年（1450年）	城中	—	—	—
	清嘉庆六年（1801年）	城内东北隅	东北	110	—
道州学（2）	唐元和七年（812年）	城西营川门外	西	约1000	濂水绕其外，有泮宫之制
	宋绍兴十三年（1144年）	州治东北隅	东北	7	—
宁远县学（3）	宋乾德三年（965年）	县治西南二十步	西南	约900	巽水环绕其前
	明嘉靖十五年（1536年）	东门外莲花桥侧	东	11	势位崇隆，清流环合如泮宫形
	清同治十二年（1873年）	城西南隅	西南	38	—

续表

府县	选址时间	位置	相对治署方位	使用时间（年）	地形、山水朝对关系
永明县学	明洪武三年（1370年）	县署西	西	540	正对文兴门，辟门对学
江华县学（3）	明天顺六年（1462年）	县署前	南	270	高阜南麓
	清雍正十年（1732年）	南关外（后为试院）	东南	61	—
	清乾隆五十八年（1793年）	县署东	东	118	—
新田县学（3）	明崇祯十三年（1640年）	东门内	东南	30	高爽之地
	清康熙八年（1669年）	东门旧基址之上	东	98	面临羊角峰，其峰最峭，文庙向焉
	清乾隆三十二年（1767年）	西门内县治右	西	144	龙凤山下，爽垲高敞

注：诸府县学宫最后一次选址使用时间计算至1912年。灰底为诸府县学宫使用时间最长之选址。

其一，偏爱高阜地势，尤喜山麓地带。前文曾谈到地方城市中的主要公建都倾向选址于高阜地势，学宫尤其明显。永州地区府县学宫使用时间最长的9处选址中，有6处特别选址于山丘地段，占比66.7%：其中永州府学、零陵县学皆位于东山南麓，道州学踞元山而建，祁阳县学踞龙山南麓，新田县学位于龙凤山"爽垲高敞"之地，江华县学地势高峻。在全部30处选址中，则有15个位于高阜或山麓地带，占比50%（图5-10）。

其二，偏爱天然水形环合如泮宫者。使用时间最长的9处选址中，有4个（占比44%）符合天然溪流环绕于前，如"泮宫之形"的理想水形格局：道州学因基地"水环以流有泮宫之制"[①]而确定选址，宁远县学因"清流环合如泮宫形"[②]而确定选址，祁阳县学以龙山南莲花池为天然泮池，东安县学则看重了清溪环绕于前的理想水形。其他曾短暂迁建的选址中，祁阳县学清顺治年间选址、宁远县学清同治年间选址、永明县学明洪武年间选址、江华县学清雍正年间选址等4处也主要受到水形偏好影响。

---

① [唐]柳宗元.道州文宣王庙碑//柳宗元集[M].北京：中华书局，1979：120.
② （嘉庆）《宁远县志》卷4学校：411.

图 5-10 道州文庙残迹

学宫选址为何对水环境格外重视？除了生活用水、防火安全等实用考虑之外，还有一个重要原因就是对古代"泮宫之制"的追溯与遵循。据《礼记正义·王制》："天子命之教，然后为学。天子曰辟雍，诸侯曰泮宫。[注]：尊卑学异名，泮之言班也，所以班政教也。[疏]按诗注云：'泮之言半，以南通水，北无也'。二注不同者，此注解其义，诗注解其形"①。为了遵循古代的"泮宫"制度与形式，后来的地方官学不仅延用"泮宫"之名，也力图在水形环境上再现古制。因此，基地是否有天然水系环抱且形如泮宫，被视为地方学宫选址的至高原则。以道州为例，作为永州地区最早兴建的文庙之一，其选址谨遵这一原则：唐元和七年（812），道州刺史薛伯高以城西某地"丰衍端夷、水环以流，有泮宫之制"②而兴建学宫；宋人进一步解释其形势"右溪出其左，营水绕其右，而潇水贯其前，浩浩乎朝宗之势也"③。这一选址沿用近 1100 年，说明其在实际功能与文化象征层面的合理性。此外，宋乾德

① ［清］阮元校刻. 十三经注疏：附勘校记[M]. 北京：中华书局，1980：1332.
② ［唐］柳宗元. 道州文宣王庙碑//柳宗元集[M]. 北京：中华书局，1979：120.
③ ［宋］何麒. 道州学记.（光绪）《道州志》卷5学校：427。

年间选址时看重"巽水环绕其前"（指冷水）、明嘉靖年间迁址东溪时看重"清流环合如泮官形"①、祁阳县学宫以莲花池为天然泮池等，也都源于对天然泮池水形的优先追求（图5-11）。

　　然而，天然水形环合如泮宫不可多得，因此后来的地方学宫制度中发展出一种人工开凿、尺度较小的、象征性的半圆形水池，即"泮池"。明《三才图会·宫室》中的《诸侯泮宫图》（图5-12）反映出时人对泮宫之制的抽象简化，这种半圆形泮池在当时的地方学宫中可能已经较为普遍，并对后来的泮池平面起到规

图5-11　宁远学宫2处选址与"水形"的关系

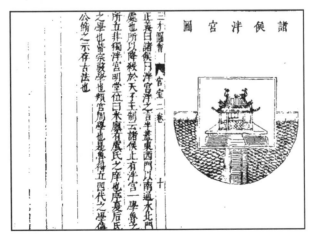

图5-12　诸侯泮宫图
（图片来源：《三才图绘·宫室》）

① （嘉庆）《宁远县志》卷4学校：411。

范化作用[①]。在永州地区，零陵、江华、永明、新田四县方志中明确记载了这种人工开凿的泮池，其中江华、永明二县的《学宫图》中有直观描绘。江华学宫泮池至今仍保存完好（图5-13）。

其三，偏爱东南方位，但方位偏好次于形势偏好。学宫方位是相对于治署而言。在可考方位的29个选址中，居于治署东方者9所，东南方者6所，西方者5所，南方者3所，西南、北、东北方者均2所，西北方无；其中以东、东南方最多，基本符合风水理论中文庙宜位于艮（东北）、甲（东偏东北）、巽（东南）三方的基本原则[②]。如果考察使用时间最长的9个选址，则方位规律并不明显[③]。但如果考虑到这些选址的形势偏好，即6所偏重"地势"而选址（永州、零陵、道州、祁阳、江华、新田）、4所偏重"水形"而选址（道州、宁远、祁阳、东安）的状况，则不难发现——学宫选址的形势偏好明显优先于方位偏好。这也符合风水理论中"先论形局，后参方位"、"天然不用使罗经"的择向原则[④]。可见学

图5-13　江华文庙残存格局及泮池、泮桥、棂星门残迹

---

① 参考：张亚祥. 泮池考论[J]. 孔子研究，1998（1）：121-123.
② [清]高见南《相宅经纂》都郡文武庙吉凶论。
③ 位于东、西方者均有3所，位于东南方者有2所，位于西南方者有1所，其余方位无。
④ 例如，[清]纪大奎《地理末学·绪言》（109～110）有云："凡古人一切理气向法，大率多为平洋而设。山结之向，间或可左可右，及面前有客水来者，亦当用之。至若山结形势，遇有天然一定之向不可移易左右，有天然一定之穴不可移易上下者，则但当就形势立向，不必更泥理气。所谓天然不用使罗经也"。又如，[清]吴鼒《阳宅撮要·形势》（9）云："凡山谷大门，光论形局，后参方位。城市大门，先取方位，亦要形局团聚。……阳宅亦要察坐势、朝案、向道。若专据九星不察形势，方位虽吉无益也"。

宫选址对天然山水形势的偏爱。

（2）格局："规定动作"与"自由发挥"

地方学宫文庙的规划设计遵循着一定制度，它包括各类功能空间的名称、形式及空间组织秩序。就明清地方学宫文庙规制而言，主要包括泮池、棂星门、大成门、大成殿、启圣祠（崇圣祠）、明伦堂、尊经阁、名宦祠、乡贤祠、金声玉振坊、德配天地坊、道观古今坊、敬一亭、射圃等空间要素。这些制度并非一次成型，而是历代创造累积而成。"大成殿"源自北宋崇宁三年（1104）徽宗对文庙正殿的赐名和题匾，后逐渐固定为文庙正殿；"大成门"为大成殿前门；"棂星门"于南宋景定年间（1260—1264）被纳入文庙制度，寓意孔子为天上棂星下凡主管人间教化[①]；"启圣祠"为明嘉靖年间诏令天下文庙设立祭祀孔子之父叔梁纥的专祠，清雍正元年（1723）诏令改称"崇圣祠"并追封孔子五代祖先入祀；"明伦堂"是学宫主殿，讲学之所，始设不晚于宋；"尊经阁"为藏书楼。文庙主轴上一般依次布置泮池、棂星门、大成门、大成殿、崇圣祠等，两侧有名宦祠、乡贤祠等。学宫主轴上依次布置仪门、明伦堂、尊经阁等。文庙、学宫两轴左右并列。这样的制度引导并规范着各地方学宫的基本形态与空间秩序，使形成相对统一、稳定的道德文教环境。

不过，如果说这些规制是地方学宫文庙规划设计的"规定动作"，那么将这些要素排布、调整以适应当地的自然环境、用地条件、历史文化和实际需求，则是规划设计中的"自由发挥"。就永州地区府县学宫而论，基本都遵循着上述制度，但空间形态上又各具特色，正源于包括地方官员、地理先生、专业工匠等在内的规划设计者的发挥和创造。这种规制与自由、遵循与超越之间的尺度拿捏，正是地方城市规划设计的特色（图5-14）。

（3）朝对：基本南向、朝对文峰

根据历史复原，永州地区府县学宫朝向基本为南向，又顺应基地等高线垂直方向而略有调整。但根据地方志中的记载，也有一些学宫文庙的朝向明显受到周围特定山峰的影响。9座府县学宫中有3座存在特殊的朝对关系：宁远学宫有"（鳌头山）三峰秀拔，学宫向之"[②]的说法，鳌头山恰位于城南，与学宫南向

---

① 张晓旭. 中国孔庙研究专辑[J]. 南方文物，2002（4）：44.
② （道光）《永州府志》卷2名胜志：205。

相吻合；新田学宫有"（羊角）峰最峭，文庙向焉"①的说法，羊角峰也位于城南，与学宫南向吻合；零陵学宫有"前向崚峰"②的说法，但崚峰位置不明，朝对关系难以确认。虽然学宫对山的比例并不高，但在基本不改变南向的前提下寻找距离合适、形态特异的文峰朝对以达到振兴文运的目的，是真实存在的学宫择向原则。

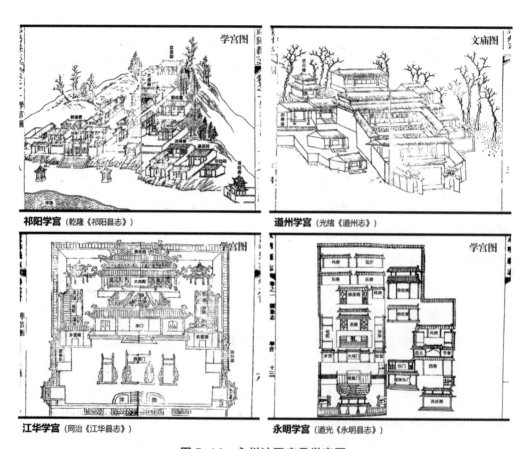

祁阳学宫（乾隆《祁阳县志》）　　　　　　道州学宫（光绪《道州志》）

江华学宫（同治《江华县志》）　　　　　　永明学宫（道光《永明县志》）

图5-14　永州地区府县学宫图

5.3.1.3　以学宫为中心、文塔魁阁环绕的"文教空间体系"

明清地方城市中，学宫文庙并非孤立的存在，而是与周围环绕布置的文笔塔、文昌阁、魁星楼等文教辅助设施共同构成一个旨在保障文教功能的整体"文教空间体系"。

"文昌阁"③和"魁星楼"分别是祭祀文昌神和魁星的场所。此二神被认为能

---

① （嘉庆）《新田县志》卷2舆地：97。
② （光绪）《零陵县志》卷5学校：309。
③ 规模较大者又有文昌宫、文昌庙。

保佑地方文运昌盛，故相关祭祀在民间早就盛行。清嘉庆年间，朝廷颁布圣谕列"文昌"入祀典①，引发了地方城市新建或重修文昌阁的高潮。如清人蒋震云："文昌为文章司命，古皆有祀。方今圣天子谕令列入祀典，享以太牢，各州县悉遵行之"②。文昌阁有时与魁星楼分建，有时并建。"文塔"是具有兴文运、补形势等功能的风水塔，并不存在相应的官方规制，但却在明清地方城市中广泛建设，并在风水学说中产生出专门的规划设计理论。

从建置情况来看，永州8府县全部建有文昌阁，共计11座；5县建有魁星阁③，共计8座；6县建有文笔塔④，共6座，说明这些文教辅助设施的兴建以及它们与学宫共同构成的"文教空间体系"是广泛存在的（表5-6）。

永州地区府县城市文塔规划建设情况 表5-6

府县文塔	始建年代	距离	方位	地形	形态/高度	材质
祁阳文昌塔	明万历十二年（1584）	3里	东南	岩石之巅	七级八面/高110尺	砖石
东安文塔	清乾隆间	半里	东南	诸葛岭之巅	—	砖石
道州文塔	明天启间	5里	东	雁塔山之巅	七级八面/高29.4米	砖石
江华凌云塔	清同治八年（1869）	1里	东	豸山之巅	七级八面/高23米	砖石
永明圳景塔	—	5里	东南	塔山之巅	七级六面/高24米	砖石
新田青云塔	清咸丰九年（1859）	5里	南	翰林山之巅	七级八面/高35.46米	砖石

从兴建年代来看，这些文教辅助设施全部建设于明清时期，其中又有近70%的文阁、魁楼和60%的文塔建于清代。说明明清时期特别是清代，是地方城市中建立起以学宫为中心的文教空间体系的最主要时期。

从选址布局来看，文阁、魁楼、文塔的规划设计各有讲究。文昌阁，规模大者有单进至数进院落不等，又称文昌宫或文昌庙；如永州、东安有文昌宫，道州、新田有文昌庙。它们有时独立设置，有时与考棚或书院并列设置，如祁阳县明万历十二年并建文昌阁与文昌书院，宁远县嘉靖八年并建考棚与文昌阁，同治年间并建泠南书院与南文昌阁。小者则为一独栋楼阁，常设于学宫或考棚

---

① 清嘉庆六年，圣谕"文昌帝君主持文运，福国佑民，崇正教，辟邪说，灵迹最著，海内崇奉，与关圣大帝相同，尤宜列入祀典，用光文治"（（嘉庆）《新田县志》卷5秩祀：222）。
② [清]蒋震.文昌阁考棚合序.嘉庆八年作.（嘉靖）《宁远县志》卷8艺文上：996-999。
③ 即零陵、祁阳、宁远、江华、新田5县。
④ 即祁阳、东安、道州、江华、永明、新田6州县。

之中，如道州曾建文昌阁于学宫之中，后又迁建于考棚后座，永明县也曾将学宫后尊经阁改建为文昌阁。

魁星阁一般是供奉魁星的独栋楼阁，规模较小。永州地区 8 座魁星阁的选址规划共有 3 种形式：一是与城门楼相结合，如永州城东门楼、祁阳城迎秀门楼皆供奉魁星；二是独建于近山之巅，如江华县分别于南关外天财山和象山之巅建魁星楼，这两座山峰恰好分别位于新旧学宫之东南方位；三是建于学宫、书院、考棚或文昌庙等文教建筑群的最前或最后端，如宁远县乾隆三十九年重建东文昌阁时增建魁星楼[①]，同治年间重修南文昌阁时增设魁星阁[②]，宁远考棚仪门上建为魁星楼，新田榜山书院最后端亦为魁星楼。

文塔则一般位于城外，距府县城半里至 5 里不等。文塔特别追求立于高山之上，以使从城中（特别是学宫）远观时清晰可见。永州地区的 6 座文塔无一例外地选址于县城近郊的高山之巅：如道州文塔建于州城东 5 里雁塔山之巅，东安文塔建于县城东南清溪对岸诸葛岭之巅，江华文塔建于县城东 1 里豸山之巅，永明文塔建于县城东南 5 里鸡公山之巅，新田文塔建于县城南 5 里翰林山之巅，祁阳文塔建于县城东南 3 里岩石之巅。关于寻高山建塔的原则，明清风水理论中直白地指出：（于吉方）"立一文笔尖峰，只要高过别山，即发科甲"[③]。因此地方府县文塔的选址皆追求近郊高山之上。

文阁、魁楼、文塔的建设皆旨在形成一辅助学宫文庙的空间体系，因此这些建筑的布局特别讲究其相对于学宫的方位。以各府县学宫为中心，19 座文阁、魁楼中居于东南方者 10 所，居于东方者 4 所，居于东北方者 2 所，居于南、北、西北方者各 1 所；6 座文塔中居于东南方者 3 所，居于东方者 2 所，居于南方 1 所。统计表明，在文阁魁楼文塔相对于学宫的方位布局中，东南方位最多，占52%，其次是东方和南方，分别占 24% 和 8%。这种方位布局原则可以在明清风水理论中找到依据，如《相宅经纂·都郡文武庙吉凶论》篇云，"再得巽、丙、丁有文笔高塔，主出状元神童名士大宦"；又《文笔高塔方位》篇云，"凡都省府州乡村文人不利，不发科甲者，可于甲、巽、丙、丁四字方位上择其吉地，立一文笔尖峰。或于山上立文笔，或于平地建高塔，皆为文笔峰"[④]。巽、丙、丁

---

① （光绪）《宁远县志》卷2建置：128。
② [清]欧阳泽闻. 城南重建文昌阁并添设泠南书院记. （光绪）《宁远县志》卷5学校：297。
③ [清]高见南《相宅经纂》：15502。
④ 同上。

分别为东南、南偏东南、南偏西南，与永州地区文塔方位布局的现状基本吻合。可见这一"文教空间体系"的本质是在学宫特定方位上布置具有特定象征意义或保障意义的建筑设施，以达到保障道德教化、振兴地方文运的目的（图5-15～图5-17）。

图5-15 自江华文庙远眺文塔、文阁对峙之格局

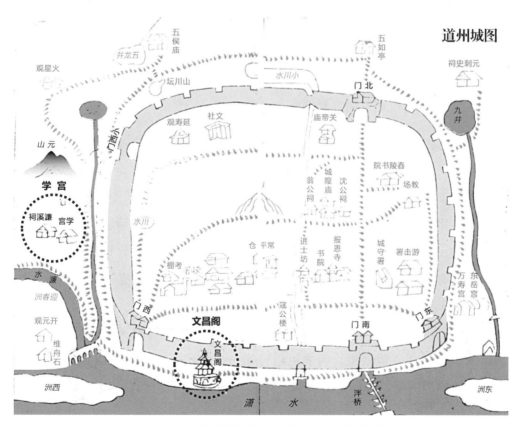

图5-16 《道州城图》上的学宫与文昌阁位置
（底图来源：（光绪）《道州志》）

图 5-17　道州城南文昌阁旧基

5.3.2　署前广场：社会宣教的中心

地方城市"道德之境"中更广泛的道德宣教，主要表现为官方通过张布公告、宣讲政令及特定的庆典集会等形式，定期向民众普及主流价值观念、道德标准和行为规范。容纳这些活动的空间场所，主要包括治署、学宫、城隍庙、城门等重要官方建筑的前广场公共空间。其中，治署前广场作为地方行政中心的窗口，是这一系列公共教化空间的中心。

5.3.2.1　"治署前广场"的宣教功能与空间构成

"治署前广场"是集中承载社会宣教功能的空间场所。其中所容纳的活动主要有发布政令、宣谕讲约、庆典仪式、公开审案等四类。

发布政令，指主要通过广场上的特定设施将诏敕、圣谕、政令等向民众公告。唐代已有将诏敕悬挂于县门以告知民众的记载[①]。宋代州县治署门前一般设有"宣诏亭"和"颁春亭"发布公告：宣诏亭用于公布朝廷诏敕指挥，颁春亭专门用于颁布劝农政令；此外还有"晓示亭"，用于张布其他官方政令。明清时代，承载上述功能的主要设施变为八字墙，明太祖朱元璋的《圣谕六条》、清康熙皇帝的《圣谕十六条》、雍正皇帝的《圣谕广训》等都通过府县衙门外的八字墙广而告之。明太祖、明成祖还曾颁布"教民榜文"，要求悬挂于各地府县治署前的申明亭，并向百姓宣讲。这些榜文或是涉及宣教的单行法规，或是

---

① 高柯立. 宋代粉壁考述：以官府诏令的传布为中心[J]. 文史，2004（1）：126-135.

官方对某一案件的处理及训教 ①。从亭壁到八字墙,其本质都是道德宣教的"宣传栏"。

宣谕讲约,指明清两代的地方官员在治署前广场、定期向不识字的普通民众宣讲皇帝圣谕的集会活动,以确保圣谕的广泛传达。明代圣谕每月一令（正月、十二月除外）,内容主要包括提醒农事、劝行美德、遵守法令等日常行为规范的叮嘱②。清初顺治九年（1652）钦颁《六谕》,并于十六年（1659）设立讲约制度③。康熙时颁布《圣谕十六条》,雍正七年（1729）又颁布《圣谕广训》,增至万言,作为府县乡里例行讲约的主要内容。每月朔望 2 次,治署前广场便成为公共集会、宣谕讲约的专门场所。

庆典仪式,指治署前广场也是大部分重要官方庆典仪式的举办场所,除去前述"宣讲礼",还有"上任礼""迎春礼""行香礼""救护礼"等④也常在治署前广场举行。

必要时,地方上诉讼案件的公开审理也发生治署前广场中。

治署前广场的空间形态也有一定之规,以配合上述功能的实现。这一广场通常指从治署大门到照壁之间的围合性空间,其中主要布置有治署大门、谯楼、八字墙、照墙、申明／旌善亭、牌坊等建筑设施。这些空间要素在共同组成一个有明确边界的空间范围以外,也各有明确功能。"八字墙"主要用于张布诏敕政令；"申明亭""旌善亭"是指导舆论、旌善惩恶的专门设施；"牌坊"不仅是出入口标志,也是道德文字的支撑载体；"谯楼"既有计时报时的功能,也有震慑威仪的作用。这些设施在明清两代的相关规制略有差异⑤,它们在诸府县的实际配置也不尽相同,但从众多府县方志中的治署图上,还是可以看到这一经过专门规划设计的"治署前广场"的概貌（图 5-18～图 5-20）。

① 郭建. 帝国缩影：中国历史上的衙门 [M]. 上海：学林出版社, 1999：275.
② 详见：[明]沈榜·宛署杂记 [M]. 卷1宣谕. 北京：北京古籍出版社, 1980：1-2.
③ 据《清会典事例》卷397礼部/风教载："其乡约正副,不应以土豪、仆隶、奸胥、蠹役充数,应会合乡人公举六十以上、业经告给衣顶、行履无过、德业素著之生员统摄。若无生员,即以六七十岁以上之平民统摄。每遇朔望,申明诚谕,并旌别善恶实行,登记簿册,使之共相鼓舞。"
④ 详见：（光绪）《永明县志》卷25礼仪/公典：414-418.
⑤ 例如,在治署前设置旌善、申明二亭是明初规制,至明末已形同虚设,甚至毁废不复。又如,谯楼多建于明初,后来有些县继承下来,有些县则撤楼为门。

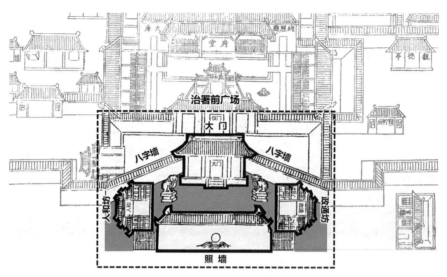

图 5-18 岳州府治"署前广场"空间要素
（底图来源：（乾隆）《岳州府志》卷1）

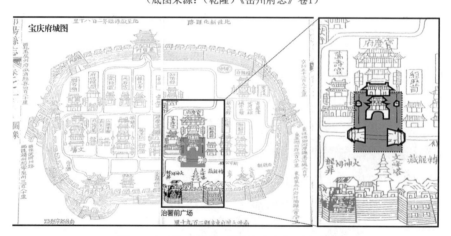

图 5-19 宝庆府治"署前广场"空间要素
（底图来源：（嘉庆）《邵阳县志》卷首）

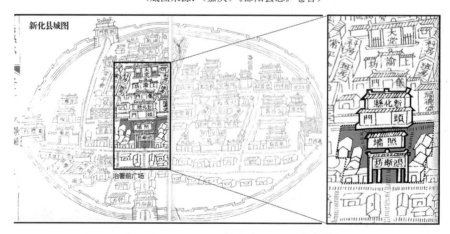

图 5-20 新化县治"署前广场"空间要素
（底图来源：（道光）《新化县志》卷首）

5.3.2.2 永州地区"治署前广场"的规划设计

永州地区共有9座治署前广场。府县方志中对其空间布局均有较详细的记载，祁阳、永明、江华、新田四县还有专门的《治署图》，直观描绘了其空间面貌（表5-7，图5-21）。考察这9个广场的规划设计，发现主要通过以下方式实现道德宣化的功能。

永州地区府县城市"治署前广场"基本空间要素规划建设情况　表5-7

府县	治署头门	谯楼	八字墙	照墙	申明/旌善亭	牌坊
永州府	●	●	—	—	●	—
零陵县	●	●	—	—	●	—
祁阳县	●明景泰	●明景泰	●	●	●明景泰	●（宣化坊）
东安县	●明景泰	●明嘉靖	—	—	●明嘉靖前	—
道　州			—	—	●	●（节爱坊、平里坊）
宁远县	●明洪武	●明洪武	—	●	●明嘉靖前	●（善化坊、甘棠坊、正德坊、厚生坊）
江华县	●明天顺	—	—	●清同治	●明嘉靖前	●（承流坊、宣化坊）
永明县	●明天顺	●明成化	●	●	●明嘉靖前	●（承流坊、宣化坊）
新田县	●明崇祯	—	●明崇祯	●明崇祯	—	—
总　计	9/9	8/9	3/9	5/9	8/9	5/9

注：永州府参考（康熙）《永州府志》卷3建置：70；零陵县参考（嘉庆）《零陵县志》卷2建置/官署：191；祁阳县考察（乾隆）《祁阳县志》卷3官署：100，卷3疆域/坊表：54；东安县参考（康熙）《永州府志》卷3建置：71；道州参考（光绪）《道州志》卷2建置/公署：161-162，卷2建置/坊表：181；宁远县参考（嘉庆）《宁远县志》卷4建置/公廨：274，卷4建置/坊：300；江华县参考（同治）《江华县志》卷2建置/公署：162-165，卷2建置/古迹：20，209；永明县参考（光绪）《永明县志》卷12建置/公署：308-309，卷12建置/坊表：312；新田县参考（嘉庆）《新田县志》卷3建置：137。

第一，治署前广场通过大门、八字墙、照壁、牌坊等空间要素形成一个具有明确边界的围合性公共空间，以满足道德宣讲、公众集会等专门性活动的要求。其中，八字墙起到聚拢空间的效果，增强了广场的围合感，还具有拢音扩音的声学效果。

第二，广场中的建筑匾额、楹联、牌坊书额，以及粉壁、亭榜上的公告文字等，都直接发挥着道德宣教的作用。例如道州州署前广场左右分别有"节爱"、"平里"二坊，祁阳县署前有"宣化坊"，左、右分别为"应天列宿"、"作民父母"二坊，江华、永明县署前左右分别有"承流"、"宣化"二坊，宁远县署前左右分别有"正德"、"厚生"二坊等，都是关于为官从政的道德教训。

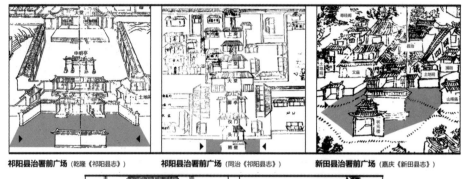

祁阳县治署前广场 (乾隆《祁阳县志》) 　　祁阳县治署前广场 (同治《祁阳县志》) 　　新田县治署前广场 (嘉庆《新田县志》)

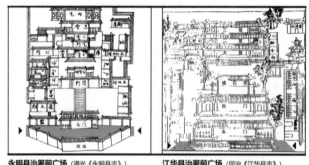

永明县治署前广场 (道光《永明县志》) 　　江华县治署前广场 (同治《江华县志》)

图 5-21　祁阳、新田、永明、江华四县"治署前广场"

第三，以大门和谯楼为整个广场的视觉中心，借助雄伟的建筑形象实现壮威、震慑的作用，使民众不自觉地进入被教化的心理状态。例如祁阳县前谯楼"盖县治首起嵯峨，以耸斯民观听"，"合邑具瞻，为壮观云"，正是以建筑体量和形象增强广场的道德宣教功能。

5.4　旌表纪念层次

旌表纪念，指树立正面道德典范、并通过对他们进行表彰与纪念以达到道德教化的目的。中国古代的旌表制度，可追溯至《尚书·毕命》中"旌别淑慝，表厥宅里，彰善瘅恶，树之风声"的古老传统。虽然不同时代的旌表制度有所差异，但就其本质而言，一方面旨在通过树立正面榜样鼓励并激励民众对仁德善道的践行；另一方面则通过列举反面典型以警示民众切勿效仿。道德之境中的"旌表纪念"功能，主要通过设置具有旌表、纪念或惩戒意义的标志性设施和标志性场所来实现。这些设施和场所在空间上分布广泛，在形态上极具标志性——通常以位于治署前广场的"旌善亭"、"申明亭"为中心，以城市内外各类"牌坊"和"教化性祠庙"为节点，构成地方城市中广泛而连续的旌表纪念网络。这个网络喋喋不休地重复着道德典范所践行的道德观念和行为准则，无时无刻不在提醒人们道德之境的存在。本节将分别阐述这一旌表纪念网络之中心及节点要素的规划设计。

5.4.1 申明／旌善亭：旌表网络的中心

地方城市中设立旌善／申明亭之制始于明太祖朱元璋。据《明太祖实录》卷72载：洪武五年二月，"是月建申明亭。上以田野之民不知禁令，往往误犯形宪，乃命有司于内外府州县及其乡之里社皆立申明亭。凡境内人民有犯，书其过名，榜于亭上，使人有所惩戒"[①]。旌善亭的始创时间则不很明确，仅知"洪武十五年十月初九日，礼部官钦奉敕旨：'天下孝子顺孙、义夫节妇，宜加旌表，以励风俗'"[②]。

申明亭的功能先后有三：最初是为普法，使"田野之民"能熟"知禁令"，勿"犯刑宪"；其次有警众的功能，"天下郡邑申明亭以书记犯罪者姓名，昭示乡里，以劝善惩恶，使有所警戒"；之后逐渐又衍生出理讼功能[③]。旌善亭的功能相对简单，专为旌表道德典范而设，以鼓励百姓仿效。有学者统计，旌善亭表彰的重点首先是孝子和节妇，其次则是"乐善好施、捐资纾解公私困乏的义民"[④]。但无论旌表或警众，设立申明／旌善二亭的用意都是形塑地方社会积极向善的道德风尚和井井有条的社会秩序。

其实在此之前，中国古代已有旌表惩戒的悠久传统，如上尧时代的"进善旌、诽谤木"、东汉时期的"三老掌教化"制度、宋代的"褒德亭""旌隐亭"、元代的"红泥粉壁，书过于门"等皆属类似设施[⑤]。只是自朱元璋起，地方城市于治署前设立申明、旌善二亭，成为惩恶扬善、舆论导向的专门设施和固定场所。至清代仍有延续。

明廷曾对申明／旌善二亭的规划设计颁降"定式"，令诸府县照此创立："国朝颁降（申明亭）定式：厅屋一间，中虚四柱，环堵，前启门，左右阓，于前匾'申明亭'三字，中揭榜版，遇邑人有犯法受罪者，则书犯由罪名以警众。旌善亭

---

① 又据《明太祖实录》卷260洪武二十三年十一月条载，此制执行一段时间后，因"有司奉行不谨，致令废弛，甚失劝惩之意"，于是洪武二十三年"宜再申明使天下遵守"。

② （嘉靖）《兰阳县志》卷4. 转引自：张佳. 彰善瘅恶，树之风声：明代前期基层教化系统中的申明亭和旌善亭[J]. 中华文史论丛，2010，4（100）：244-274.

③ 理讼后来成为乡间申明亭的最主要职能。

④ 张佳. 彰善瘅恶，树之风声：明代前期基层教化系统中的申明亭和旌善亭[J]. 中华文史论丛，2010，4（100）：244-274.

⑤ 参考：完颜绍元. 天下衙门：公门里的日常世界与隐秘生活[M]. 北京：中国档案出版社，2006：15；申万里. 元代的粉壁及其社会职能[J]. 中国史研究，2008（1）：99-110.

制度一如申明亭，基址视申明亭稍高三等，在申明亭之左前，匾'旌善亭'三字，中揭榜版，凡邑人有善则书以为劝"[①]。根据这一设计规范，二亭并列，左右对峙，但旌善亭较申明亭"稍高三等"，显然是"崇善抑恶"的专门设计。

永州地区八府县中，除新田县外皆于治署头门前左右设申明、旌善二亭，且始建时间均在嘉靖朝以前[②]。明洪武《永州府志·府署图》中留下了申明、旌善二亭的完整形象：图中二亭分列于永州府治头门左右两侧，且旌善亭台阶明显高于申明亭（表5-8，图5-22，图5-23）。

永州地区府县城市申明、旌善亭规划建设情况 　　　　　　　表5-8

府县	治署前申明、旌善亭设置情况
永州府	【申明亭】、【旌善亭】俱在府前。(《嘉靖湖广图经志书》卷13永州/公署：1107)。 （府治）前为大门。门外右越数十步有亭，曰【申明】、曰【旌善】。((康熙)《永州府志》卷3建置/公署：70)
零陵县	【申明亭】、【旌善亭】俱在县前，正德八年（1513）知县吴彰德重建。((嘉靖)《湖广图经志书》卷十三永州/公署：1107) 大门外左【旌善亭】、右【申明亭】。((康熙)《永州府志》卷3建置/公署：70)
祁阳县	【申明亭】、【旌善亭】俱在县前。((嘉靖)《湖广图经志书》卷13永州/公署：1107) 【旌善亭】旧在谯楼下街东，【申明亭】旧在谯楼下街西，俱明景泰七年（1456）知县王原觐建。((同治)《祁阳县志》：1955)
东安县	【申明亭】、【旌善亭】俱在县前。((嘉靖)《湖广图经志书》卷13永州/公署：1108)
道　州	【申明亭】、【旌善亭】俱在州前。((嘉靖)《湖广图经志书》卷13永州/公署：1108) 【申明】、【旌善】二亭旧在州前西，北向，今左【旌善】右【申明】，俱州前，南向。此万历时所记。((光绪)《道州志》：161)
宁远县	【申明亭】、【旌善亭】俱在县前。((嘉靖)《湖广图经志书》卷13永州/公署：1108) （县治）头门外东西旧【旌善】、【申明】二亭。((光绪)《宁远县志》：38-39)
江华县	【申明亭】、【旌善亭】俱在县前。((嘉靖)《湖广图经志书》卷13永州/公署：1108) 【申明亭】，旧在县署头门外左，后废。同治七年，邑令刘华邦移建南关外。((同治)《江华县志》：165)
永明县	【申明亭】、【旌善亭】俱在县西。((嘉靖)《湖广图经志书》卷13永州/公署：1108) 县前为【申明亭】，为【旌善亭】。((康熙)《永州府志》卷3建置/公署：73)

[①] (嘉靖)《东乡县志》。转引自：张佳. 彰善瘅恶，树之风声：明代前期基层教化系统中的申明亭和旌善亭[J]. 中华文史论丛. 2010, 4（100）：244-274.

[②] 明嘉靖元年（1522）刻本《湖广图经志书》卷13永州/公署篇中，已有永州府、零陵县、祁阳县、东安县、道州、宁远县、江华县、永明县治署前设有申明、旌善二亭的记载，说明八府县二亭之始建皆在明嘉靖元年以前。

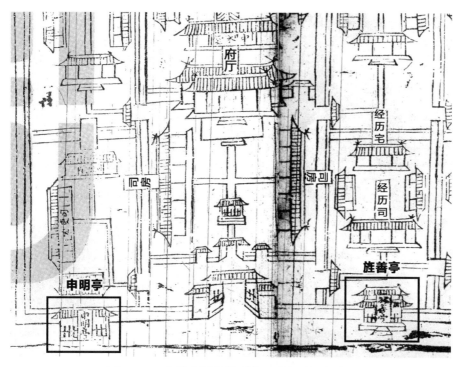

图 5-22　永州府署前的"申明亭"、"旌善亭"

（底图来源：明（洪武）《永州府志》卷首）

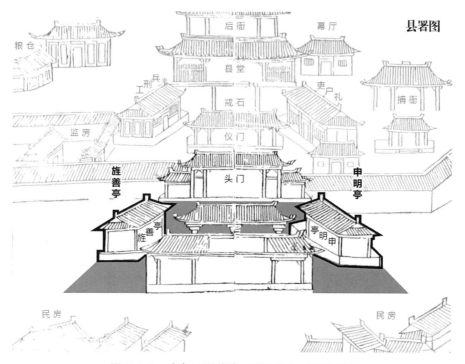

图 5-23　城步县署前的"申明亭"、"旌善亭"

（底图来源：（同治）《城步县志》卷1）

197

5.4.2 牌坊：旌表网络的节点

牌坊的前身是里坊时代的"闾门"，具有"嘉德懿行"的作用。据刘敦桢考证，"古代民居所聚曰'里'，里门曰'闾'，士有'嘉德懿行，特旨旌表'，榜于门上者，谓之'表闾'。魏晋以降或云'坊'，其意实一。门上榜书坊名，与悬牌旌表等事，依表闾之例，殆为世所应有，牌坊之名，或即缘此而生"[①]。后来随着里坊制的瓦解，只剩下孤零零的坊门，一方面仍有标识、启闭出入口的作用，另一方面保留了旌表德行的功能，为那些道德文字提供支撑。后来门扇也去掉了，成为专为标识与旌表之用的牌坊。在空间上，牌坊依然保有"门"的形象，也仍然设立于街坊之"门"的位置。

明清时期地方城市中的牌坊种类繁多，分布广泛。就其旌表属性而言，大致可分为两类。第一类属公共宣教性，是为宣扬共识性的精神价值、表达公共的美好愿望而立。例如，府县治署前的"宣化坊"，喻义地方职责要宣化教谕百姓，清代地方长官一般在此坊前宣讲圣谕。治署大堂前甬道上的"戒石坊"，上刻明太祖朱元璋十六字《戒石铭》，晓戒官员从政要公正廉洁[②]。府县文庙仪门前的"金声玉振坊"、"道冠古今坊"、"德配天地坊"等，喻义颂扬孔圣对儒家文化的巨大贡献。此外，地方城市也常设立牌坊以表达地方社会共同的美好愿望，如祁阳学宫左右立"祁山起凤坊"、"浯水腾蛟坊"，寄望地方文运昌盛、人才辈出。

第二类属个人旌表性，即为表彰当地有嘉德懿行的个人而立。官方会定期选拔树立百姓"身边"的道德典范，予以专门的"牌坊银两"为受旌表者建立牌坊。"凡应与旌者，官给银三十两，听其家自建坊；而举乡科登甲第者，亦例给牌坊银两。坊制或树于门，或别建他所；或四柱重檐，或二柱单檐；其柱端亦有刻画为鸟头式者，盖合唐宋五代之制而参用之耳"[③]。此类旌表个人的牌坊，数量远多于前一类。

能被旌表的"嘉德懿行"，主要包括：科举中第、忠臣德政、节妇孝子、乐善好施等几类。在地方城市中，科举中第和节妇孝子两类牌坊通常数量最多，

---

① 刘敦桢. 牌楼算例//刘敦桢全集. 第一卷[M]. 北京：中国建筑工业出版社，2007：129-159.
② 明太祖朱元璋曾令天下州县治署于大堂前甬道上设置戒石，上刻十六字《戒石铭》"尔俸尔禄，民膏民脂，下民易虐，上天难欺"，并立"戒石亭"。清代改为"戒石坊"。
③ （光绪）《永明县志》卷12建置/坊表：312.

反映出明清地方社会的主流价值观。以道州为例，在光绪《道州志》所记载的95 座牌坊[①]中，有81 座是为旌表个人而立，其余4 座为宣扬政教而立，10 座为颂扬文教而立[②]。在旌表个人的81 座牌坊中，旌表科举中第者65 座，忠义节孝者11 座，名宦功臣者5 座，其中旌表科举中第类最多，超过总数的80%[③]。

牌坊在地方城市中的空间分布，主要集中在几类特定的公共空间节点上，包括城门内外、主要公建如治署文庙等前广场、主要道路交叉口、桥梁津渡两端或风景区出入口等。以祁阳为例，在38 座位置可考的牌坊中[④]，有16 座位于官方公建前广场，11 座位于城门内外，5 座位于道路交叉口，5 座位于桥梁津渡两端，1 座位于风景区入口。不难发现，这些位置都是城市内外人流密集、交通发达的关键节点，也是城市公共开放空间网络的关键节点。在这些位置建立牌坊，正是为了更高效地实现对道德典范和道德精神的宣传（表5-9，图5-24）。

（乾隆）《祁阳县志》所载38 座牌坊空间信息　　　　表5-9

治署前广场（4）		祠庙前（4）		城门内外（11）	
【宣 化 坊】	县署前	【贤 孝 坊】	城隍庙左	【四代褒荣坊】	黄道门内
【戒 石 坊】	县署仪门前	【贤 孝 坊】	城隍庙左	【九重宠赐坊】	黄道门内
【景 星 坊】	仓前	【进 士 坊】	城隍庙左	【两奉玺书坊】	迎恩门外
【正 节 坊】	仓右	【望 仙 坊】	关帝庙前	【纶褒四赐坊】	迎恩门外
儒学前广场（8）		十字路口（5）		【五承龙诰坊】	迎恩门外
【金声玉振坊】	儒学右	【司寇名卿坊】	县北街 / 四牌楼	【青云接武坊】	迎恩门外
【天高地厚坊】	儒学左	【七藩总制坊】	县北街 / 四牌楼	【进 士 坊】	迎恩门外
【浯水腾蛟坊】	儒学右	【名世中丞坊】	县北街 / 四牌楼	【节 孝 坊】	迎恩门外
【祁山起凤坊】	学左	【内台总宪坊】	县北街 / 四牌楼	【尚书里坊】	迎恩门大街
【儒 林 坊】	学前	【阜 民 坊】	十字街	【诰 封 坊】	迎恩门内
【亚 魁 坊】	儒学左	桥渡两端（3）		【孝 子 坊】	黄道门大街
【孝 子 坊】	儒学左	【熙朝科第坊】	青云桥	道路两端（2）	
【旌 善 坊】	儒学左	【奕世人文坊】	青云桥	【里 仁 坊】	长街
风景区入口（1）		【双 烈 坊】	县南渡对河	【德 化 坊】	前街
【谕祭并颁坊】	浯溪			总计：38 座	

注：据乾隆三十年（1765）《祁阳县志》卷2疆域/坊表统计。

① （光绪）《道州志》卷2建置/坊表：181-185。
② 4座旨在宣扬政教的牌坊包括："节爱坊"（后改"承流坊"）、"平里坊"（后改"宣化坊"）、"旬宣坊"、"振肃坊"，皆位于官署内外。10座旨在颂扬文教的牌坊包括："崇正学坊"、"育英才坊"、"金声玉振坊"、"继往/开来坊"（后改"崇德/象贤坊"）、"会元钟翠坊"、"道脉相承坊"、"羽翼道统坊"、"濂溪故里坊"、"千载真儒坊"、"元公阙里坊"，皆位于学宫、书院、祠庙等文教相关建筑内外。
③ 这也可能与明清时期名宦、乡贤、忠孝、节义者往往设专祠集中表彰、而科举中第者难以集中表彰有关。
④ 据（乾隆）《祁阳县志》卷2疆域/坊表统计其位置信息。

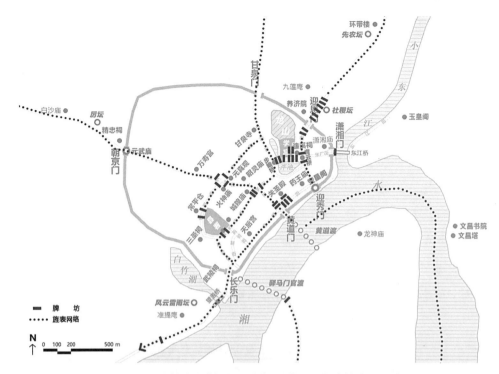

图 5-24 （乾隆）《祁阳县志》所载 38 座牌坊空间分布

今天永州地区府县城市中还有 2 座明清时期的牌坊保存完好，分别是道县"恩荣进士坊"和宁远县"节孝石牌坊"。前者为明万历四十六年（1618）为道州沙田村进士何朝宗所立[①]，位于州城内一条南北向主干道的南端入口。后者为清光绪十二年（1886）为表彰县内 350 名节妇所立，位于宁远县城西门内大街中段[②]（图 5-25，图 5-26）。

图 5-25 道州恩荣进士坊

图 5-26 宁远节孝坊

---

① 道县恩荣进士坊，为细麻石石雕木牌楼式样，高 11 米，宽 6.6 米，深 2 米。2003 年 5 月被定为永州市市级文保单位。据（光绪）《道州志》卷 2 建置/坊表（18）载："恩荣进士坊，为何朝宗立，在书院右，全用细石，镂刻精巧，今尚存"。

② 宁远县节孝石牌坊，为石雕木牌楼式样，高约 9 米，宽约 8 米，深 1.5 米。牌坊上部刻有 350 位节妇姓名，今仍清晰可见，2003 年 5 月被定为永州市市级文保单位。

5.4.3 教化性祠：旌表与信仰的双重场所

5.4.3.1 "教化性祠"的意义与类型

教化性祠指官方为旌表和纪念具有道德超越性的个人或群体所设立的祠庙。这些道德模范之所以能获得官方旌表，是因为他们的事迹具有宣扬、引导正向社会价值观的作用。与此同时，这些模范因其道德超越性对人类社会造成的"功德"，也往往得到地方民众自发的缅怀与纪念。因此，教化性祠既是官方实现道德教化的空间，也是地方民众自发表达情感的场所，它们构成了官方旌表与民间纪念的结合点，是社会共同价值观的体现。

有学者曾将中国古代的民间祠庙划分为"教化性祠庙"和"保障性祠庙"两大类，前者"指用于标榜道德、倡导精神之类的寺庙。它的神祇—如果可以这样称呼的话，基本上都是官方化道德与精神的典范"；后者"指用于社会和心理保障之类的寺庙。它的神祇则基本上都具有某种法力，可以在某一方面为人们提供社会和心理保障"[①]。"祠"与"庙"的所指在早期文献中并无严格区别，但后来"'祠'逐步成为鬼魂崇拜寺庙的专称，而'庙'则转而成为神灵崇拜寺庙的特指"[②]。换句话说，祭祀已故之人者为"祠"，祭祀人造之神者为"庙"。从明清地方志中的记载来看，祭祀已故儒家先贤者通常称为"祠"，所纪念的是他们卓越的道德品质和对人类社会的道德引领性贡献；而祭祀神祇者通常称为"庙"，所崇拜的是他们超自然的伟力和对人类社会的保障性功德。

明清时期的"教化性祠"主要包括2种类型：

第一类是凡府县必有、近乎地方规制的"合祠"。例如附属于文庙的"名宦祠"、"乡贤祠"、"忠义节孝祠"等[③]，或单独设置的"忠义祠"、"节孝祠"、"昭忠祠"[④]等。这些祠的名称已表达出强烈的道德旌表意味，而更值得玩味的是，这些祠的名称、形制虽然全国统一，但其中祭祀的对象却是各地不同的名宦、乡贤、忠义、节孝类榜样。换句话说，设立这些"合祠"的逻辑，是用各具特色的地方性榜样和他们的事迹来诠释全国统一的道德精神——这些榜样生

---

① 段玉明. 中国寺庙文化论[M]. 长春：吉林教育出版社，1999：79.
② 段玉明. 中国寺庙文化论[M]. 长春：吉林教育出版社，1999：69.
③ 据（康熙）《永州府志》卷7学校/祭仪（181）载："明太祖二年令天下学校皆建祠，左祀贤牧，右祀乡贤，附祭庙庭。世宗令天下有司学校备查古今名宦乡贤，果有遗爱在人乡，评有据者即入祠祀。"
④ "昭忠祠"为祭祀从征阵亡官兵的专祠。

长于地方，贡献于地方，被地方民众所熟悉爱戴，与地方文化血脉相连，每当想到是他们当年的善政义举造就了今天的家园，如何能不激发出景仰感激之情？每当想到家乡水土培育出如此贤德仁义之士，如何能不生发出自豪荣耀之感？正是通过这些地方榜样所带动的文化认同感与地方自豪感，自上而下的道德教化转变为了自下而上的道德认同与自觉。正如零陵知县曾钰所言，设立"忠孝祠"的目的正是以本地历史上那些"视死如归，留天地正气于不泯"的忠烈事迹感化今人，使今之士"敬仰前徽，树立名教，以为一邑之光焉"[①]也。

第二类是诸府县为其历史上重要的道德典范或功德卓越者设立的"专祠"。祭祀对象主要包括政绩出众的名宦、对地方文化发展有突出贡献的名贤等。因为有功德于民，这些祠庙也常由民众自发设立。如永州城内外有柳子祠（祀柳宗元）、浮溪祠（祀汪藻）、杨公祠（祀杨万里）等，道州有元阳祠（祀元结、阳城）、寇公祠（祀寇准）、濂溪祠（祀周敦颐）、蔡西山祠（祀蔡元定）等，祁阳县有颜元祠（祀颜真卿、元结等）。

5.4.3.2 永州地区"教化性祠"的规划设计特点

考察永州地区的教化性祠，其规划设计主要表现出以下 3 个特征：

第一，教化性祠多依托所祀名宦名贤的故居或故迹而规划设立。例如道州的"欧阳崇公祠"是为纪念曾任道州判官的欧阳观（欧阳修之父）而立，故于道州判厅之侧择址立为专祠。这样一方面因其故迹缅怀其任判官期间的政绩；另一方面也鼓励后任判官再接再厉。又如零陵"浮溪祠"是为纪念贬永州居住的汪藻而立，他曾在零陵北城墙上建造玩鸥亭（后改望江楼），故明嘉靖年间在楼下立为专祠。再如零陵的"范张二公祠"是为纪念范纯仁（范仲淹之子）、张栻（张浚之子）而立，二人先后寓居于东湖芙蓉馆一带，故后人在此立为专祠。

第二，教化性祠多与学宫、书院等文教建筑集中建设。如按明初之制，地方文庙中都附建有"名宦祠"、"乡贤祠"、"忠孝节义祠"等，旨在辅助学宫文庙的道德教化。而永州地区较多兴建的"濂溪祠"也往往与书院或义学等并建。

---

① [清]曾钰. 忠孝祠记.（光绪）《零陵县志》卷3祠祀：251。

第三，有些城市中还出现了将不同类型教化性祠集中建设，以形成规模效益的"祠区"。如光绪《零陵县志》中就记载了知县曾钰所主导的集中规划祠区的实践："爰与绅士等谋建祠以祀，请于鲍蘭舟总镇，以右营隙地并军装局余地鬵创堂庑，合祀诸公。复于左建昭忠祠，其右以群玉书院余地建表微祠，祀诸阵亡及节妇之未经请旌者"[1]。在这次规划中，曾钰整合了右营、军装局、群玉书院一带的空地，集中规划了"忠孝祠"、"昭忠祠"、"表微祠"等一系列教化性祠。所祀之忠臣、烈士、节妇等不下百人。这种空间集中，既方便了官员、民众前往祭祀，也强化了城市中的旌表纪念空间（图5-27，表5-10）。

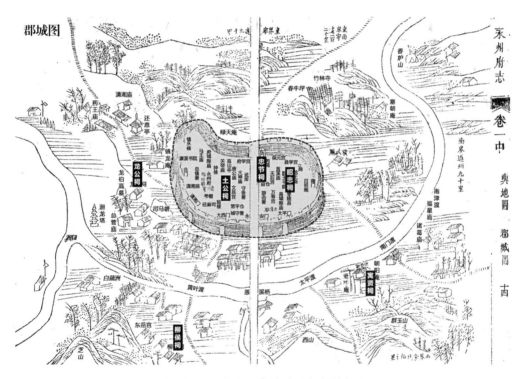

图 5-27 永州城内外的"教化性祠"
（底图来源：（道光）《永州府志》卷一：37-38）

---

① [清]曾钰.忠孝祠记.（光绪）《零陵县志》卷3祠祀：250-252。

永州地区府县城市"教化性祠"规划建设信息　　表 5-10

	祠庙	始建时间	位置	祭祀对象
永州府零陵县	留侯祠		在城南万山	祀张良。张良佐汉诛羽，永故楚地，盖德其报楚仇，所以祠之也
	唐公庙	—	在高山寺右	祀名宦唐世旻
	三贤祠	明嘉靖	在郡圃	祀召信臣、龙述、胡寅
	寓贤祠	明嘉靖	在朝阳岩上	祀元结、黄庭坚、苏轼、苏辙、邹浩、范纯仁、范祖禹、张浚、胡铨、蔡元定诸贤
	柳子祠	—	在潇水西愚溪上	祀唐柳宗元
	濂溪祠	明嘉靖	在宗濂书院内	祀宋周敦颐
	浮溪祠	明嘉靖	在望江楼下	祀宋汪藻
	杨公祠	—	在县左	祀宋杨万里。公为零陵丞，有惠政，故祀之
	忠节祠	明崇祯	在郡学左	祀明太仆寺卿陈纯德
东安县	诸葛武侯祠	—	在城西	有故垒，有台，并在城外
	唐刺史祠	—	在城南	祀唐刺史者，府志以为唐昌图
	周元公祠	—	在城东书院内	祀宋周敦颐
	朱文公祠	—	在紫阳书院内	祀宋朱熹
祁阳县	颜元祠	宋	在县治南浯溪	祀唐颜真卿、元结二先生
	忠靖庙	—	在总铺长街	祀唐张巡、许远、雷万春
	昭灵庙	—	在元真观前街	祀三闾大夫屈原
	精忠祠	明	在朝京门外	祀宋岳飞
	濂溪祠	明	在儒学左，旧在镇祁楼下	祀宋周敦颐
	武陵祠	—	在长乐门右	祀诸葛亮
	绥来祠	清康熙	在南司左街	祀关羽
道州	元刺史祠	—	在北门外九井前	祀唐刺史元结
	元阳祠	清康熙	在东门外五如石畔	祀元结、阳城。后增祀知州姜国城、翁运标，改名四贤祠
	阳公祠	明万历	在中司左	祀唐刺史阳城
	寇公祠	—	在州治西，清乾隆间改建于元阳祠右	祀宋道州司马寇准
	濂溪故里祠	宋淳熙	在州西濂溪故里	祀宋周敦颐及其父谏议大夫
	谏议祠	元延祐	在州西濂溪故里	祀宋周敦颐父谏议大夫
	欧阳崇公祠	宋庆元	在州判厅右	祀宋欧阳修之父欧阳观
	蔡西山祠	宋雍熙	在城内十字街	祀宋蔡元定
	沈公祠1	—	在城隍庙左	祀明永道守备沈至绪
	沈公祠2	—	在西门内大街右	祀明永道守备沈至绪
	翁公祠	清嘉庆	在城隍庙右	祀知州翁运标
	节孝祠	清乾隆	在州治右	祀本邑节孝
	昭忠祠	清嘉庆	在南门大街	祀本邑忠义

续表

	祠庙	始建时间	位置	祭祀对象
宁远县	泰伯祠	明	在北关外逍遥岩	祀周泰伯
	仲雍祠	明	在黄马山下	祀周仲雍
	忠义孝友祠	—	在学宫右侧训导署前	祀本邑忠义节孝
	节孝祠	清乾隆	学宫左侧屏墙外，旧在训导署前忠义孝友祠右	祀本邑节孝
江华县	忠烈宫	—	多处	祀明高寨营守弁冯国宝
	精忠庙	—	在县西	祀宋岳飞。嘉庆、同治间重建，左旁设立书室二座，为附近子弟读书之所
永明县	濂溪祠	明万历	在文庙东	祀宋周敦颐。后因濂溪书院建成，移奉周子牌位于书院
	萧公祠	—	在文庙东	祀明金宪萧桢。萧公行部至县，重新学庙，邑人为祠祀焉
	黄刘二公祠	—	在县署仪门外右	祀明知县黄宪卿、刘挥而建

注：永州府零陵县据（光绪）《零陵县志》卷3祠祀/坛庙：241-259；祁阳县据（同治）《祁阳县志》卷7寺观：447-460；卷20秩祀：1853-1924；东安县"先农坛"条据（光绪）《东安县志》卷4建置：109；"关帝庙"条据（康熙）《永州府志》卷9祀典：243；道州据（光绪）《道州志》卷2置志/祠庙：186-197；宁远县据（嘉庆）《宁远县志》卷3建置志/庙宇坛壝：287-293；江华县据（同治）《江华县志》卷2建置志/坛庙：167-176；永明县据（光绪）《永明县志》卷23祀典志/庙祠：394-402；新田县据（嘉庆）《新田县志》卷5秩祀志：189-224。

5.5 信仰保障层次

信仰保障，指古代地方社会对保障人类社会正常运转的各种超自然神祇进行信仰、祭祀的活动。这些活动建构起人与神祇之间"功德"与"报功"的道德关系，因此它们也构成了道德之境中的一个重要功能层次，并事实上占据着地方城市中的大量空间。

中国古代的民间信仰十分广泛[①]。人们相信"举头三尺有神明"，即人世间的所有事务（无论巨细）皆有专门的神祇掌管。在古人的观念中，这些神祇提供着一种超越人力的庇佑，或者说"保障"——保障自然环境风调雨顺，保障农业生产五谷丰登，也保障社会秩序有条不紊，几乎保障着人居环境的方方面面。

---

① 赵世瑜指出，"所谓民间信仰，指普通百姓所具有的神灵信仰，包括围绕这些信仰而建立的各种仪式活动。他们往往没有组织系统、教义和特定的戒律，既是一种集体的心理活动和外在的行为表现，也是人们日常生活的一个组成部分"。（赵世瑜. 狂欢与日常：明清以来的庙会与民间社会[M]. 北京：生活•读书•新知三联书店，2002：13.）

"至阴阳风雨之不时，疾病疠疫之无告，里社职司，土谷丛祠，类资保障。氓之蚩蚩奔走，恐后众诚，所寄其在斯欤"①。因此在地方城市中，存在着大量对这些神祇进行信仰、祭祀活动的坛庙场所。

古人云"庙祀所以报功也，有功德于民则祀之，能御大灾捍大患则祀之"②。可知，人们建立坛庙、进行祭祀的本质是为了"报功"，报诸神为人间"御大灾、捍大患"的功德，并进一步寻求庇护与保障。虽然今天我们很清楚这些神祇和坛庙并不具有"实质上"的保障功能，但它们的确形成了一种帮助古代社会正常运转的"心理上"的保障，即带来应对不确定危机的公众安全感。从这种意义上来说，人类社会与外部自然之间的关系，通过自然神祇的"保障"功能和人对神祇的祭祀报功，而具有了道德关联。如果说教化性祠中的祭祀对象是因为其卓越的道德品行而有功德于社会，从而得到官方的旌表与民间的纪念；那么这些自然神祇则因为它们的"保障性"功德而同样获得官方和民间的信仰祭祀。二者的本质都是对人类社会正常运转而有"功德"，都存在道德上的重要性。容纳对保障性神祇进行信仰和祭祀活动的坛庙，不妨称为"保障性坛庙"③，它们实际在地方城市中占据相当高比例的空间。

明清"保障性坛庙"中所祭祀的神祇种类繁多。就祭祀制度而言，有正祀、杂祀、淫祀之别；就地域范围而言，有全国性、区域性之别④。就神祇性质而言，有自然神、人物神、怪异神之别；就神祇作用而言，有保佑施福、监督惩戒之别⑤。就保障对象性质而言，有保障人与自然关系、保障人与人关系之别⑥，等等。

官方对这些保障性坛庙的兴建和祭祀活动管理的态度，为我们理解这些神祇的重要性等级提供了线索。就明清地方城市中"保障性坛庙"的营建和祭祀主体而言，主要可分为两大类：第一类是由官方祀典规定由官方修建并定期致祀的坛庙，称为"官方坛庙"（正祀）。这些坛庙所祭祀的神祇"执掌"着国计

---

① （光绪）《永明县志》。
② （康熙）《永州府志》卷9祀典：239。
③ 参考：段玉明. 中国寺庙文化论[M]. 长春：吉林教育出版社，1999：79。段玉明认为："所谓'保障性祠庙'，是指用于社会和心理保障之类的寺庙。它的神祇则基本上都具有某种法力，可以在某一方面为人们提供社会和心理保障"。不过，段氏所论仅限于祠庙。笔者经研究发现，坛壝与祠庙虽然在建筑形式、历史传统、祭祀神祇类型等方面均存在差异，但就其人神沟通、寻求庇护保障与报功的本质而言却并无不同，因此本文中总称其为"保障性坛庙"。
④ 赵世瑜. 狂欢与日常：明清以来的庙会与民间社会[M]. 北京：生活·读书·新知三联书店，2002：58-67。
⑤ 程民生. 神人同居的世界：中国人与中国神祇文化[M]. 郑州：河南人民出版社，1993：6。
⑥ 例如，"龙王庙、天后宫、雷神庙之类属于自然保障，主要用于协调人与自然的关系。东岳庙、行业神庙、地域神庙之类属于人为保障，主要用于协调人与人的关系。"（段玉明. 中国寺庙文化论[M]. 长春：吉林教育出版社，1999：79。）

民生的重要方面，甚至被官方认为对其职能有重要补充，因而列入正祀并严格管理相关祭祀活动。按照明初规定，全国郡县皆应设立的保障性坛庙包括：社稷坛、风云雷雨山川坛、厉坛、城隍庙、文庙、旗纛庙①等；清代又增加了先农坛、关帝庙、刘猛将军庙、火神庙、龙神庙、文昌庙等。其中，社稷坛、山川坛、邑厉坛和城隍庙地位最高，地方志中有"三坛城隍，国典也"②的说法。因此这三坛一庙在地方城市中的建置也最普遍，它们可以说是明清地方府县城市规划建设中的"标配"。

第二类是未能列入官方祀典，而由民间兴建并祭祀的各种坛庙，称为民间坛庙③。这些坛庙由民众自发建设，其信仰往往表现出较强的地域性分布。官方祀典的选定，其实是对民间五花八门的神祇及其祭祀进行征集、筛选、分级的结果。据《明会典》记载："洪武元年，令郡县访求应祀神祇、名山大川、圣帝明王，忠臣烈士。凡有功于国家，及惠爱在民者，俱实以闻，著于祀典，有司岁时致祭。二年，令有司时祀祀典神祇。其不在祀典，而尝有功德于民、事迹昭著者，虽不祭，其祠宇禁人毁撤"④。可知，能列入官方祀典的标准是该神祇"有功于国家，惠爱在民"，即具有更重要、更普遍的人居保障功能。

如果将地方城市中的各种保障性坛庙看作一个"信仰保障"的空间体系，那么官方坛庙无疑是支撑这一体系的"骨架"；它们的规划设计受到官方制度的约束，存在相应法则。而未列入正祀的民间坛庙则更多呈现一种分散、自由的空间分布。在地方城市的官方坛庙体系中，又存在一个以城隍庙为中心，以社稷坛、山川坛、邑厉坛三坛为边界节点的基本结构，其他官方坛庙穿插其间。本节将结合永州地区案例，分别对三坛、城隍庙及其他官方坛庙的规划设计进行考察。

5.5.1 三坛：官方信仰保障体系的边界

社稷、山川、邑厉三坛何以位居官方祀典之首？据（康熙）《永州府志·祀典》载："社稷，所以祈年也。山川，出云雨育百谷也。厉何为者邪？子产曰：'匹夫匹妇僵死，其魂魄犹能凭依于人，以为淫厉。'又曰：'鬼有所归乃不为。'厉

---

① （万历）《明会典》卷81礼部39/祭祀通例：1839。
② （康熙）《永州府志》卷9祀典：239。
③ 其中，被官方允许的民间祭祀称为"杂祀"，不被官方允许的民间祭祀称为"淫祀"。
④ （万历）《明会典》卷93礼部51/有司祭祀上：2126。

祀之所以为之，归也。归之则厉不为民病，亦所以保民也。矧饱餍于幽亦仁人泽枯之义也，虽重之可也"①。可知，风调雨顺、农业丰收、百姓安居是中国传统农业社会的头等大事，社稷、山川、邑厉三神既然有大功德于此，当然最受官方重视，故位居典祀之首。

明初对于地方府县城市中"三坛"的规划布局曾有明确规定。关于"社稷坛"，据《明史》载："府州县社稷，洪武元年（1368）颁坛制于天下郡邑，俱设于本城西北，右社左稷"②；其坛壝、庙宇制度，牲醴祭器体式等具载《洪武礼制》。关于"山川坛"，洪武六年（1373）先令各省设"风云雷雨山川坛"以祭风云雷雨及境内山川，置一坛而设二神位；洪武二十六年（1393）又令天下府州县城皆设风云雷雨山川坛，并同坛增祭城隍，即置一坛而设三神位③。据万历《明会典》载，"风云雷雨/山川/城隍之神，凡各布政司、府州县，春秋仲月上旬，择日同坛祭。设三神位，风云雷雨居中，山川居左，城隍居右"④。又《明史》载："嘉靖十年（1531），王国府州县亦祀风云雷雨师，仍筑坛城西南。祭用惊蛰、秋分日"⑤。关于"厉坛"，据万历《明会典》载："祭厉，凡各府州县，每岁春清明日、秋七月十五日、冬十月一日祭无祀鬼神。其坛设于城北郊间。府州名郡厉，县名邑厉"⑥。依照上述规定，"三坛"皆应设于府县城外近郊的特定方位——筑社稷坛于本城郊西北，风云雷雨山川坛于本城郊西南，厉坛于本城郊北。

本质上，此三坛分别是向外部自然世界寻求农业生产、风调雨顺、居民平安三方面的保障，因为是人与自然之间的"对话"，故将坛庙布置于城外近郊——人工环境与自然环境的交界地带——以特定的空间位置喻义人与自然的"对话"。它们实际上也界定着地方城市之保障性坛庙体系的"边界"。

就永州地区而言，诸府县城市（除新田县外）都在明嘉靖元年以前已建有"三坛"。从嘉靖《湖广图经志书》所载诸坛位置来看，诸府县"社稷坛"均设于城北，"山川坛"均设于城南，"厉坛"均设于城北，对明初"三坛"定制的遵从度非常高

---

① （康熙）《永州府志》卷9祀典：239。
② 《明史》卷49志第25礼三/吉礼三/社稷。
③ 据（光绪）《永明县志》卷23祀典/坛（392）载："明洪武六年，礼臣奏五岳五镇四海四渎礼秩尊崇及京师山川皆国家常典，非诸侯所得预；其各省惟祭风云雷雨及境内山川之神，宜共一坛，设二神位从之。二十六年，又令天下府州县合祭风云雷雨配以山川城隍共为一坛，设三神位"。
④ （万历）《明会典》卷94礼部52/有司祭祀下：2135。
⑤ 《明史》卷49志第25礼三/吉礼三/太岁月将风云雷雨之祀。
⑥ （万历）《明会典》卷94礼部52/有司祭祀下：2137。又《明史》卷50志第26礼四/吉礼四/厉坛载："洪武三年定制……王国祭国厉，府州祭郡厉，县祭邑厉，皆设坛城北，一年二祭如京师"。

(表5-11)。清雍正年间诏令增设"先农坛",对地方城市各坛位置似乎有新制,但不详。祁阳县、江华县均于雍正年间新建三坛。从清代永州地区府县三坛位置来看,除"厉坛"相对统一地设于北方或东北方之外,"社稷坛"和"山川坛"的位置各不相同。相比之下,"山川坛"主要集中在城郊南方(4/8)和西南方(2/8);"社稷坛"的分布并不呈现明显的规律。考虑到永州地区自然地形复杂,实际规划中难以严格满足官方要求,对规定位置有所调整应属正常(表5-12)。应该说,地方城市中的三坛规划基本遵循着官方规制,但根据自然条件有所调整的情况也十分普遍(图5-28)。

《嘉靖湖广图经志书》所载永州府县"三坛"方位　　　　　　　　表5-11

府县	社稷坛	风云雷雨山川坛	厉坛
永州府	城北 4 里	城南 4 里	城北 1 里
东安县	县北	县南	县北
祁阳县	旧在城北,弘治中迁县东	县南,成化中迁此	县北
道 州	州北 / 洪武初创	州南 / 洪武初创	州北
宁远县	县北	县南	县北
江华县	县北	县南	县北
永明县	县北	县南	县北
统 计	北 7/7(其一迁东)	南 7/7	北 7/7

清代永州地区府县方志所载"三坛"方位　　　　　　　　表5-12

	社稷坛	风云雷雨山川坛	厉坛
永州府	北关外药王庙前 / 明洪武初	南关外易氏园中 / 明洪武初	北门外 / 明洪武初
东安县	东郊 / 明洪武九年	南郊	北郊
祁阳县	迎恩门(东)外 / 清雍正十年	长乐门(西南)外杨家桥右 / 雍正十年	朝京门(北)外坛岭
道 州	小西门(西北)外 / 明洪武二年	南 / 明洪武二年	北门外 / 明洪武二年
宁远县	西关外 / 明洪武初建	南关外里许 / 明洪武初建	北关外
江华县	西 1 里 / 清雍正十年	东 1 里 / 清雍正十年	东北 1 里
永明县	西北 1 里	西南 1 里	东北 1 里
新田县	南门外 / 射圃右	西门外 / 龙凤山后左	北门外
统 计	北 1 / 东 2 / 西北 2 / 西 2 / 南 1	南 4 / 西南 2 / 东 1 / 西 1	北 6 / 东北 2

注:永州府据(光绪)《零陵县志》卷3祠祀/坛庙:241-259;(康熙)《永州府志》卷9祀典:240;祁阳县据(同治)《祁阳县志》卷7寺观:447-460;卷20秩祀:1853-1924;东安县据(光绪)《东安县志》卷4建置:109;道州据(光绪)《道州志》卷2置志/祠庙:186-197;宁远县据(嘉庆)《宁远县志》卷3建置志/坛壝:292-293;江华县据(同治)《江华县志》卷2建置志/坛庙:167-176;永明县据(光绪)《永明县志》卷12建置/坛位:311;新田县据(嘉庆)《新田县志》卷5秩祀志:189-224。

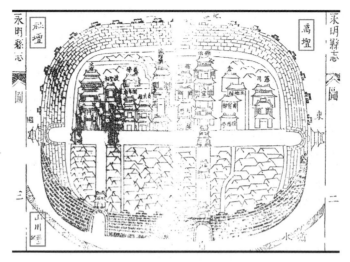

图 5-28 永明县社稷、山川、邑厉三坛
（图片来源：（康熙）《永明县志》卷首）

5.5.2 城隍庙：官方信仰保障体系的中心

城隍信仰西汉已有[1]，但唐宋以后才逐渐成为民间信仰中地位最高且最受重视的一个。南宋陆游曾指出，"城者，以保民禁奸，通节内外，其有功于人最大。故以非古黜而祭，岂人心所安哉？故自唐以来，郡县皆祭城隍，至今世尤谨。守令谒见，其仪在他神祠之上。社稷虽尊，特以令式从事，至祈禳报赛，独城隍而已。则其礼顾不重欤？"[2]（康熙）《永州府志》中也记载，城隍庙自"赵宋以来□食遍天下，或赐庙额，或颁封爵各郡邑"[3]。可知，因城隍神"保民禁奸，通节内外，有功于人最大"，故地位最高、祭祀最重，甚至超越"社稷"。城隍神的"职权范围"也从起初的保障城池、对外防御、对内治安，逐渐扩大到"凡社稷之安危、年岁之丰凶，士民之贞淫祸福，（城隍）神实主之"[4]。有学者认为，宋代以后城隍信仰逐渐超越社稷信仰"乃是城乡差别扩大，城市发展快于乡村，城市作用日益重要的表现"[5]。城市生活的日渐重要，使得"造神"活动也随之调整，正所谓"礼与时宜，神随代立"也。

---

[1] 程民生指出："城隍神的人格化，据说始于西汉。……见于记载的城隍庙，最早始于三国时的吴国芜湖，经六朝到唐代，渐渐普及。入宋，其祠几遍天下。……城隍多是与当地有关的历史名人或地方官。"（程民生. 神人同居的世界：中国人与中国祠神文化[M]. 郑州：河南人民出版社，1993：27-28.）

[2] [宋]陆游. 宁德县重修城隍庙记//陆游. 渭南文集. 卷十七[M]. 北京：中国书店，1986：96-97.

[3] （康熙）《永州府志》卷9祀典/城隍：240.

[4] [清]刘道著. 重修城隍庙碑.（康熙）《永州府志》卷18艺文：518. "大抵一郡之氓庶，惟神是依。凡社稷之安危、年岁之丰凶，士民之贞淫祸福，神实主之。幽明相辅阴阳之道，确有可凭。"

[5] 程民生. 神人同居的世界：中国人与中国祠神文化[M]. 郑州：河南人民出版社，1993：31.

明代以前，地方府县城市大多已建有城隍庙，但明初仍然对地方城隍庙制进行了统一规定。"（洪武）三年，诏去封号，止称其府、州、县城隍之神。又令各（城隍）庙屏去他神。定庙制，高广视官署厅堂。造木为主，毁塑像异置水中，取其泥涂壁，绘以云山"[1]。由此，城隍庙被规定为供奉本邑城隍神的专庙。在空间形态方面，则规定了其规模、形制与本邑官署同。之所以这样规定，是因为城隍神一直被认为与人间的地方官存在对应关系——所谓"幽有城隍，明有守令，阴阳燮理，阙职维均"；"城隍之司城，犹邑宰之守土也"[2]，类似的说法在地方志中十分常见。瞿同祖也指出，"在传统中国人心目中，城隍与州县官员具有某种相似之处：两者都关心其辖区内百姓的福祉和公正。一个由皇帝任命，另一个由上苍委派。……州县官负责人力所及的事务，城隍则负责人力所不及的事务"[3]。

因此，城隍庙的规划设计往往仿照人间官府的形制。清同治元年（1862）道州城隍庙的重建就提供了一个详细案例："基址虽仍旧地，而体制均仿阳官。自头门入数武达仪门，内东西廊为六曹。廊上为大堂，堂内设暖阁，阁后两翼为钟鼓楼。直上为正殿，殿后为二堂，为寝室。上下祠宇凡七栋，装塑神像三十余尊，左右之附。祀者沈公、翁公、周公、王公，皆有功德于州人者，亦各修治完好。戏台颓圮，更新而饰之。东西辕门、周围墙垣，筑起而崇之。盖由内达外，赫赫明明，整齐严肃"[4]。引文中，"阳官"指阳间的官府。从其中所描述的头门、仪门、六曹、大堂、暖阁、钟鼓楼、二堂、寝室等配置来看，俨然一座形制完备的县衙。不过神庙毕竟不同于官府，建筑上的差别主要有二：其一是增加了"正殿"，这是供奉神灵的场所，暗示着神庙不同于世俗官署的神圣性；其二是增加了"戏台"，反映出中国传统神庙"酬神""娱人"的基本特征。

永州地区府县城市均建有城隍庙。其始建时间大多在明代，甚至更早。诸庙在城市中的位置主要表现出两个特征：一是大多位于城市中心地带，与其作为"城隍之神"、主要职能为保障城市的性质相符。居于中心地带不仅能使其保护范围更均匀地覆盖整个城市，也更能显示其在诸民间神祇中至高无上的地位。二是大多靠近治署，这与前述城隍庙与地方官署之间的对应关系有关，大概也有方便官员致祭的考虑（表5-13）。

---

[1] 《明史》卷49志第25礼三/吉礼三/城隍。
[2] [清]江肇成. 重修城隍庙碑记.（光绪）《道州志》卷11艺文：959-962。
[3] 瞿同祖. 清代地方政府[M]. 北京：法律出版社，2003：278.
[4] [清]江肇成. 重修城隍庙碑记.（光绪）《道州志》卷11艺文：959-962。

永州地区府县城隍庙规划建设信息　　　　　　　表 5-13

府县	城隍庙位置	始建时间
永州府	在府治东 200 步	明洪武二年（1369）前已有
零陵县	在太平门内	—
祁阳县	在县署左	明代已有
东安县	在县治东	明景泰间（1450—1457）建
道　州	初在铜佛寺后，洪武九年移州治北故营道儒学基	明洪武二年（1369）建
宁远县	在县治西	明嘉靖元年（1522）前已有
江华县	在县治右	明天顺六年（1462）迁治时新建
永明县	在县治西北 50 步	明嘉靖元年（1522）前已有
新田县	在北门内武庙右	—

注：永州府据（康熙）《永州府志》卷9祀典：240；零陵县据（光绪）《零陵县志》卷3祠祀/坛庙：245；祁阳县据（同治）《祁阳县志》卷7寺观：451；东安县据（康熙）《永州府志》卷9祀典：243；道州据（光绪）《道州志》卷2置志/祠庙：187；宁远县据（嘉庆）《宁远县志》卷3建置志/庙宇坛壝：291；江华县据（同治）《江华县志》卷2建置志/坛庙：169；永明县据（康熙）《永州府志》卷9祀典：244；新田县据（嘉庆）《新田县志》卷5秩祀志：211。宁远、永明二县城隍庙（嘉靖）《湖广图经志书》中有载。

5.5.3　其他官方保障性坛庙

　　三坛、城隍之外，在明清两朝被列入国家正祀、要求地方府县城市皆须设置并定期至祭的"保障性坛庙"还有旗纛庙、先农坛[①]、关帝庙[②]、刘猛将军庙、火神庙、龙神庙、文昌庙[③]等。这些民间信仰能获得官方认可并在全国范围内广泛祭祀，皆因它们关系国计民生之大事——如旗纛庙与军队出征、先农坛与农耕种植、关帝庙与安全保障、刘猛将军庙与驱除蝗害、火神庙与镇治火灾、龙神庙与旱涝水患、文昌庙与文运兴盛之间的深刻关联。这些保障性坛庙及其神祇被认为掌管着上述专门事务，在某种程度上分担着国家职能，或保障着官方的工作，因此朝廷规定地方府县城市皆须设立专庙。

　　明清两朝对这些坛庙的规划建设有一定规制。如关于旗纛庙，据万历《明会典》载，"凡各处守御官俱于公廨后筑台立旗纛庙"[④]。关于先农坛，据《大清

---

① "《大清会典》：雍正四年令各省督抚转行府州县卫择东郊洁净丰腴之地，照九卿所耕籍田亩数为四亩九分立先农坛，每岁仲春亥日督抚以下等官率属员耆老农夫恭祭先农之神，一切礼仪祭品与社稷坛同"（《同治祁阳县志》卷20秩祀：1865）。
② "《大清会典》：顺治元年定以每年五月十三日致祭。九年敕封曰'忠义神武关圣大帝'"（《同治祁阳县志》卷20秩祀：1876）。赵世瑜（2002：88）认为，"关帝庙大约是自明以后才遍及全国的。……究其原因，盖关公乃传统之忠义观念的化身，为统治者所需要，又符合民间崇尚义气的风尚，故除关王庙、关圣庙、关帝庙、汉寿亭侯庙等多种外，尚有三义庙（祀刘、关、张），即表彰忠义等。此外，他作为武圣，又享祀于各武庙，在明清动乱之际，实为百姓驱除恐惧，联寨自保所需。以后，关帝无所不管、无所不佑，成为一职司广泛的人格神，为百姓普遍接受"。
③ 据《清史稿》卷84礼三（中华书局点校本，1977：2542）载：文昌庙于嘉庆六年入祀典。
④ （万历）《明会典》卷94礼部52/有司祭祀下：2137。

会典》载，"奉天府尹直省抚率所属府州县均岁以仲春吉亥行耕□礼；各与治所东郊建先农坛"[①]。关于关帝庙，据《大清会典》载，"直省府州县春秋二仲及仲夏中有三日均祀关帝，牲帛礼仪均与祭京师关帝庙仪同"[②]。关于刘猛将军庙，"其神职驱蝗，世称刘猛将军。雍正二年列入祀典，各府州县建庙以祀"[③]。关于火神庙，据《大清会典》载，"京师有祭火神之仪，外省及府州县岁以春秋仲月守土官择吉至祭。祭品仪注与龙神祠同"[④]。关于龙神庙，"（庙）敬祀敕封福湘安农龙王之位。乾隆二十四年颁定，岁以春秋仲月辰日至祭"[⑤]。关于文昌庙，"（嘉庆五年）发中帑重新祠宇，明年夏告成，仁宗躬谒九拜，诏称：'帝君主持文运，崇圣辟邪，海内尊奉，与关圣同，允宜列入祀典'"[⑥]。但关于诸庙在城市中的选址布局，除规定先农坛设于治城东郊外，其余并无特别规定。

永州地区诸府县中，上述保障性坛庙的设置情况详见下表（表5-14）。其中，关帝庙（即武庙）8府县皆有设置。先农坛8府县中7县有设，普及率亦较高；且建置时间大多在清雍正四年（1726）列先农坛入祀典之后的一二年间，说明当时地方府县对中央规制的高度遵从。就其余诸坛庙而言，设置普及率由高到低依次为龙神庙（6/8）、火神庙（5/8）、刘猛将军庙（4/8）和旗纛庙（2/8）。龙神庙在永州地区的比例较高，大概与这里水系密布、对御水患的保障需求较强有关。除去祀典中的龙神庙，永州地区诸县还建有多种类型的水神庙，所奉神祇大至江河之神，小至溪泉之神，无非求其保佑旱涝均衡、舟行平安是也。设旗纛庙是明初规制，且仅针对守署而言；清代祀典中并不见关于旗纛庙的记载，故该庙在地方府县中并不常见。总体而言，地方府县城市对中央祀典的要求并不一定完全遵行，常常根据地方实际情况而有所取舍调整。

考察诸坛庙在府县城市中的空间布局：先农坛中有6所有准确位置记载，皆位于城市近郊，其中3所位于治城东郊，2所位于南郊，1所位于北郊，相比于中央规定的"治城东郊"并不完全符合。龙神庙的选址多靠近水源，而不拘泥于城内或城外，如祁阳龙神庙建于城外湘江南岸，道州龙神庙建于北门外"九井"前，永州府龙神庙建于城内东湖芙蓉馆侧，皆寻水而建。其他诸庙则大多

① 《钦定大清会典》卷46礼部/祠祭清吏司/中祀三：71。
② 《钦定大清会典》卷49礼部/祠祭清吏司/群祀三：9。
③ （光绪）《永明县志》卷23祀典/庙祀：400。"刘猛将军庙祀元指挥使刘承忠。承忠于元亡后自沉于河。"
④ （光绪）《永明县志》卷23祀典/庙祀：401。
⑤ （光绪）《永明县志》卷23祀典/庙祀：400。
⑥ 《清史稿》卷84礼三．北京：中华书局，1977：2542。

建于治城以内，并靠近官署。

永州地区府县城市官方"保障性坛庙"规划建设信息　　表 5-14

	先农坛	关帝庙	旗纛庙	刘猛将军庙	火神庙	龙神庙
永州府	●	●	●	●	●	●
祁阳县	●	●	—	●	—	●
东安县	●	●	○	●	—	—
道州	●	●	—	—	●	●
宁远县	●	●	—	—	●	●
江华县	●	●	—	—	●	●
永明县	—	●	—	●	●	●
新田县	●	●	—	—	—	—
比　例	7/8	8/8	2/8	4/8	5/8	6/8

注：●表示设有专庙，○表示附祀于其他坛庙中。永州府/零陵县据（光绪）《零陵县志》卷3祠祀/坛庙：241-259；祁阳县据（同治）《祁阳县志》卷7寺观：447-460、卷20秩祀：1853-1924；东安县"先农坛"条据（光绪）《东安县志》卷4建置：109；"关帝庙"条据（康熙）《永州府志》卷9祀典：243；道州据（光绪）《道州志》卷2置志/祠庙：186-197；宁远县据（嘉庆）《宁远县志》卷3建置志/庙宇坛壝：287-293；江华县据（同治）《江华县志》卷2建置志/坛庙：167-176；永明县据（光绪）《永明县志》卷23祀典志/庙祠：394-402；新田县据（嘉庆）《新田县志》卷5秩祀志：189-224。

5.6　慈善救济层次

慈善救济，指地方府县城市中对特殊人群进行救助、安置的功能层次。在明清地方城市中，相关场所主要包括"养济院"、"漏泽园"（又称"义塚"）、"育婴堂"等。它们也是明清中央政府要求地方府县必须设置的官方机构。明初曾令天下府县皆设"养济院"和"义塚"。据《明会典》载："洪武初，令天下置'养济院'以处孤贫残疾无依者。三年，令民间立'义塚'……若贫无地者，所在官司择近城宽闲之地立为'义塚'"[1]。但对养济院和义塚的规划布局并未提出详细要求[2]。清初令"直省州县建'义塚'，有贫不能葬及无主暴骨皆收埋之"[3]。又

---

[1]（万历）《明会典》卷80礼部38/恤孤贫：459。

[2]（万历）《明会典》中仅对京畿地区的"养济院""漏泽园""幡竿/蜡烛二寺"的设置及使用方法有所规定："天顺元年，令收养贫民于大兴、宛平二县，每县设养济院一所于顺便寺观。……○四年，令京城崇文、宣武、安定、东直、西直、阜成门外各置漏泽园。……○嘉靖六年，诏在京养济院止收宛、大二县孤老，各处流来男妇□废残疾之人，工部量出官钱，于五城地方各修盖养济院，一区尽数收养。……○又令巡城御史行各城地方，有在街口号乞丐者，审属民籍送顺天府发养济院，属军卫送幡竿蜡烛二寺给养"。（（万历）《明会典》卷80礼部38/恤孤贫：459）

[3]《钦定大清会典》卷33礼部/仪制清吏司/风教/掩骼埋胔之礼：23。

令"直省各设'育婴堂'收养幼孤之无归者"①。

其实,慈善救济设施在古代地方城市中的建置有着悠久传统。如南朝齐有"六疾馆",梁有"孤独园",唐有"悲田养病坊"等,"是恤孤养疾,六朝及唐已著为令甲"②。直至北宋崇宁年间,徽宗下令天下郡县皆"设'孤老院'以养孤老,'安济坊'以养病人,'漏泽园'以瘗死者"。关于慈幼之制,南宋"淳祐七年创'慈幼局',乳遗弃小儿。民间有愿收养者,官为倩贫妇就局乳视,官给钱米,此又后世育婴堂之始"③。可知,明清的养济、慈幼、义冢之制系继承自宋代,但更加制度化、官方化了。

永州地区府县城市中慈善救济场所的设置情况详见下表(表5-15)。其中,养济院的建置率最高,8府县共设有14所;育婴堂其次,6县有设,共7处;漏泽园则4县有设,共10处。关于育婴堂,《清会典》中仅规定省城须设,但永州地区8府县中6县有设,与当地"溺女"现象严重、地方士绅多有倡建有关。

永州地区府县城市官方"慈善救济场所"规划建设信息 表5-15

	养济院	育婴堂	漏泽园
永州府	●明●清道光	—	●●●
祁阳县	●清康熙●清乾隆	●清雍正●清同治	—
东安县	●明正德●清乾隆	●清乾隆	—
道 州	●清咸丰●清光绪	●清乾隆	—
宁远县	●清康熙	●清咸丰	●清同治
江华县	●清康熙	—	●●●●
永明县	●清康熙●清同治●清光绪	●	●●
新田县	●清雍正	●清雍正	—
统 计	8县14处	6县7处	4县10处

注：零陵县据（光绪）《零陵县志》卷2建置/公廨：196-198;"漏泽园"条据（康熙）《永州府志》卷3建置/公署：71;祁阳县据（同治）《祁阳县志》卷21建置：1976-1984;东安县据（光绪）《东安县志》卷4建置：128-129;道州据（光绪）《道州志》卷2建置志：222;宁远县据（光绪）《宁远县志》卷2建置志：113-114;"养济院"条据（康熙）《永州府志》卷3建置/公署：74;江华县据（同治）《江华县志》卷2建置志·公署：166;永明县据（光绪）《永明县志》卷12建置/恤政：310;新田县据（嘉庆）《新田县志》卷3建置：132。

① 《钦定大清会典》卷33礼部/仪制清吏司/风教/慈幼之礼：23。
② [清]赵翼著;栾保群,吕宗力点校. 陔余丛考[M]. 石家庄：河北人民出版社,1990：552-553/卷27.
③ 同上。

就建置时间而言，这 3 种慈善救济场所的规划建设主要在清代，尤以康、雍、乾三朝最多[①]。"养济院"的建置通常早于"育婴堂"和"漏泽园"。诸府县在清代以前或前期均已建有第一座"养济院"，而其他慈善救济场所的始建时间则相对较晚。

就空间分布而言，"养济院"和"育婴堂"一般位于城内或城外近郊，多靠近祠庙寺观或官署。"漏泽园"通常选址于郊野，符合《明会典》中"义塚"择"近城宽闲之地"而设的原则。

5.7 "道德之境"的空间秩序组织

在"道德之境"的建构中，不仅有前述各功能层次的专门场所直接发挥道德教化的作用，这一物质环境的整体空间秩序也反映着传统社会的道德精神与价值追求，间接起到道德教化的作用。这里所说的空间秩序，主要指前述 5 个功能层次的 12 项场所要素在空间上形成的结构关系。

通过对永州地区府县城市的考察，笔者发现"道德之境"的空间形态并非符合一种"理想蓝图"式的固定模式，而是通过一系列空间组织逻辑和手段形成一个可灵活适应不同基地条件、但又组织严密清晰的架构。"道德之境"的外在形态虽然多样，但其空间组织逻辑主要包括以下 6 种方式——即"中心定基"、"轴线朝对"、"高下控制"、"方位布局"、"重复强调"、"组合叠加"。这样一套空间结构和组织逻辑，用以确保在多样的地形条件、社会传统、规划建设次序之下，"道德之境"都能得以建立并实现其目的。本节将对这 6 种基本空间组织手段分别阐述（图 5-29）。

5.7.1 中心定基

这里所说的中心，指"道德之境"诸要素空间组织的"基点"或"起点"，而并不一定是城市的几何中心。基于对永州地区的研究笔者发现，在地方府县城市的"道德之境"中客观上存在着三个"中心"，即治署、学宫、城隍庙。它们分别是各功能层次建构组织的核心和基点；治署又是整个空间秩序的核心，即城市的选址定基通常是以治署位置为基准。

行为规范层次中，承担空间限定作用的城池是以治署为其围合保护的核心；

---

① 在载有始建时间的20条记录中，仅2条始建于明代，其余18条皆始建于清代。其中，于康、雍、乾三朝的133年间始建者有10处，占55.6%；于嘉、道、咸、同、光五朝的112年间始建者有8处，占44.4%。

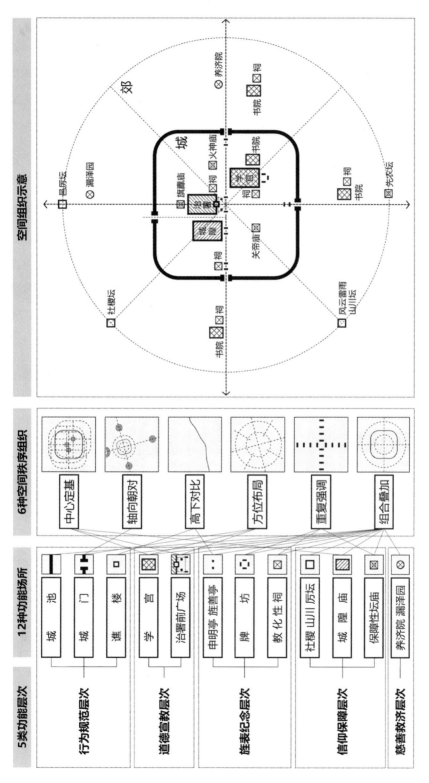

图5-29 "道德之境"的规划设计逻辑示意

承担时间限定作用的谯楼即位于治署头门，因此治署是行为规范层次的核心与基点。道德宣教层次中，学校教育的中心是学宫，所谓"文庙为主持文教之源"[①]也；社会宣化则以治署前广场为中心。旌表纪念层次中，同样是以治署前广场为中心建立起发散的功能空间网络。信仰保障层次，以城隍庙为其功能空间网络之中心。宋代以后，府县城隍神之"保障"功能不仅包括各种官方事务，也广泛涉及各种民间事务，成为众多民间信仰中地位最高者。对应在空间上，城隍庙也倾向被设置于府县城市的中心地带。慈善救济层次似乎不存在中心，但从官方建置与管理的角度来看，其中心亦在治署。

从城市规划建设的时序来看，治署总是最先确定的"基点"，其他官方衙署、坛庙等皆以治署为中心开展选址布局。城隍庙因为与治署在观念层面上的对应关系和功能层面上的密切联系，一般靠近治署布置。学宫有其自己的选址布局原则，但与治署之间也存在关联，通常位于治署的特定方位；其他文教相关的衙署、祠庙、书院、文塔楼阁等设施则皆以学宫为中心展开其选址布局。综上，笔者认为：治署、学宫、城隍庙三者是决定地方府县城市"道德之境"的三个中心（图 5-30）。

5.7.2 朝对轴线

建筑学中的"轴线"一词来自西方，中国古代城市规划设计中则讲"朝、应、向、对"，表明建立一种空间秩序的目标与意义。

在地方府县城市的规划设计中，建筑物以特定自然要素或其他人工建筑物而确定其空间朝向的做法是普遍存在的。例如，治署和学宫通常是最讲求与城市周边特定山水标志物形成朝、应关系的人工建筑。这种"朝应向对"，笼统来说，一有遵循自然秩序、祈求超自然力庇护的象征意义；二有测量定向、方便规划施工的实际需要；三是对景取裁的审美意义。朝应关系的建立，为"道德之境"自身的建构提供了标尺，也为"道德之境"嵌入自然山水环境找到了途径。它同时暗示着"自然秩序"的神圣与优先，对中国古代自然观进行着最直观的说明。

以永州地区为例，府县治署通常以南方为基本朝向（如永、江、东、新 4 县），会根据地形等高线或河流走向而微调偏转（如道、祁、宁 3 州县），也有受应山

---

① [清]柴桢. 改建文庙记.（嘉庆）《新田县治》卷9艺文：511。

位置影响而调整的情况（如宁远县）。以治署朝向为"正向"，构成道德之境的整体朝向，决定着大部分功能场所的方位布局，甚至包括学宫。学宫朝向常受天然文笔峰或河流水形（泮宫形）影响，也有朝对城门的做法（图5-31）。

5.7.3 高下控制

控制高下是建立"道德之境"空间秩序的重要手段之一。

首先，具有重要道德宣教功能的建筑总是选址布局于城市中地势最高处，以配合其核心与崇高地位，如治署、谯楼、学宫等。这样做一方面是出于有利排水、防御等实用功能考虑，另一方面，则是通过占据城市中的制高点以体现权威、形成焦点，是辅助道德教化的有意为之。

其次，在功能设施的具体设计中，"高"与"下"也分别被赋予了"正"与"邪"的意义、"弘扬"与"压制"的态度。明初朝廷颁布的旌善、申明亭定式，就规定旌善亭"基址视申明亭稍高三等，在申明亭之左前"[①]，是将"形式"（高度控制）与"意义"（惩恶扬善）直接关联的规划设计手法。

5.7.4 方位布局

方位是空间秩序的重要维度，方位布局也构成"道德之境"规划设计的重要手段之一。在中国传统城市规划设计中，不同方位往往具有特定的道德关联意义，如东方与文教、南方与宣化等。这种关联意义被应用于特定功能场所的方位布局中，如中央政府对地方城市中官方坛庙的规划控制通常要明确到"方位"层面；又如文庙、文塔等文教相关设施也往往有特定的"方位"偏好等。

5.7.5 重复强调

重复具有强调、扩大的作用，也是"道德之境"规划设计中的常用手段。它通常具体表现为某些设施或空间形态有意地重复出现，如牌坊、教化性祠庙等。这一手法旨在通过对单个教化性设施进行数量上的增加和形象上的重复，以形成规模扩大、作用连续、效果增强的道德教化环境。

---

① （嘉靖）《东乡县志》。转引自：张佳. 彰善瘅恶，树之风声：明代前期基层教化系统中的申明亭和旌善亭[J]. 中华文史论丛. 2010，4（100）：244-274.

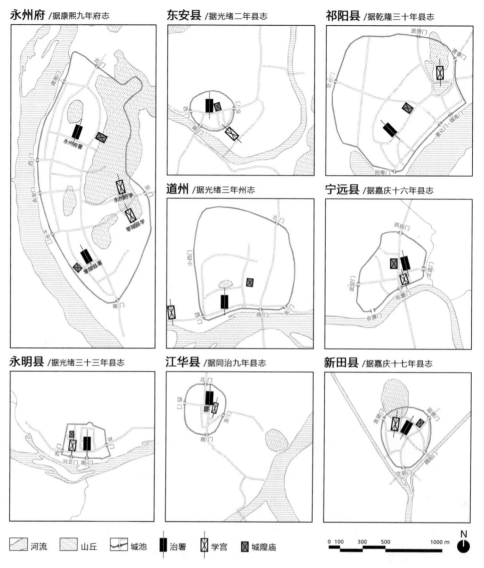

图 5-30　永州地区府县城市"道德之境"中"三个中心"（治署、学宫、城隍庙）的空间分布

5.7.6　组合叠加

　　"道德之境"的形成是上述 5 个功能层次（行为规范、道德宣教、旌表纪念、信仰保障、慈善救济）的共同作用，也是上述 5 项空间组织手段（中心定基、朝对轴线、高下控制、方位布局、重复强调等）的综合作用。它们互为前提，相互补充，以实现比单一层次和手段更强大的效果。以空间组织手段而论，"方位布局"与"中心定基""轴向朝对"彼此关联；"高下控制"具有强化"中心"

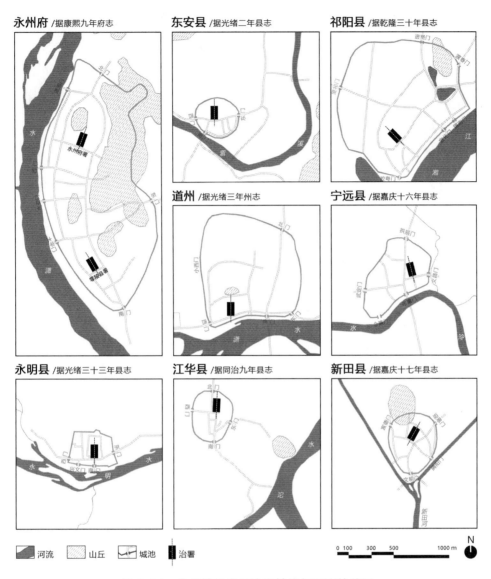

图 5-31 永州地区府县治署轴线与河流的关系

和"朝向"的作用；"重复"则是在"中心定基""轴向朝对"明确的空间架构中发挥强化作用。这些手段必须通过叠加、关联而共同实现道德教化的目的。

5.8 "道德之境"中的文字环境

除了功能要素和空间秩序，"道德之境"还通过一个由"文字"构成的环境层次，更直接地发挥着道德教化的作用。文字在传达旨意方面具有更直接、准确、高效等优势，因此在"道德之境"的营造中，规划设计者们总是不失时机地抓住一切可以嵌入"文字"的机会，以提高道德教化的强度。"支撑"文字的建筑物，则构成了这一文字环境的物质基础和空间坐标，是道德之境物质空间的重要组成。因此，这一"文字环境"的规划设计主要表现在对"文字"的设计和对"支撑性建／构筑物"的规划布局两个方面。

在明清地方城市中，城门匾额和牌坊书额构成了"文字环境"的主体；其文字内容直指特定道德精神，其支撑性建／构筑物分布于城市内外的关键位置。此外，通过命名、题刻等方式对自然风景赋予道德意义，也是"文字环境"规划设计的重要手段。本节将分别从"城门匾额"、"牌坊书额"、"风景命名"三个方面考察地方城市道德之境中"文字环境"的规划设计。

5.8.1　城门匾额与道德教化

城门匾额常被赋予特殊的道德教化意味，与城门把控城市物质空间中的关键位置有关。一方面，城门是封闭城墙上唯一的出入口，人员往来皆经由此，宣传效果最佳；另一方面，城门是城市人工边界上重要的标志性建筑，系一邑观瞻，也传达着城市的精神价值。因此在地方城市"文字环境"的规划设计中，显然要抓住这一切要位置的道德宣传。以永州地区府县城门名称为例，其命名与道德教化的关联主要有以下两种方式（表5-16）。

永州地区府县城市城门名称　　　　　　　　　　　　　　　　　　表 5-16

府县	命名时间	北	东北	东	东南	南	西南	西	西北
永州府	宋景定	朝京	—	和丰	—	镇南	—	潇清	—
	明崇祯						太平、永安	—	潇湘
祁阳县	明成化	望祁	进贤	渡春	镇南	宣化		控粤	—
	清顺治	朝京	甘泉	迎恩	迎秀、潇湘	黄道	—	长乐	—
东安县	清康熙	—	—	宾阳	—	揆阳	—	钱阳	
宁远县	明嘉靖	拱辰	—	文昌	—	布薰	会濂	武定	
永明县	明嘉靖	—	—	—	—		兴文		

续表

府县	命名时间	北	东北	东	东南	南	西南	西	西北
新田县	明崇祯	迎恩	—	隅阳	—	文明	—	宣德	—

注：以方位词命名者未列入。永州府"宋景定"条据（光绪）《零陵县志》卷2城池宋教授吴之道《永州内谯外城记》：184；"明崇祯"条据（光绪）《零陵县志》卷2城池明蒋向荣《永州修城记》：184；祁阳县据（乾隆）《祁阳县志》卷2城池：49；东安县据（光绪）《东安县志》卷4建置：99；宁远县据（嘉庆）《宁远县志》：269；永明县据（康熙）《永州府志》卷3建置：68；新田县据（嘉庆）《新田县志》卷3建置：1182。

其一，以城门"方位"的道德引申意义命名，隐含一个有道德教化意味的整体空间格局。如北"辰"、南"薰"、东"文"、西"武"，是古代地方城市（尤其宋代以后）四正城门常见的命名方式。

"辰"指北辰。《论语·为政》曰："为政以德，譬如北辰，居其所，而众星拱之"。因此城市北门常以"拱辰"命名，如北宋都城大内北门名"拱辰门"，宁远县城北门亦名"拱辰门"。"薰"指南风温和。《史记》载，"昔者舜作五弦之琴，以歌南风"；《正义》："南风养万物而孝子歌之，言得父母生长，如万物得南风也。舜有孝行，故以五弦之琴歌南风诗，以教理天下之孝也"。"薰"因此具有南向临民宣化的意味，而常用于城市南门的命名；如北宋都城外城南门名"南薰门"，平遥县城南门名"迎薰门"，宁远县城南门名"布薰门"等。东"文"西"武"，由中国传统方位观念中东方主生长、象文事，西方主肃杀、象武事而来。因此"文""武"二字常成对出现在东、西城门的命名中。如明北京内城东、西分别有"崇文门""宣武门"；宁远县城东、西二门分别称"文昌门""武定门"。以"辰""薰""文""武"四字命名四正城门，本质上反映出城市坐北面南、临民宣化、左文右武、庄正有序的极具道德意味的空间格局。

其二，以城门"朝对"物的道德引申意义命名。例如明清永州地区诸府县城北门多命名为"朝京门""迎恩门"等，一方面是这些城市与京师地理空间关系的真实写照；另一方面也表现出"朝拜京师"、"恭迎圣恩"之君臣尊卑关系的道德意味。又如与学宫有特定关联的城门多以"兴文"、"进贤"等命名，以表达文教昌盛的美好愿望。如祁阳县城于明成化年间东拓后形成东北门俯瞰城外学宫的格局，故将东北门命名为"进贤门"；又如永明县城于明嘉靖年间在学宫主轴延长线与南城墙交点上新辟一门，命名为"兴文门"[①]；都表达出弘扬文教的意味。

---

① （康熙）《永州府志》卷3建置：68。永明县"学前山掩蔽，随命开一门，与棂星对峙，名'兴文门'"。

5.8.2 牌坊书额与道德教化

牌坊，作为"道德之境"中实现旌表纪念功能的重要构筑物，其本质作用是支撑书额上的道德文字。在地方城市的文字环境中，牌坊书额是数量最多、分布最广、影响最著的一类。

如前所述，牌坊就其德教性质而言可分为"公共宣教"和"个人旌表"两大类。"公共宣教"类牌坊上的文字较为固定，全国府县大多类似，主要体现两个主题。一为劝诫官吏、廉政爱民。如府县治署头门前左右多设"承流"、"宣化"二坊，此语出自董仲舒，强调地方长官为政的基本职责。清代衙署中还增设"戒石坊"，上书 16 字《戒石铭》"尔俸尔禄，民膏民脂；下民易虐，上天难欺"，旨在提醒地方官吏公正廉明。永州地区如道州治署立有"节爱坊"、"旬宣坊"、"振肃坊"，宁远治署立有"善化坊"、"甘棠坊"、"正德坊"、"厚生坊"等，也都有类似喻义。二为振兴文教、尊师重道。如道州学宫立有"崇正学"、"育英才"二坊，濂溪书院立有"崇德"、"象贤"二坊，宁远学宫立"青云"、"丹桂"、"成德"、"登圣"、"步贤"等坊，皆属此类。

"个人旌表"类牌坊上的文字主要涉及科举中第、忠臣德政、节妇孝子、乐善好施等德目。但即便属于同一德目，牌坊书额总要追求变化与标志性。以（光绪）《道州志》中记载的为旌表科举中第者设立的 65 座牌坊为例，其书额文字就极尽变幻之能事——代表者如"易魁坊"、"登瀛坊"、"登云坊"、"登庸坊"、"登俊坊"、"传芳坊"、"步蟾坊"、"擢秀坊"、"文魁坊"、"文英坊"、"衣锦坊"、"青云坊"、"登第坊"、"步武坊"、"登科坊"、"亚魁坊"、"毓秀坊"、"钟英坊"、"文奎坊"、"拔俊坊"、"占鳌坊"、"双凤坊"、"飞腾坊"、"联璧坊"、"龙门坊"、"鸣凤坊"、"攀龙坊"、"飞黄坊"等等。这样做一方面为避免重复，不致使城市环境落于单调；另一方面也为突出个性，增加辨识度，甚至为刻板严肃的道德之境增添些许趣味。

5.8.3 风景品题与道德教化

对自然风景的命名，作为城市环境开发建设中的一个环节，也常被附加道德教化的意涵。这种道德性的品题命名，不仅为无名的自然确立了主题，赋予了性灵，也使道德名目借山水之实而生动活泼，令人印象深刻。将道德文字镌刻于天然山水间，是对自然环境的"点睛之笔"，实现着道德与自然的交相辉映。

在永州地区，具有道德教化意味的风景命名不胜枚举。甚至因为唐宋贬谪士人的集体创造而在当地形成深远的传统。最具代表性者当属唐广德年间道州刺史元结对道州城东五处泉水的命名。据元结《七泉铭》：

"道州东郭有泉七穴。皆澄流清漪，旋沿相凑。……于戏！凡人心若清惠必忠孝，守方直，终不惑也；故命五泉，其一曰㴩泉，次曰㳽泉，次曰㳻泉、汸泉，㳲泉。铭之泉上，后来饮漱其流，而有所感发者矣。

"㴩泉曰：㴩泉清不可浊，惠及于物，何时竭涸。将引官吏，盥而饮之，清惠不已，泉乎吾窥。㳽泉曰：不为人臣，老死山谷；臣于人者，不就污辱。我命忠泉，劝人事君，来漱泉流，愿为忠臣。㳻泉曰：沄沄孝泉，流清源深；堪劝人子，奉亲之心。时世相薄，而忘圣教；欲将斯泉，裨助纯孝。汸泉曰：古之君子，方以全道。吾命方泉，方以终老。欲令圆者，饮吾方泉，知圆非君子能学方恶圆。㳲泉曰：曲而为王，直蒙戮辱，宁戮不王，直而不曲。我颂斯曲，以命直泉，将戒来世，无忘直焉"[①]。

元结在道州城东郭发现了七处泉穴，他由天然泉水的"澄流清漪"联想到"人心若清惠，必忠孝，守方直，终不惑"，故将其中五泉分别命名为"㴩"、"㳽"、"㳻"、"汸"、"㳲"。 他将君子的五种理想道德赋予清泉，是为以"泉"弘"道"。其中，"㴩泉"教官吏须为官清廉，以施惠于民为己任。"㳽泉"讲为臣之道，全在尽忠。"㳻泉"劝教人子有奉亲之心。"汸泉""㳲泉"则教人为人方正、直而不曲。命名之后，元结又为诸泉作《铭》，并刻石泉上，使后人每每见之清泉，读之铭文，能体味到元结关于道德价值的思考。以自然承载道德，是元结的独具匠心。

此外，元结在祁阳县湘江南岸的天然崖壁上镌刻了表达其忠君爱国的名作《大唐中兴颂》，也是寓道德于自然山水之间的经典之作。

---

① [唐]元结. 七泉铭//元次山集[M]. 上海：中华书局，1960：147.

第6章 —— 地方城市规划设计的『三个传统』

前文第 3 至 5 章分别从古代地方城市规划设计的两个目标出发，对规划设计的内容与方法进行了阐述。本章将关注规划设计背后的实践机制，即哪些主要群体和制度影响着古代地方城市的规划设计？它们分别涉及规划设计的哪些部分？又各自遵循着怎样的理念与方法？

中国古代虽然并不存在现代意义上的规划设计行业，但地方城市的规划设计与实际建设显然有其独特的实践体系。就规划设计活动的参与者而言，主要涉及中央及地方官吏、地方士绅、地理先生、文人、僧道、民间工匠等诸多群体。但论其中发挥最主要作用者，可概括为三种机制，或称规划设计的"三个传统"。

其一是由中央政府或相关部门颁布的控制或引导地方府县城市规划设计的法令与规制。它主要对地方城市中必须设置的官方设施及场所的等级、规模、形态等进行规定。其实际制定者是中央官员，甚至皇帝本人，但一经官方认定与颁布，便与个人无关，而成为国家官方制度的一部分。

其二是民间普遍流行的规划设计理论、方法与技艺，又以旨在解决人工空间形态与自然地理环境之关联（福祸）的堪舆地理学，和实际指导工程建设的营造技艺，为两项最主要内容。其主要实践者是地理先生和民间工匠。这两个群体是最广泛参与地方城市规划设计的"专业群体"，他们在长期实践中逐渐形成了自成体系的理论、方法与技艺，主要依靠师徒、父子间的口耳相传而传承。这些民间传统一定程度上受到官方规制的影响，但仍保持着相当的独立性。

其三是士人群体中的相关部分所创造的规划设计思想与理论。士人群体，因其为官当政或在地方事务中占有话语权，而常常有直接参与地方城市规划设计实践的机会。凭借良好的文学艺术修养，这一群体也具有对规划设计理论进行思辨甚至创新的能力和意愿。此外，还因为他们对文字媒介的掌握而具有使自己的规划设计思想广泛传播的能力。因此，这一群体常常在地方城市的规划设计实践中发挥着重要作用，并形成与前两类"传统"势均力敌的影响力。

上述三种机制，在古代地方城市的规划设计实践中长期发挥作用。虽然在不同时代的具体表现有所差异，但总体上形成稳定的作用机制。本书将它们总结为古代地方城市规划设计的"三个传统"——即"官方传统"、"民间传统"和"士人传统"[①]。

这"三个传统"看似作用于规划设计的不同阶段或方面，但它们之间又有着深刻的相互关联。例如，士人群体和民间工匠都在一定程度上帮助着官方制度的实现，但经过他们的创造，又使统一的规制在不同地域文化背景下表现出各异的形态。当民间传统获得官方的认可，也可能成为官方制度的一部分。而士人群体对官方制度和民间传统的思辨与创新，则形成新的规划设计理论，进而影响官方制度与民间传统。简言之，三种传统共同形塑着中国古代地方城市的规划设计实践——"官方传统"和"民间传统"的相互补充构成了规划设计日常活动的基础，"士人传统"则在日常之外追求规划设计的创新与提升(图 6-1)。

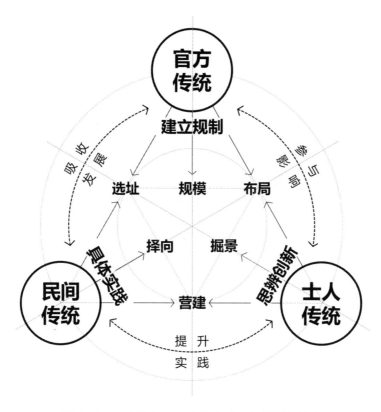

图 6-1 地方城市规划设计的"三个传统"示意

---

① 本书提出古代地方城市规划设计的"三个传统"，参考了1950年代西方人类学家雷德斐（Robert Redfield）提出的"大传统、小传统"（great tradition & little tradition）概念。这一概念曾被学术界广泛应用于文化分类。（参考：余英时. 士与中国文化[M]. 上海：上海人民出版社，1987：129.）

6.1 官方传统：官方法规体系的规划设计引导与控制

中央政府对地方城市的规划设计活动主要通过制定法令、规范、制度等方式进行控制。古代规划设计的这一"官方传统"主要表现在由官方出资或组织规划营建的项目上——大者如府县城市的选址布局、城池修筑；小者如各级官署、学校、坛庙等官方建筑的规划设计。虽然这种官方控制在实际操作中（不论在范围或力度上都）并不像想象的那样严格，但它们仍然构成地方城市规划设计的"纲"，是不容忽视的重要传统。

中国古代的法律至隋唐时期形成了"律"、"令"、"格"、"式"的基本形式[①]。《唐六典·尚书刑部》解释："凡律以正刑定罪，令以设范立制，格以禁违止邪，式以轨物程事"[②]。宋神宗赵顼提出："禁于已然之谓敕（律），禁于未然之谓令，设于此以待彼之谓格，使彼效之之谓式"[③]。明太祖朱元璋也曾提出："律令者，治天下之法也。令以教之于先，律以齐之于后"。其中，"律"与"令"是两套相对独立的系统，"律"以"断罪"，"令"以"断事"[④]。"令"是国家行政法规与规范，是行政诸项事务操作实施的准则，先有"令"的规范引导，才能有"律"的惩处刑罚。"式"则是"令"的配套法律文件，"令"中所规定的原则通常需要参照"式"的具体条文进行操作。如果说"令"相当于今天的行政法规，那么"式"就是与之相匹配的实施细则与技术规范。

在唐代的法律体系中，开始出现了关于土木营缮制度的专门法令——《营缮令》，位列唐《贞观令》27篇专门令中的第25篇[⑤]，其中包括城市规划建设管理的相关内容。此外，在《祠令》、《军防令》、《户令》、《田令》、《杂令》等专门令中也存在与地方城市规划设计相关的规定。唐代的《式》则由各办事机构分别编定[⑥]，对各机构所执掌事务的范围、内容及办事流程等做出详细规定。宋《令》基本继承了唐《令》的体例和内容，仅有少量更新和调整。

---

① 据《唐六典》卷6尚书刑部（180）载："凡文法之名有四：一曰律，二曰令，三曰格，四曰式"。
② 《唐六典》卷6尚书刑部：185。
③ 《宋史》卷199志152刑法一。
④ 黄正建.《天圣令》中的律令格式敕//《天圣令》与唐宋制度研究[M]. 北京：中国社会科学出版社，2011：20-47.
⑤ 《晋令》、《梁令》、《北齐令》、《隋令》中均未出现"营缮"相关的专篇令。唐令中则自《贞观令》始出现《营缮令》专篇（张十庆. 唐《营缮令》第宅禁限条文辨析与释读//中国建筑史论汇刊·第叁辑[M]. 北京：清华大学出版社，2010：142-163）。"凡令二十有七……二十五曰营缮"（《唐六典》卷6尚书刑部：184）。
⑥ 据《唐六典》卷6尚书刑部（185）："凡式三十有三篇。亦以尚书省列曹及秘书、太常、司农、光禄、太仆、太府、少府及监门、宿卫、记账为其篇目，凡三十三篇，为二十卷"。

明清时期则出现了《典》、《例》等新的法律文本形式，较早颁行并已基本固定的律令被收集于《会典》之中，而较后出台或规定专项事务者则以《例》的形式颁布。

为阐明"官方传统"对地方城市规划设计影响的范围和强度，下文分别选取了唐代的《令》和明代的《会典》为例做进一步研究。研究中主要关注三个问题：一是范围，即官方法规对地方城市中的哪些部分的规划设计进行规定；二是内容，即具体规定了什么内容；三是意图，即施行这些规定的目的是什么。

6.1.1 《唐令》中的规划设计规定

唐令中，自贞观年间（627—649）颁布的《贞观令》中开始出现关于土木营缮制度的专项《营缮令》，后来的《永徽令》、《开元七年令》、《开元二十五年令》都一直延续了这一编目。《营缮令》是国家管理诸项营缮工程事务的行政法令，关于城郭、建筑、桥梁、道路、堤防等土木工程的规定主要收录其中[①]，但其他专项令如《祠令》、《户令》、《军防令》、《仪制令》、《田令》、《仓库令》、《厩牧令》、《关市令》、《杂令》等中也有与地方城市规划设计相关的内容。因此，下文以《营缮令》中的土木工程类令文为主，其他专项令中的相关令文为辅，考察唐令中关于当时城市规划设计的规定。本节所引令文，主要采用中国科学院历史研究所《天圣令》整理课题组依据（宋）《天圣令》复原的唐令令文，并参考日本学者仁井田陞发表于《唐令拾遗》中的复原令文[②]。

---

① 其中还包括军器、织物、舟车、礼器等器物制造的相关规定。
② 1999年发现的天一阁藏明抄本［宋］《天圣令》，是唐初天圣年间（1023—1032）以唐《开元令》或其后修订版为蓝本修改增补而成的国家法令文本。其中不仅列出依据《唐令》修改的新行《宋令》（"右并因旧文，以新制参定"），还附列出宋代不再施行的唐代旧令原文（"右令不行"）。因此，依据［宋］《天圣令》复原［唐］《开元令》，被学界普遍认为是更为准确、更接近唐令原貌的复原方式。张十庆（2010：144）也指出，根据［宋］《天圣令》所作的唐令复原较［日］《唐令拾遗》"有了很大的推进，应是诸研究中最完整和最接近原令文的，或可以说，大致复原了《开元营缮令》的主要内容"。因此，本节优先采用根据［宋］《天圣令》复原的《唐令》令文。详见：天一阁博物馆，中国社会科学研究院历史研究所《天圣令》整理课题组校正. 天一阁藏明抄本天圣令校证：附唐令复原研究. 下册［M］. 北京：中华书局，2006。
不过，由于［宋］《天圣令》中仅存《田令》、《赋（役）令》、《仓库令》、《厩牧令》、《关市令》、《医疾令》、《狱官令》、《营缮令》、《丧葬令》、《杂令》10篇（第21-30卷），因此，除这10篇之外的复原唐令，本文还参考日本学者仁井田陞所著《唐令拾遗》（東京：東方文化學院東京研究所，1933/中译本. 长春：长春出版社，1989）一书。该书系根据唐代典籍（如《唐六典》、《通典》、《唐会要》、《唐律疏议》等）中散录的令文，以及日本所存继承并修改自唐令的典籍（如《养老令》等）令文所进行的唐令复原研究。

6.1.1.1 《营缮令》中的规划设计规定

唐《营缮令》中与城市规划建设相关的令文共 14 条 [1]（表 6-1）。从所涉及的内容来看，主要包括以下 6 类：

（1）规定功程的计算标准。例如，〈复原 1〉[2] 规定"功"根据发生时节分长、中、短功三种。

（2）规定营、缮工程的起止时间。例如，〈复原 2〉规定每年冬至至九月不得兴土工，春夏不得伐木。〈复原 7〉规定宫城内的大营缮工程须择日而行。〈复原 23〉规定津桥道路的一般性修理应在每年九月半至十月。〈复原 30〉规定近河及大水之堤防的一般性修理应在每年秋天完成。

（3）规定营、缮工程的申报审批制度，包括须要申报的工程范围、申报时间、程序、机构等。例如，〈复原 3〉〈复原 4〉分别规定"新造州镇城郭"及"别敕有所营造"者应向尚书省申报功役，经审批后方可建设。〈复原 29〉规定"州县公廨舍，如自新创造、功役大者"则须申报听旨。〈复原 31〉规定隄堰"别敕有所修造"者，若计功满千以上则须申报，经审批后兴工。〈复原 24〉规定堰穴修理，预料役功大者，"检计申奏，听旨修完"。

（4）规定营、缮工程的负责机构。例如，〈复原 22〉规定两京城内诸桥及当城门街者由"将作监"负责修营，诸州县城内外之桥则州县自理。〈复原 29〉规定州县公廨舍修理由州县自理，差当地杂役兵人或由门户均摊。〈复原 30〉规定近黄河及大水之堤防修理由州县自理，差人夫或兵士。

（5）限制官民第宅的等级规制，包括规模、样式、装饰等。例如，〈复原 5〉规定了大庙、寺观神祠、城门、州牙门等屋顶形式。〈复原 6〉规定了王公以下至庶人第宅之堂门的间架规模、屋顶样式及装饰等。

（6）限制影响公共利益的私人规划建设行为。例如，〈复原 6〉规定"诸公私第宅皆不得起楼阁临视人家"。〈复原 32〉规定"水堤内不得造小堤及人居"。

---

[1] 在唐《营缮令》32 条令文中，有 14 条属于土木工程类（占比 43.75%），另 18 条属于器物类。其中 25 条被复原，7 条存疑。14 条土木工程类令文详见：牛来颖. 天圣营缮令复原唐令研究 // 天一阁博物馆，中国社会科学研究院历史研究所《天圣令》整理课题组校正. 天一阁藏明抄本天圣令校证：附唐令复原研究. 下册 [M]. 北京：中华书局，2006：672-674.

[2] 〈复原 xx〉的编号为牛来颖所复原的唐令条文编号，详见表 6-1。

唐《营缮令》中关于城市规划设计的相关规定　表6-1

编号	令文	类型
复原1	诸计功程者，四月、五月、六月、七月为长功，二月、三月、八月、九月为中功，十月、十一月、十二月、正月为短工。	功料计算标准
复原2	诸四时之禁，每岁十月以后，尽于二月，不得起冶作。冬至以后，尽九月，不得兴土工。春夏不伐木。若临事要行，理不可废者，以从别式。	营缮起止时间
复原3	诸新造州镇城郭合功者，计人功多少，申尚书省，听报，始合役功。	申报审批制度
复原4	诸别敕有所营造，及和雇造作之类，所司皆先录所须总数，申尚书省。	申报审批制度
复原5	太庙及官殿皆四阿，施鸱尾；社门、观、寺、神祠亦如之。其官内及京城诸门、外州正牙门等，并施鸱尾。自外不合。	营建等级禁限
复原6	诸王公以下，舍屋不得施重拱、藻井。三品以上不得过九架，五品以上不得过七架，并听厦两头。六品以下不得过五架。其门舍，三品以上不得过五架三间，五品以上不得过三间两厦，六品以下及庶人不得过一间两厦。五品以上仍连作乌头大门。父、祖舍宅及门，子孙虽荫尽，仍听依旧居住。 诸公私第宅，皆不得起楼阁，临视人家。	营建等级禁限 私人营建控制
复原7 /宋7	官城内有大营造及修理，皆令太常择日以闻。	营缮起止时间
复原22 /宋18	诸两京城内诸桥及当城门街者，并将作修营，自余州县料理。	营缮负责机构
复原23 /宋19	诸津桥道路，每年起九月半，当界修理，十月使讫。若有阬、渠、井、穴，并立标记。其要路陷坏、停水，交废行旅者，不拘时月，量差人夫修理。非当司能办者，申请。	营缮起止时间
复原24 /宋20	[宋20]诸堰穴漏，造□及供堰杂用，年终豫料役功多少，随处供修。其功力大者，检计申奏，听旨修完。	申报审批制度
复原29 /宋25	[宋25]诸州县公廨舍破坏者，皆以杂役兵人修理。无兵人处，量于门内户均融物力，县皆申州候报。如自新创造，功役大者，皆具奏听旨。	申报审批制度 营缮负责机构
复原30 /宋26	诸近河及大水，有隄堰之处，刺史、县令以时检行。若需修理，每秋收讫，量功多少，自近及远，差人夫修理。若暴水汛溢，毁坏隄防，交为人患者，先即修营，不拘时限。应役人多，且役且申。若要急，有军营之兵士，亦得通役。	营缮负责机构 营缮起止时间
复原31 /宋27	[宋27]诸别敕有所修造，令量给人力者，计满千功以上，皆须奏闻。	申报审批制度
复原32 /宋28	诸傍水隄内，不得造小隄及人居。其隄内外各五步并隄上，多种榆柳杂树。若隄内容窄，随地量种，拟充隄堰之用。	私人营建控制

注：本表中令文（除第5、6条外）引自：牛来颖.天圣营缮令复原唐令研究//天一阁博物馆，中国社会科学研究院历史研究所《天圣令》整理课题组校正.天一阁藏明抄本天圣令校证：附唐令复原研究.下册[M].北京：中华书局，2006：650-674。第5、6采用张十庆复原令文，详见：张十庆《唐〈营缮令〉第宅禁限条文辨析与释读》（中国建筑史论汇刊.第叁辑[M].北京：清华大学出版社，2010：142-163）。

若从营缮活动管理的性质和意图来看，则主要可分为以下三类：

其一，是针对官方营缮工程，规定了功料计算标准、申报审批制度、负责机构及兴役时间等要求。其重点在于控制官方工程的功料开销与营修责任。这些官方工程具体包括：城郭、公廨、桥道、堤堰及"别敕有所营造"者。要求上报主管部门审批的内容主要是规模及功料，当然也包括该工程的规划设计方案，如〈复原3〉之"新造州镇城郭"及〈复原29〉之"州县公廨舍""如自新创造、功役大者"。

其二，是对于私人规划营建行为，限制其规模、样式、和装饰，以维护等级制度，防止僭越。虽然14条令文中仅有2条涉及此类，但从令文的长度和详细程度上足见其重要性。张十庆（2010）对这2条复原令文进行了修正（详见表6-1第5、6条），指出可能还存在一些遗漏的规定，如关于"垣屋高下"、"中堂及以下降等"、"向街开门"之禁限。

其三，是出于维护公众利益目的而对私人营建行为所进行的限制性规定。虽然此类令文比例很低，但表现出当时已出现对公共空间利益的关注。例如〈复原6〉"诸公私第宅皆不得起楼阁临视人家"一条的出现，正是因为唐代中期城市中随意兴建官私楼阁的行为日益增多，引发了临视人家、妨碍隐私等社会问题，国家法规中才不得不做出专门规定。大历十四年（779）的一条敕文又将"禁起楼阁"的范围从"公私第宅"扩大至"诸坊市邸店楼屋"[①]，想必是根据新生问题所做的追加规定。然而大概因为当时兴建楼阁的情况已十分普遍，该敕文发布后，京兆尹又奏请"坊市邸店旧楼请不毁"，反映出政策法规与实际营建行为之间的冲突与妥协。另一条〈复原32〉"水堤内不得造小堤及人居"的规定也是回应现实问题而作出的规定。

6.1.1.2　其他专项《令》中的规划设计规定

除《营缮令》外，唐令中的《祠令》、《户令》、《军防令》、《仪制令》、《田令》、《仓库令》、《厩牧令》、《关市令》、《杂令》等专项令中也涉及地方城市规划设计的相关规定。主要包括以下三类：

第一类是国家要求各级州县皆须设置的功能性设施，及对其选址、规划、

---

① 据《唐会要》卷59尚书省诸司下/工部尚书载：大历十四年（779）六月一日敕文"诸坊市邸店楼屋，皆不得起楼阁，临视人家"。

设计方面的具体规定。例如,《祠令》31［开七］规定州县皆须设立社稷坛,"如京师之制"[①]。《祠令》32［开七］规定州县皆须设立孔庙[②]。《仓库令》复原1规定仓窖应选址建设于"城内高燥处",并提出了关于仓库泄水、防潮等的具体技术要求,如"于仓侧开渠泄水""空地不得种莳。若地下湿不可为窖者,造屋贮之"等[③]。《军防令》37规定烽火台设置间距为"三十里",若遇地形不便则以"得相望见"为标准设置而"不必要限三十里"[④]。《军防令》36规定"防人"在"防守固"之外还要在当地选择"侧近空闲地"耕种粮食蔬菜,应"逐水陆所宜,斟酌营种,并杂蔬菜,以充粮贮,以充防人等食"[⑤]。《厩牧令》复原31规定驿站设置间距为"三十里",如遇"地势阻险"或"无水草处"则可"随便安置"[⑥]。《厩牧令》复原46规定当路州县有传马处时应"于州县侧近给官地四亩"种苜蓿以饲马匹[⑦]。《关市令》复原16规定"非州县之(治)所"不得置市,且"市"当设"钲鼓"等报时设施[⑧]。此外,《医疾令》中对在京都设立药园的选址规模和条件[⑨]、《丧葬令》中对皇陵周边地区的建设限制等也有明文规定。

第二类是关于土地分配、性质变更等方面的规定。例如,《田令》复原30规定官民均不得将"田宅舍施及卖易与寺观",违者田宅钱物均予没收[⑩]。此条是对土地性质变更的限制,表明政府控制宗教用地随意增加的态度。再如《田令》复原17规定京城及州县郭之外每户园宅地的分配标准为"良口三口以下给一亩,每三口加一亩,贱口五口以下给一亩,每五口加一亩",并有"不入永业、口分之限"的要求[⑪]。

第三类则与《营缮令》中的规定类似,也涉及对营建负责机构、营建行为管控等内容。例如关于营缮工程负责机构的规定还有:《军防令》32规定"防人"职责除防守固外,也包括对所在城隍、公廨、屋宇进行修理[⑫];《杂令》复原43

---

① ［日］仁井田陞《唐令拾遗》1989:105。
② ［日］仁井田陞《唐令拾遗》1989:106。
③ 《天一阁藏明钞本天圣令校证:附唐令复原研究》2006:493。
④ ［日］仁井田陞《唐令拾遗》1989:303。
⑤ 同上。
⑥ 《天一阁藏明钞本天圣令校证:附唐令复原研究》2006:518。
⑦ 《天一阁藏明钞本天圣令校证:附唐令复原研究》2006:520。
⑧ 《天一阁藏明钞本天圣令校证:附唐令复原研究》2006:539。
⑨ 唐《医疾令》复原第20条。《天一阁藏明钞本天圣令校证:附唐令复原研究》2006:579。
⑩ 《天一阁藏明钞本天圣令校证:附唐令复原研究》2006:450。
⑪ 同上。
⑫ ［日］仁井田陞《唐令拾遗》1989:301。

（宋 28）规定州县学馆墙宇之维修由当地官署负责[①]；《仓库令》复原 24 规定州县仓库之维修应差本仓兵人或杂役兵人[②]。又如限制私人规划建设行为的规定还有：《杂令》复原 25，规定京城和州县中文武官员三品以上及爵一品者、五品以上及公者可向大街开门[③]。

6.1.1.3 《唐令》中对"官方传统"与"民间传统"的界限划分

从对上述令文的考察中不难发现，《唐令》中关于地方城市规划设计的规定并非面面俱到，而是主要集中在官方建筑设施，如州县城郭、公廨、坛庙、仓库、市肆、驿站、堤防等的建置、规模、选址、式样等方面。具体来说，《唐令》中规定"新造州县城郭"须经主管部门审批方可兴造，表明政府对州县城郭规模和防御能力进行着严格控制。相比之下，令文中对城市内部的功能布局、道路结构等则并无具体规定。对前述诸项重要官方建筑设施，令文中仅规定它们是州县城市的必备配置，并对其中部分的选址原则和规模标准提出要求，但对平面布局、建筑式样等则无要求。其中《仓库令》首条对仓库泄水、隔热、防潮等技术要点进行了硬性要求是唯一的例外，但这些技术手段旨在保障粮食储存的质量，对政治安定与社会稳定有重要意义，因此在令文中予以特别要求。而对于民间规划建设行为，除出于维护等级秩序目的对官私第宅有所禁限外，对地方城市中大量存在的其他功能建筑及场所的规划设计活动并没有具体要求。

《唐令》之所以着重控制官方设施的规划设计，因为它们是关系一邑之防御、行政、祭祀、教育、贸易、交通等职能的重要功能性设施，是实现政令通达、社会安定的必要物质空间要素。通过国家法令对这些官方设施的规划设计予以明确规定，一为分清各职能部门的责权范围，便于管理；二为对地方城市中这些关键设施之规模、形态有全局性控制。但同时也表明，大部分民间营建行为并不受到国家法令的约束。

这种差异表明，《唐令》已在地方城市规划设计的政府管控和民间自理之间划分出一条界线——或者说是地方城市规划设计之"官方传统"与"民间传统"

---

① 《天一阁藏明钞本天圣令校证：附唐令复原研究》2006：752，742。
② 《天一阁藏明钞本天圣令校证：附唐令复原研究》2006：495，489。
③ 《天一阁藏明钞本天圣令校证：附唐令复原研究》2006：750。

的界线。后世官方法令基本继承了这一划分原则和《唐令》中的核心内容。

6.1.2 《明典》中的规划设计规定

明代的基本法律形式是典、律、令、例①。明初颁布了《大明律》和《大明令》,此后《律》《令》基本稳定,必要的增补修正则以《条例》、《事例》、《则例》、《榜例》等形式出现。至明孝宗时,因"累朝典制,散见迭出,未会于一。乃敕儒臣、发中秘所藏《诸司职掌》等诸书,参以有司之籍册,凡事关礼度者,悉分馆编辑之。百司庶府,以序而列。官各领其属,而事皆归于职,名曰《大明会典》"②。这正是弘治十五年(1502)编成的第一版《明会典》(180卷)。但该典尚未颁布,孝宗就驾崩了。明武宗即位后的正德四年(1509),"检阅前帙,不能无鲁鱼亥豕之误。复命内阁重加参校,补正遗阙,又数月而成";于是正式将《明会典》颁行天下,"俾内而诸司,外而群服,考古者有所依据,建事者有所师法"③。此后嘉靖年间(1522—1566)又开始对会典重修补充,至万历十五年(1587)修成并颁行,即《万历重修明会典》。关于《明会典》的内容和性质,武宗皇帝曾概括"其义一以《职掌》为主,类以颁降群书,附以历年事例,使官领其事,事归于职,以备一代之制"。由此可知《明会典》是一部对明代中期以前之典章制度、法律规范的汇编集成,梁启超曾评价其为"明代最详博完备之成典也"。

作为官方典章制度大全,《明会典》中自然也记载着当时对地方城市规划设计的相关规定。《万历重修明会典》是诸版本中最完整翔实的一版,其中关于地方城市规划设计的相关规定主要分布于:"吏部"之"京官官制"、"外官官制"、"敕谕授职到任须知"诸篇,"户部"之"州县"、"仓庾"诸篇,"礼部"之"房屋器用等第"、"学校"、"乡饮酒礼"、"旌表"、"恤孤贫"、"祭祀通例"、"群祀有司祭祀"诸篇,"兵部"之"城隍"、"镇戍"、"关津"、"驿传"诸篇,"刑部"之"律例"、"申明诫谕"诸篇,"工部"之"营造"、"工匠"诸篇,"都察院"之"出巡事宜"诸篇中。对这些卷目内容作详细考察,发现明代官方法令中关于地方城市规划设计的规定主要集中在以下三个方面。

---

① 万明. 明令新探:以诏令为中心//杨一凡主编. 中国古代法律形式研究[M]. 北京:社会科学文献出版社. 2011:416-444.
② 明孝宗. 御制大明会典序. 弘治十五年十二月十一日(万历重修明会典[M]. 北京:中华书局,1988:1.)
③ 明武宗. 御制大明会典序. 正德四年十二月十九日(万历重修明会典[M]. 北京:中华书局,1988:1.)

6.1.2.1 规定了地方府县必须规划建设的官方建筑类型

《万历重修明会典》中规定地方府县城市必需规划建设的官方建筑包括：祠庙、救济、官署、学校、仓库、旌表申明等类型（表6-2）。

（1）坛庙。《明会典》中关于地方城市中官方坛庙建筑的规定最为详细：规定了府县城市必须设立社稷坛（合祀风云雷雨山川、城隍）、厉坛、孔庙、旗纛庙，并要为当地"神祇、帝王、忠臣、孝子、功利一方者"立祠庙（第1～3条）；并且对某些重要坛庙的建筑形制、方位选址等也有详细规定，如府县社稷坛的规模、布局、房屋尺寸并附图，旗纛庙、厉坛的方位等（第4～8条）。关于城隍庙、社稷坛、山川坛、厉坛的选址及形制在《明史》中亦有记载（表6-3）。

（2）救济场所。《明会典》中规定地方府县皆须设置养济院、义冢（漏泽园）、惠民药局等慈善救济场所，并对其选址进行引导（第9条）。

（3）学校。《明会典》中规定地方府县城市皆须设置儒学、社学，但对建筑规模形制无具体要求（第10～11条）。

（4）仓库。《明会典》中对地方府县及卫所城市应建之仓库皆有列目。以永州府为例，设永州府"广益仓"，道州"广济仓"，江华县"广积仓"，宁远县"广积仓"[①]。对仓库的建筑规模、材料形式、技术要点等都有具体规定，甚至修建"样厫"为标准（第12～14条）。

（5）旌表申明。《明会典》中也有对官方旌表、申明设施的相关规定（第15～16条）。《明太祖实录》中则详细记载了洪武初年令府县城市及乡里皆设申明、旌善亭的规定，并颁布有二亭"定式"。

《万历重修明会典》中关于地方府县公建设施配置的相关规定　　　表6-2

	分类	规定内容	卷目出处
1	坛庙	洪武初，天下郡县皆祭三皇，后罢；止令有司各立坛庙祭社稷、风云雷雨山川、城隍、孔子、旗纛及厉；庶人祭里社、乡厉及祖父母、父母，并得祀灶，余俱禁止	卷81礼部三十九／祭祀通例：1839
2	坛庙	凡应祀神祇。洪武元年，令郡县访求应祀神祇、名山大川、圣帝明王，忠臣烈士。凡有功于国家，及惠爱在民者，俱实以闻，著于祀典，有司岁时致祭。〇二年，令有司时祀祀典神祇。其不在祀典，而尝有功德于民、事迹昭著者，虽不祭，其祠宇禁人毁撤。	卷93礼部五十一／有司祭祀上：2126

[①] 《万历重修明会典》卷22户部9仓庚二／各司府州县卫所仓：567。

续表

	分类	规定内容	卷目出处
3	坛庙	凡神祇坛庙。嘉靖九年，令各处应祀神祇、帝王、忠臣、孝子、功利一方者，其坛场庙宇，有司修葺，依期斋祀，勿亵伍忌。	卷93 礼部五十一 / 有司祭祀上：2126
4	坛庙	[社稷]（州府县同）坛制东西二丈五尺，南北二丈五尺，高三尺（俱用营造尺）。四出陛各三级。坛下前十二丈或九丈五尺，东西南各五丈。缭以周墙，四门红油，北门入。……	卷94 礼部五十二 / 有司祭祀下：2129
5	坛庙	[风云雷雨山川城隍之神]凡各布政司、府州县，春秋仲月上旬，择日同坛祭。设三神位，风云雷雨居中，山川居左，城隍居右（若州府县，则称某府某州某县境内山川之神，某府某州某县城隍之神	同上：2135
6	坛庙	[旗纛]凡各处守御官俱于公廨后筑台立旗纛庙。	同上：2137
7	坛庙	[祭厉]凡各府州县，每岁春清明日、秋七月十五日、冬十月一日祭无祀鬼神。其坛设于城北郊间。府州名郡厉，县名邑厉。	同上：2137
8	坛庙	[城隍庙]凡在外祀典杂例。……宣德八年定：新官到任，以羊豕各一，总祀应祀神祇于城隍庙。	同上：2143
9	救济	国初立养济院以处无告，立义冢以瘗枯骨。累朝推广恩泽，又有惠民药局、漏泽园、幡竿蜡烛二寺。……○洪武初，令天下置养济院，以处孤贫残疾无依者。○三年，令民间立义冢……若贫无地者，所在官司择近城宽闲之地立为义冢。	卷80 礼部38/恤孤贫：459
10	学校	洪武二年诏天下府州县立学校。	卷78 礼部36/学校：1807
11	学校	洪武八年诏有司立社学、延师儒，以教民间子弟。……○弘治十七年，令各府州县建立社学，访保明师。民间幼童年十五以下者送入读书，讲习冠、婚、丧、祭之礼。	同上：1819
12	仓库	洪武）二十六年定，凡天下设置仓廒，其在各该卫所，常存二年粮斛，分为二十四廒，收贮以备支用；其在各司府州县，各有仓廒，收贮粮米以给岁用。……○宣德三年奏准：凡设内外卫所仓，每仓置一门，榜曰'某卫仓'；三间为一廒，廒置一门，榜曰'某卫某字号廒'。……仓外置冷铺，以军丁三名巡警。	卷22 户部九仓庚二 / 内外各仓通例：603
13	仓库	万历三年题准：修建仓廒，规制俱以样廒为准。各委官及作头姓名刻匾悬记，如十年之内即有损坏者，责令赔修，仍治其罪	卷187 工部七/营造五 / 仓库：946
14	仓库	万历九年题准：每年修仓廒底板木近土，米易湿烂，议用城砖砌漫方，置板木铺垫；廒门廒墙偏留下孔，以泄地气。	同上：948

续表

	分类	规定内容	卷目出处
15	旌表	○洪武元年令：凡孝子顺孙、义夫节妇、志行卓异者，有司正官举名，监察御史、按察司体覈，转达上司，旌表门闾。○又令：民间寡妇，三十以前夫亡守制，五十以后不改节者，旌表门闾。除免本家差役。……○又奏准：天下军民衙门将已经旌表军民孝子节妇于所在旌善亭内附写行孝守节缘由。……○正德六年，令近年山西等处不受贼污，贞烈妇女已经抚按查奏者……于旌善亭旁立贞烈碑，通将姓字年籍镌石，以垂永久。	卷79礼部三十七/旌表：1826
16	申明	洪武二十六年定：凡贪官污吏、玩法顽民有犯罪名，各该部分取问明白，议拟审允，依律发落外，将各人所犯情由罪名开付广西部，明立文案，照依原犯情罪备榜，差人发去各囚原籍张挂申明诫谕。其钦依戴罪官员，各该部分自行备榜，发去原籍任所，张挂晓谕。取各囚原籍任所官司回文，到部完卷。	卷179刑部二十一/申明诫谕：3649

关于上述官方功能设施在地方府县城市中的重要次序，《明会典》中收录的"敕谕授职到任须知"[1]篇提供了线索（图6-2）。按此"须知"，新官到任地方后须了解境内人居建设的相关事宜依次为：（1）诸坛庙之数量、位置、规模，如"社稷、山川、风云雷雨、城隍诸祠、及境内旧有功德于民应在祀典之神、郡厉邑厉等坛，……坛场几座，坐落地方，周围坛垣"等，且"如遇损坏，随即修理"；

十六	十五	十四	十三	十二	十一	十	九	八	七	六	五	四	三	二	一	授职到任须知目录
金银场	鱼湖	各色课程	会计粮储	系官头匹	所属仓场库务	仓库	印信衙门	承行事务	吏典不许挪移	吏典	制书榜文	田粮	狱囚	恤孤	祭神	
卅一	三十	廿九	廿八	廿七	廿六	廿五	廿四	廿三	廿二	廿一	二十	十九	十八	十七		
警迹人	犯法民户	犯法官吏	祇禁弓兵	好闲不务生	起灭词讼	境内儒者	官户	节妇 孝子顺孙义夫	耆宿	书生员数	系官房屋	公廨	盐场	窑冶		

注：灰色涉及地方城市的相关公建设施。

图6-2 《万历重修明会典》所载《授职到任须知目录》

---

[1] 《万历重修明会典》卷9吏部/关给须知：210-219。

（2）养济院概况；（3）各类衙门概况，"如一府所辖有州县学校、巡检司、水马驿、河泊递运所、仓场库务"等；（4）境内仓场库务概况；（5）公厅及住歇房屋概况等。这一考察次序或许说明了诸项设施在地方人居环境中的重要性依次为：坛庙、救济、官署、学校、仓库等。

《明史》中关于地方府县"城隍庙"及"三坛"规划设计的相关规定　表6-3

坛庙	规定内容	卷目出处
城隍	（洪武）三年，诏去封号，止称其府、州、县城隍之神。又令各（城隍）庙屏去他神。定庙制：高广视官署厅堂。造木为主，毁塑像异置水中，取其泥涂壁，绘以云山。……在王国者王亲祭之，在各府州县者守令主之。	卷49志第25礼三（吉礼三）/城隍
社稷坛	府州县社稷。洪武元年颁坛制于天下郡邑，俱设于本城西北，右社左稷。	卷49志第25礼三（吉礼三）/社稷
山川坛	嘉靖十年，……王国、府、州、县亦祀风云雷雨师，仍筑坛城西南。祭用惊蛰、秋分日。	卷49志第25礼三（吉礼三）/太岁月将风云雷雨之祀
厉坛	洪武三年定制，……王国祭国厉，府州祭郡厉，县祭邑厉，皆设坛城北，一年二祭如京师。	卷50志第26礼四（吉礼四）/厉坛

6.1.2.2　规定了地方城市规划设计中相关部门的职责及办事程序

地方城市中各项官方建设及设施的规划建设主要由工部管理。据《明会典》，"工部尚书、左右侍郎，掌天下百工营作、山泽采捕、窑冶、屯种、榷税、河渠、织造之政令"[①]；其下属营缮清吏司"分掌官府、器仗、城垣、坛庙经营兴造之事"[②]；虞衡清吏司"分掌天下山泽采捕陶冶之事"[③]；都水清吏司"分掌川渎、陂池、桥道、舟车、织造、衡量之事"[④]；屯田清吏司"分掌屯种、坟茔、抽分、炭柴之事"[⑤]。但事实上，工部的工作重心主要集中在京畿地区及大运河沿线地区等掌握国家重要政治经济命脉的有限地区；而对于地方府县城市中的官方建筑及设施的规划设计，工部的职责仅涉及项目审批、踏勘相度、督工计料、制定式样、经费

---

① 《万历重修明会典》卷181工部一：3663。
② 同上。
③ 《万历重修明会典》卷181工部一：3857。
④ 《万历重修明会典》卷181工部一：3795。
⑤ 《万历重修明会典》卷181工部一：4057。

支给。相比于京畿等重区，工部对地方城市规划设计的管控是"间接"的。

考察《万历重修明会典》中所载工部职责，涉及地方府县城市的相关规定主要集中在以下三个方面（表6-4）。

（1）规划设计方面，大多规定"依制建造""以样为准"。例如，新创及奉旨起造功臣享堂须"依制建造"，坛庙损坏须"依例修整"，修建仓廒须"以样廒为准"（第3、5条）。可见，官方主要通过颁布"定式""定制"指导或规范地方城市中相关设施的建设。关于各级官署公廨，《明会典》中虽然并没有提到有"定式"，但从明代其他文献记载来看"公廨式"是存在的[①]，如《皇明长天志》载，"洪武初，颁公廨式于天下，府州县公廨遂有定制"[②]。

（2）项目审批方面，通常须要工部"委官估计物料，入奏定夺"。例如在外藩镇府州城隍如需修理则"度量军民工料，入奏修理"（第1条）；又如新创及奉旨起造功臣享堂则须"委官督工计料，依制建造"（第2条）；再如大小衙门修理工程浩大者，则务必"委官相料计用，定夺修理"（第4条）。工部所负责的遣官估算工料，其实隐含着对规划设计的"控制"，主要表现在依据等级决定建筑的规模、式样、装饰等方面。值得一提的是，表6-4第3条中有"若岳镇海渎庙宇焚毁不存，用工多者，布按二司同该府官斟酌民力，量宜起盖，仍先画图奏来定夺"的规定，这里工部要求地方"画图奏来"，是审查规划设计方案之明证。

（3）经费支给方面，藩镇州县城隍修理、大小衙门重建、无钱粮衙门维修、新创及奉旨起造功臣享堂建设等，经费由工部支付，其余则均为州县自理。

此外，全国都司卫所城池、关津（巡检司[③]）、驿传的规划建设不仅由工部负责，也涉及兵部职责。不过二部有明确分工：兵部主要负责立项、选址，而工部负责此后的具体规划建设工作。例如巡检司、驿传的增设新建工程，先由兵部"差人踏勘"，奏准后"行移工部盖造衙门"（第7、8条）。又如都司卫所城池修筑，先由兵部"差人相度"，确定工程规模等级并奏准后领军兵筑造（第6条）。

---

① 李菁指出，"地方志显示，在明初曾颁行过一个通行全国的治署之'式'。如《嘉靖泾县志》（卷四次舍纪：93）有'洪武初，当以规式诏宇宙，区大小公居，周爰执事靡敢不尊。又如《正德江宁县志》（卷四公署：728）卷4中也有'皇朝洪武初，徙建于京城银作坊，廨宇悉尊颁式，详见县治图'"。（李菁. 明代南直隶地方城防与行政建筑研究[D]. 北京：清华大学，2011：117.）
② ［明］邵时敏修，王心纂《嘉靖皇明天长志》卷3人事志：166.
③ 据《万历重修明会典》卷139兵部22关津二（2885）载："洪武二十六年定：凡天下要冲去处设立巡检司。专一盘诘往来奸细及贩卖私盐犯人、逃军逃囚、无引面生可疑之人。"

《万历重修明会典·工部·营造》中关于地方府县城市规划设计的相关规定 表6-4

	分类	规定内容	卷目出处
1	城池	洪武二十六年定：……若在外藩镇府州［城隍］，但有损坏、系干紧要去处者，随即度量彼处军民工料多少，入奏修理。如系腹里去处，于农隙之时兴工。	卷187工部七/营造五/城垣：3771
2	城池	凡各处城楼窝铺。洪武元年，令腹里有军城池每二十丈置一铺；边境城每十丈一铺。其总兵官随机应变增置者，不在此限。无军处所，有司自行设置，常加点视，毋致疏漏损坏。提调官任满得代相沿交割，违者治罪。	卷187工部七/营造五/城垣：3773
3	庙宇	凡修建庙宇。洪武二十六年定：……如遇新创及奉旨起造功臣享堂，须要委官督工计料，依制建造。〇正统八年敕，凡岳镇海渎祠庙、屋宇、墙垣或有损坏，及府州县社稷、山川、文庙、城隍一应祀典神祇坛庙颓废者，即令各该官司修理；合用物料，酌量所在官钱内支给收买，或分派所属殷实人户备办。于秋成时月，起倩夫匠修理；不许指此多派虚费民财。……若岳镇海渎庙宇焚毁不存，用工多者，布按二司同该府官斟酌民力，量宜起盖；仍先画图奏来定夺。凡修完应祀坛庙，皆选诚实之人看守，所司时加提督。遇有损坏，即依例修整，不许废坏。	卷187工部七/营造五/庙宇：3776
4	公廨	凡修理公廨。……〇永乐二年奏准：今后大小衙门小有损坏，许令隶兵人等随即修葺，果房屋倒塌，用工浩大，务要委官相料计用，夫工物料数目，官吏人等，保勘申部，定夺修理。……〇嘉靖二十三年题准：各衙门应修理者，小用银一百两以下，大修五百两以下，估计到部动支节慎库官银，上紧修理。以工完日为始，小修以三年为限，大修以五年为限，不得先期辄便议修。〇又议定：各有钱粮衙门损坏，工部委官估计物料，转行动支无碍银两，径自修理。惟原无钱粮者，工部议估兴工。	卷187工部七/营造五/公廨：3778
5	仓库	凡修盖仓库。……万历三年题准：修建仓廒，规制俱以样廒为准。	卷187工部七/营造五/仓库：3782
6	都司卫所城池	洪武二十六年定：凡天下都司并卫所城池、军马数目，必合周知，或遇所司移文修筑，须要奏闻，差人相度，准令守御军事或所在人民筑造，然后施行。	卷124兵部七/职方清吏司/城隍一/都司卫所：2541
7	巡检司	洪武二十六年定：凡天下要冲去处设立巡检司。……或遇所司呈禀设置巡检司，差人踏勘；果系紧关地面，奏闻准设，行移工部盖造衙门。吏部铨官，礼部铸印，行移有司照例于丁粮相应人户内佥点弓兵应役。	卷139兵部二十二关津二：2885
8	驿站	洪武二十六年定：凡新开地堪设驿分递运所，或旧设驿所相离窎远，往复不便，可以添设。差人踏勘明白，取勘彼处乡村市镇，画图贴说回报。验其里路远近相同，应设驿所、船车、马驴数目具奏，移咨工部盖造衙门。吏部铨官，礼部铸印，合用人夫，行移有司照例佥点。	卷145兵部二十八驿传一：2937

6.1.2.3　规定了各级官民第宅、坟茔等规划建设的等级禁限

出于维护封建社会等级制度的目的，《明会典》中对官民宅第、坟茔的规划建设仍有等级禁限规定。对于官民宅第，主要对其间架规模、屋顶式样、建筑装饰三方面有所规定[①]；对寺观建筑也有详细规定[②]。对于各级官员坟茔也有详细的禁限规定，如在"文武官员造坟总例"中就详细规定了各级品官的坟地尺寸、坟高、石兽数量、碑碣式样等要求[③]。

总体来看，明代法令中对地方城市相关规划设计活动的规定较前代更为详细，但其管控范围与目标并未超过自唐代开始形成的传统。地方城市规划设计的"官方传统"（政府管控）与"民间传统"（地方自理）之间的界线仍然清晰存在。

6.1.3　"官方传统"的实际影响：以永州地区为例

前述官方法令规范究竟在多大程度上影响或控制着地方城市中的规划设计实践？我们尚难对这一问题给出系统而准确的回答。不过将明代永州地区府县城市的规划建设情况与《明会典》中的相关规定进行对比，至少可以得到以下四方面的结论。

（1）从官方规定各级府县城市必须规划建设的官方建筑与设施（如城池、官署、坛场祠庙、学校、仓库、旌表、救济、驿站等）来看，永州地区诸府县皆依制规划建设。

（2）从府县城池规模来看，虽然《明会典》中并未提出明确要求，但永州地区府县城池规模显然受到官方的统一控制而表现出一定的等级差异。

[①] 据《万历重修明会典》卷62礼部二十/房屋器用等第（1579～1580）载："凡房屋，洪武二十六年定：官员盖造房屋，并不许歇山转角、重檐重栱、绘画藻井；其楼房不系重檐之例，听从自便。○公侯前厅七间或五间，两厦九架；造中堂七间九架；后堂七间七架；门屋三间五架，门用金漆及兽面摆锡环；家庙三间五架。俱用黑板瓦盖，屋脊用花样瓦兽；梁栋、斗栱、檐桷用彩色绘饰；窗枋柱用黑漆或金油饰。其余廊庑、库厨、从屋等房，从宜盖造，俱不得过五间七架。○一品二品厅堂五间九架；屋脊许用瓦兽；梁栋、斗栱、檐桷用青碧绘饰。门屋三间五架；门用绿油及兽面摆锡环。○三品至五品厅堂五间七架；屋脊用瓦兽；梁栋、檐桷用青碧绘饰。正门三间三架；门用黑油摆锡环。○六品至九品厅堂三间七架；梁栋止用土黄刷饰。正门一间三架；黑门铁环。○一品官舍，除正厅外，其余房舍许从宜盖造，比正屋制度务要减小，不许太过。其门窗户牖并不许用朱红油漆。○庶民所造房舍，不过三间五架。不许用斗栱及彩色装饰。……○三十五年《申明》：军民房屋不许盖造九五间数，一品二品厅堂各七间；六品至九品厅堂、栋梁止用粉青刷饰。庶民所居房屋从屋虽十所二十所，随所宜盖；但不得过三间。○正统十二年《令》：庶民房屋架多而间少者不在禁限。

[②] 据《万历重修明会典》卷62礼部二十/房屋器用等第（1579～1580）载："凡寺观庵院，洪武三年《令》：除殿宇、梁栋、门窗、神座案桌许用红色，其余僧道自居房舍并不许起造斗栱、彩画梁栋，及僭用红色什物床榻椅子。"

[③] 《万历重修明会典》卷203工部二十三/坟茔/职官坟茔：4077。

（3）从各类官方建筑及设施在府县城市中的选址布局来看，以《明会典》中规定较详细的社稷、山川、邑厉三坛为例，永州地区诸府县城市的实际规划建设情况并不完全符合《会典》中的相关规定。因为这些设施的实际布局在很大程度上会受到自然地形条件的制约。这也说明，地方建设对官方规制的遵循度并不如想象的那么高。

（4）从府县城市治署、文庙、城隍庙等主要官方建筑的规划设计来看，其空间布局基本遵循着统一"定式"，但实际的规模、形态仍有很大差异。

就永州地区府县城市规划建设的实际情况来看，其对官方法规的遵循是定性的、不完全的——在内容配置、规模控制等方面基本符合官方规定，但在诸建筑及设施的具体空间布局、建筑形态等方面仍有很大的发挥空间。

由此看来，地方城市规划设计的"官方传统"广泛存在，但影响力有限。一方面，官方法规中关于地方城市的规定本来就局限于官方建筑及设施的配置和城池规模等有限内容，对城市的整体空间布局、道路格局、公共空间设计等并没有具体控制或引导。另一方面，在地方城市的实际规划建设中，受限于自然地形、经济水平等原因，也不可能完全遵守官方规定。地方实践中对官方规制的这种"定性的""不完全的"遵守，恰恰为规划设计中的"民间传统"和"士人传统"的形成与发展提供了广阔的空间。

6.2　民间传统：地理先生、民间工匠的规划设计实践

在地方城市规划设计活动中未被官方法规管控的地带，实际承担着规划设计活动、并形塑地方城市空间形态的还有"民间传统"和"士人传统"。其中，"民间传统"涉及更广泛、基层的规划设计实践，发挥着更主要的影响。

在这一传统中，有两个专业群体发挥着主要作用：其一是地理先生，他们主要参与城市及其标志性建筑的选址、策划，和城市大尺度山水格局的建构；其二是工匠团体，他们参与着大量一般性工程项目的规划设计工作。这两个群体在长期的实践积累中形成了各自专门的规划设计方法、惯例、甚至是理论。这些方法与惯例构成了地方城市规划设计之"民间传统"的主要内容。本节将分别对这两个群体的规划设计活动展开讨论。

6.2.1 地理先生的规划设计实践

在明清时期，地理先生作为专业人士参与地方城市的规划设计实践是十分普遍的现象。例如，永州地区府县方志有关重要规划建设工程的记载中，就常常出现"形家"、"地理师"的身影和言论，反映出这一群体对地方城市规划设计的深度参与。从永州地区的情况来看，他们的规划设计实践主要体现在以下三个方面。

6.2.1.1 梳理城市与山水环境的空间关系，建构城市大尺度山水格局

对于新建城市而言，梳理城市与周围山水环境的关系是城市选址工作的一部分，地理先生主要在这一规划环节提供专业意见。但事实上，很多城市起源较早，它们在选址之初并不一定遵循风水原则，或者所遵循的选址原则不同于明清时期普遍流行的风水理论。面对这种情况，地理先生的一项重要工作就是为城市与其山水环境重新"建构"一个符合时下理想的山水空间格局，使城市与自然环境的关系符合人们的理想，并借以带来好的喻义。

以道州为例。州城选址始于唐代，当时的选址并不一定深受风水原则影响，即便有也不一定与明清盛行的风水原则一致。但清代的地理先生们为"合理化"这一经过历史检验的选址，从周围山水环境中筛选出适合要素，为道州城重新"建构"了一个符合时下风水理想的大尺度空间格局——"州龙初发脉于营阳，蜿蜒百里，继分枝于宜岭，突兀三峰。由是立城池则面水背山；建廨署则居高临下。左右溪交流城外，东西洲并峙河中"[1]。道州城左右有溪流环护、东西有沙洲并峙、州治建于城中高阜斌山，这些都是历经千年的事实，但以营阳为"龙脉"、以宜山为"主山"的说法，则是明清地理先生的"首创"。被选为州城之"主山"的宜山，在唐宋两代的官私地理志中皆无相关记载[2]，甚至修于明初的（洪武）《永州府志》中也未提及，而是最早在（隆庆）《永州府志》中出现了关于宜山之名并称之为"邦之镇山"——"（州北）十五里为宜山，山极高峻，盘踞十数里，八面环观，方正如一，自州城望之，屹然雄峙，为邦之镇山"[3]。从此山相对于州

---

① （光绪）《道州志》卷1方域/形势：146-147。
② 如[唐]《元和郡县图志》、[北宋]《太平寰宇记》《元丰九域志》《舆地广记》、[南宋]《舆地纪胜》《方舆胜览》。
③ （隆庆）《永州府志》卷7提封志/山川。

城的方位（"州北"）、距离（"十五里"）、形态（"极高峻"、"方正如一"）、观感（"自州城望之，屹然雄峙"）等方面来看，都极符合当时地理形家眼中州治主山的标准（图3-20）。于是，一座此前默默无闻的山岭，在明清时期的"重构风水格局"运动中被专业人士选为主山，从此具有了重要意义。而这段包含"来龙去脉"的山水格局描述被收录于《道州志》中，也充分说明地方政府和士人群体（即当时的统治者和知识阶层）对这一观念的一致认可，并将其作为城市选址合理性的官方解释。

地理先生们既然通过踏勘、辨别而发掘出一个个具有风水价值的山水空间格局，并指出这些山水格局对于地方城市的重要意义，那么自然要强调对这些格局的保护。例如在（嘉庆）《宁远县志》中就记载了地理先生呼吁保护水口山岩的事件："南北诸河水具从此出，河中石骨棱棱，遇水小舟楫难过。形家谓水口紧则一方丰富，其石不可妄凿"[①]。可见，明清时期的地理先生们在为城市选址做"合理化"评价的同时，在发掘地方城市的山水环境、保护山水要素等方面也起到重要作用。

6.2.1.2　为官署、学宫、阁塔等标志性建筑选址

地理先生参与的另一项规划设计工作，是为地方城市中的标志性建筑提供选址意见。从永州地区的府县方志记载来看，他们为官署、学宫、阁塔三类建筑的选址提供了最多意见。[②]

水口塔、文峰塔、文昌阁等阁塔建筑更是地理先生常用来改变或增补城市风水形势的营建手段。因此地方城市中文峰塔、文昌阁之倡建和选址常常出自地理先生的建议。例如祁阳文昌塔，"地当邑治巽离之间，距城三里许，湘水自东注，祁水北来汇之而南流；石岸峻嶒，屹然成阜。以形家者言此地为邑下游关锁，建塔镇之以砥柱江流，培毓秀气；于阖邑文运有神益"[③]。又如东安文星塔，"乾隆中改建一塔于诸葛岭，象邑文笔。邑令贾构铭之，皆形家言也"[④]。再如宁远南文昌阁，"距南关外百步许，地形方正，风气完厚；印山矗立于左界，鳌山

---

① （嘉庆）《宁远县志》卷1山川：124。
② 详见：（嘉庆）《新田县志》卷3建置/公署：120；[清]县令柴桢. 改建文庙记.（嘉庆）《新田县志》卷9艺文：511.
③ [清]陈大受. 重建文昌塔碑记.（乾隆）《祁阳县志》卷7艺文：351。
④ （道光）《永州府志》卷2名胜：178（潇湘文库版）。

挺峙于右肩；前向三峰，后枕县治，洵明灵之安宅也。形家者言，宜于此建文昌阁"①。

此外，一些地方城市中标志性建筑的选址或迁建虽未明言有地理先生的直接参与，但却明显受到风水观念的影响。例如府县学宫选址时常变动，就与地方上下对原址不利文运的担忧有关。

6.2.1.3 对城市建成环境问题提供解决方案

明清时期地理先生的另一职责是像大夫一样为城市"相脉、诊病、开药方"。针对地方城市中存在的环境问题，他们能够根据风水原理进行解释，并给出通过规划设计解决问题的对策。例如，东安县城南门外原有座沈公桥，该桥"直南门子午之冲"，民众认为"若弩箭之直射，故城内多咽喉之疾"②，皆议毁桥。但桥梁沟通往来，也是周围市肆商户衣食之所赖。民、商双方为此争执甚久，以至成讼。地理先生于是给出一剂"良方"——于城门外新作一亭，亭之外施以照墙，使"门不见桥，不患冲射，而桥可利济，是一举而并善也"③。东安知县吴德润听取形家建议而作亭，果然平息了争端。民众抱怨的"桥直南门，冲射致病"虽是无稽之谈，但地理先生通过添建一亭而改善环境、甚至解决社会问题，却是事实。由此可知，当时人们普遍迷信风水并将吉凶福祸与城市规划设计相关联；而地理先生客观上成为通过规划设计解决城市福祸问题的"专业人士"。

6.2.2 民间工匠的规划设计实践

相比于地理先生主要参与选址、策划等规划设计前期工作，规划设计的具体落实则是由民间工匠群体完成。在他们的营造实践中，规划设计与施工建设往往难以严格区分，并且常常表现为师徒、父子间世代相传的成规与口诀，但规划设计的行为与巧思仍然广泛存在。严格来说，工匠群体从事的规划设计活动存在两个层次：

第一个层次，是工匠群体中的首领们所专门从事的规划设计及组织管理工作。他们凭借超过同辈的精湛技艺而逐渐成为工匠群体中的领导者，承担起度

---

① [清]王定元. 南文昌阁记.（光绪）《宁远县志》卷2建置：129。
② [清]吴德润. 修紫亭记.（光绪）《东安县志》卷4建置：101。
③ 同上。

材定制、统领全局的总体规划设计职责，所谓"舍其手艺，专其心智"①者也。

因为中国古代工匠的社会地位不高，不仅正史、在地方志中也极少有关于他们的详细记载。唐代文学家柳宗元的《梓人传》却难得留下了当时一位工匠首领从事规划设计活动的真实记录。这位梓人姓杨，他擅长的是"度材，视栋宇之制，高深圆方短长之宜，指使而群工役焉"；他使用的工具是"寻、引、规、榘、绳、墨"而非"斧斤之器"；他是工匠团体的核心，"舍我，众莫能就一宇"。他事先绘图定制，"画宫于堵，盈尺而曲尽其制，计其毫厘而构大厦，无进退焉"；在施工现场则指挥群工劳作，"委群材，会群工，或执斧斤，或执刀锯，皆环立向之。梓人左持引，右执杖，而中处焉。量栋宇之任，视木之能举，挥其杖曰'斧彼！'执斧者奔而右；顾而指曰：'锯彼！'执锯者趋而左。俄而，斤者斫，刀者削，皆视其色，俟其言，莫敢自断者"；工程竣工后则由他签字负责，"既成，书于上栋，曰某年某月某日某建，则其姓字也，凡执用之工不在列"②。显然，他承担着项目的规划设计和组织管理工作，具体包括：构思、定制、绘图、估料、指挥、签字等内容，相当于今天项目总建筑师的角色。

对于这样的项目主持人、工匠首领，明清地方志中也偶有提及。例如《祁阳县志》中就记载了明万历年间、清乾隆年间先后兴建"文昌塔"的工匠首领事迹。据（同治）《祁阳县志》载："明万历，邑进士铜仁守邓球倡建（文昌塔）。庚辰巡按新淦朱珽出金购地，檄县缔构，先赐名曰'文昌'。越四年甲申（1584），招安庆匠陈万明至，始成"。又，"康熙九年，知县王颐于塔基建文昌阁，用培文风，且言是十年后当有复兴此塔者。乾隆十年乙丑（1745），邑绅陈文肃大受抚吴时捐俸一千五百余金，属同里绅士襄事，四乡踊跃，输助乐成。知县觉罗卓尔布得衡匠王宪章、王于道，规画周详，制作精巧，越戊辰（1748）告成"③。文昌塔是祁阳县的文峰塔兼水口塔，对城市具有重要的象征及实用意义，而其营建工艺本身也有较大难度。因此，地方政府特意聘请了外地知名工匠来承担这一重大设计任务。明万历年间的名匠陈万明来自南直隶安庆府（今属安徽），清乾隆年间的名匠王宪章、王于道来自衡州，想必都是当时一定区域乃至全国有名的大工匠。"规画周详"说明他们主导着规划设计工作。虽然方志中仅出现

---

① ［唐］柳宗元. 梓人传//柳宗元集［M］. 北京：中华书局，1979：477.
② 同上。
③ （同治）《祁阳县志》卷21建置/楼亭：1966-1967。

了这三位工匠的名字，但他们显然像柳宗元笔下的"梓人"一样拥有各自的团队，而这三位正担任着团队中总规划师、总设计师的角色。

第二个层次，是普通工匠在他们各自的营建活动中发生的细微而具体的规划设计行为。即使在最基层的营建实践中，普通工匠们仍然有着设计创作的空间，大至建筑群落的平面布局、单体配置，小至建筑细部、浮雕彩绘。他们并不必须严格"按图"施工，而是在遵守成规的同时很自然地融入细小的创造——不妨称之为"广义"的设计。工匠们往往从地方生活、文化传统、自然风物中获得灵感，融入营建，而这些正是地方营建特色的真实来源。这种微小而普通的规划设计，很难被载入史册，但在那些幸存至今的物质遗存中，我们还可以清晰地看到它们的存在。例如地方文庙往往是考察这种"广义"设计的绝佳素材——它们曾经是"举全邑之力鼎建"的建筑精品，也常常是地方上保存最好的古迹；它们的规划设计遵循一定之规，但细节之处又充分体现出地方特色。永州地区现存零陵、宁远、江华3座清代文庙，为我们提供了考察这种"广义"设计的可能（图6-3，图5-8，图5-10）。

图6-3 永州零陵文庙大成殿建筑

6.3　士人传统：循吏、文人的规划设计创造

士人群体广泛参与地方城市的规划设计，是中国古代规划设计中的一个重要特点。中国古代社会有士、农、工、商四民，"士"泛指读书人，尤指读书进而为官的群体。士为四民之首，是中国古代社会中的精英群体。他们受过良好教育，有深厚的文学艺术修养，对人居环境敏感而富于创造力。一旦入仕为官，又增添一份"以天下为己任"的社会责任感和"先天下之忧而忧"[①]的道德追求。他们是传统文化的守护者，也是社会文明的推进者。在地方城市的规划设计活动中，士人群体也发挥着重要作用。"循吏"身份下的士人，扮演着地方城市规划设计的主导者和决策者。规划设计是他们的职责之一，也是治理地方的重要手段。"文人"身份下的士人，则通过规划设计改善自身居处环境，甚至抒发情感、表达自我。实践之余，他们不忘思辨，客观上推动着规划设计理论的发展。无论以何种身份参与，士人群体都是古代规划设计活动的探索者、思想者、创新者。本节将结合永州地区不同身份士人的规划设计实例，考察地方城市规划设计中的"士人传统"。

6.3.1　"循吏"的规划设计实践

古代地方府县长官的主要职责包括施行教化、劝课农桑、处理纷争、考核官员等，主持和管理地方人居环境规划建设也是其重要职责之一。如《唐六典》中规定，一州之刺史"掌清肃邦畿，考核官吏，宣布德化，抚和齐人，劝课农桑，敦谕五教……若狱讼之枉疑，甲兵之征遣，兴造之便宜，符瑞之尤异，亦以上闻，其常则申于尚书省而已"[②]。"兴造"之事虽然排序较后，但仍是刺史的分内之事。《唐六典》又规定"天下诸县令"之职，"皆掌导扬风化，抚字黎氓，敦四人之业，崇五土之利……若籍帐、传驿、仓库、盗贼、河堤、道路，虽有专当官，皆县令兼综焉"[③]；已然将县令对地方规划建设事务的职责讲得十分清楚。事实上，循吏们总是十分积极地参与地方城市的规划建设实践。作为古代社会的"通才"，他们不仅掌握一定的规划设计知识，更具有地理先生和专业工匠所不具备的全局观念和深谋远虑；他们正是主导和决策地方城市规划设计的"总规划师"。

---

① [宋]范仲淹《岳阳楼记》。
② [唐]李林辅. 唐六典[M]. 北京：中华书局，1992：747.
③ [唐]李林辅. 唐六典[M]. 北京：中华书局，1992：753.

考察历史上永州地区"循吏"的规划设计实践，有2个案例十分突出：一是唐元和年间几位刺史、县令对永州城的规划开发；二是明景泰年间祁阳县令王原瓘所主持的县城迁建规划。这2个案例发生于不同历史时期，它们所呈现的规划实践水平虽受制于时代，但仍能反映出循吏规划设计的共性特征。

6.3.1.1 唐元和年间永州刺史、县令的规划设计实践

唐元和年间，作为朝廷流贬之区的永州地区人居环境仍相当落后。州城规模不大，城内外除州署、县署、少量寺观外，仍有大量尚未开发、甚至不为人知的荒地。在这样的背景下，当时几位永州刺史和零陵县令开展了一系列规划建设，为永州城的后续发展奠定了基础。这些以"循吏"身份主导规划设计者包括：元和二、三年间任永州刺史的冯公、元和五年任永州刺史的崔敏、元和七年任永州刺史的韦公[1]、元和九年任永州刺史的崔能、零陵县令薛存义等。他们的规划设计实践恰被同时期贬居永州的柳宗元（806—815年间贬永）记录下来。这些规划设计实践主要涉及以下两方面内容：

（1）发现并整治荒弃地段，规划建设官方公共建筑及设施。

元和七年（812）左右，刺史韦公首先整治了州城及州署一带，将原先"号为秽墟"之地改造为环境优美的办公场所。他首先大刀阔斧地清理环境，"芟其芜，行其涂；积之丘如，蠲之浏如"，经过一番清理已然"奇势迭出，清浊辨质，美恶异位。视其植，则清秀敷舒。视其蓄，则溶漾纡馀。怪石森然，周于四隅，或列或跪，或立或仆，窍穴逶邃，堆阜突怒"。然后开展规划设计，先建堂庑以为办公；再造亭台"以为观游"。改造之后，"凡其物类，无不合形辅势，效伎于堂庑之下。外之连山高原、林麓之崖，间厕隐显。迤延野绿，远混天碧，咸会于谯门之内"[2]。

元和九年（814）左右，刺史崔能整治了州城北墉外的石岗山，将其改造为多功能的城外公共游憩地。崔能某日登城北墉时偶然发现了"荒野蓁翳之际怪石特出"的石岗山，于是首先清理环境："刬辟朽壤，翦焚榛薉，决疏沟，导伏流，散为疏林，洄为清池"，使得"寥廓泓渟，若造物者始判清浊，效奇于兹地，非人力也"。随后，他因地制宜地规划设计，"立游亭，以宅厥中"，并名山为"万

---

[1] [唐]柳宗元. 柳宗元集[M]. 北京：中华书局，1979：732. 韩愈按.
[2] [唐]柳宗元. 永州韦使君新堂记//柳宗元集[M]. 北京：中华书局，1979：732.

石山"，名亭为"万石亭"①。

县令薛存义则将县署旁东山南麓一带"沮洳污涂"的弃地规划建设为集接待、餐饮、住宿、游憩等多功能于一体的城郊观游胜地。他首先整治环境："发墙藩，驱群畜，决疏沮洳，搜剔山麓，万石如林，积拗为池"。然后恢复生态："嘉木美卉，垂水嘉峰，珑玲萧条，清风自生，翠烟自留，不植而遂，鱼乐广闲，鸟慕静深，别孕巢穴，沉浮啸萃，不蓄而富"。再根据地形条件布置建筑，安排功能，依"陡降晦明"而"作三亭"，"高者冠山巅，下者俯清池"；"更衣膳饔，列置备具，宾以燕好，旅以馆舍"。整个营建过程中，他还特别注意就地取材，就近施工："伐木坠江，流于邑门；陶土以埴，亦在署侧；人无劳力，工得以利"②。

此外，刺史韦公还主持建设"常平仓"，又在潇水西岸规划建设"夫子庙"③。刺史崔能则在潇、湘合流处建设"潇湘庙"，又在万石山东麓凿"绿井"以便居民用水。

上述诸项"循吏"主导的规划设计实践表现出2点共同特征：一是着重于各类公共建筑设施的规划布局，如官署、学校、仓库、祠庙、公共游憩地等。这些实践本质上是循吏在地方具体条件下对统一中央规制的"回应"。他们决定着各类官方设施的具体选址、具体形态，帮助着地方城市规划设计之"官方传统"的具体落实。二是发现地方之美，践行因地制宜、全天逸人的规划设计理念。他们的规划设计中都充分展现基地的天然之美，仅辅以少量人工建设，既使自然环境扬长避短，又能满足人的需求。因此柳宗元总结其理念为"因土而得胜"也，"逸其人，因其地，全其天，昔之所难，今于是乎在"④。这些唐代"循吏"的规划建设形成了永州城（内）外最早的几处"郊野胜地"，成为后世持续维护与修拓的遗产。

（2）发掘城郊风景形胜，规划建设风景区。

除上述公建设施外，永州城内外著名风景地的开发也多自唐代始露端倪，例如永州八景中至少有四景始发掘于唐代⑤。除前述诸位刺史、县令外，道州刺史元结、永州司马柳宗元等也对这一时期的永州风景发掘及风景地建设作出贡献。唐永泰二年（765），道州刺史元结途径零陵时最早发现并命名了潇水西畔"朝

① [唐]柳宗元. 永州崔中丞万石亭记//柳宗元集[M]. 北京：中华书局，1979：734.
② [唐]柳宗元. 零陵三亭记//柳宗元集[M]. 北京：中华书局，1979：737.
③ （康熙）《永州府志》卷7学校：173。
④ [唐]柳宗元. 永州韦使君新堂记//柳宗元集[M]. 北京：中华书局，1979：732.
⑤ 如"朝阳旭日"之朝阳岩、"愚溪眺雪"之愚溪、"曲院风荷"之南池、"绿天蕉影"之绿天庵皆在唐代形成风景区。

阳岩"。他在《朝阳岩铭并序》中写道："爱其郭中有水石之异，泊舟寻之，得岩与洞。此邦之形胜也，自古荒之而无名称。以其东向，遂以朝阳命焉"①。同行之前刺史独孤愐"剪辟榛莽"，后摄刺史窦泌"创制茅阁"，于是风景地草创，"朝阳水石始有胜绝之名"②。元和五年（810）左右，永州司马柳宗元将潇水西岸一条无名的溪流命名为"愚溪"，并在此兴建自宅。他又先后在愚溪周围发掘命名了西山、钴鉧潭、西小丘、小石潭、小石城山、袁家渴、石渠、石涧等八处胜景，并作《永州八记》。随着柳文广传，永州山水渐为世人所知，并引众多文人骚客慕名而至。愚溪和"八记"甚至成为永州山水之代表。

　　唐元和年间永州刺史、县令们的规划设计实践或许并不存在一个整体性的构想，但这些零散的实践却抓住了当地人居环境开发建设的若干主要方面，为永州城市的后续发展确定了框架并建立起规划设计范式。他们所开发的郊野胜地、所布局的公建设施、所发掘的风景和风景地，基本得到后世的继承和延续，说明这些早期规划开发的合理性与前瞻性（图6-4）。

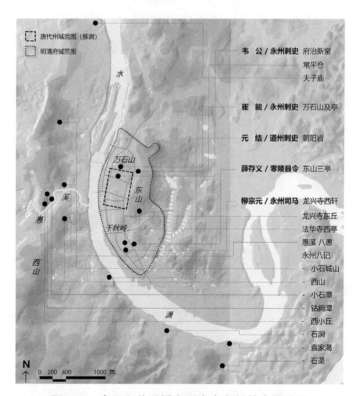

图6-4　唐元和前后循吏贬官在永州的人居建设

①　[唐]元结. 朝阳岩铭//元次山集[M]. 北京：中华书局，1960：143.
②　同上。

6.3.1.2　明景泰年间祁阳知县的规划设计实践

明景泰三年（1452），永州祁阳县城遭到寇乱的严重破坏，且旧址卑湿常遭水患[①]，于是祁阳县上下开始筹划另择新址迁建县城。时任祁阳知县的王原观主持了整个迁建规划（图6-5）。作为"总规划师"，他的规划设计主要包括以下两部分内容。

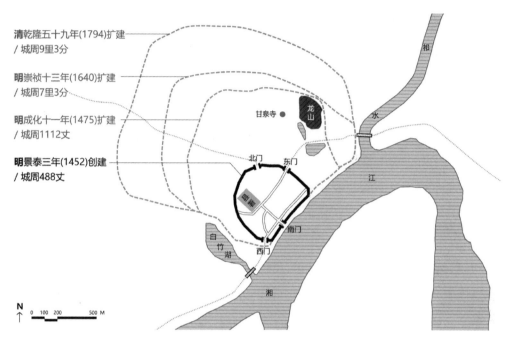

图6-5　明景泰三年（1452）祁阳县城规划复原示意

（1）相地选址定基

由于旧址"地势卑下，每江水泛涨居皆浸没"，新县城选址吸取教训而首先坚持"择高而居"的原则。王原观将选址范围初步锁定在旧城东北方向湘水与祁水交汇处的一处高地。观其地势，东北方向有一座小山名"龙山"，山高30余米，其西、南麓出甘泉汇为"莲子池"，池水向东汇入祁水；东南方向则有"白竹湖"，"袤广数十亩，碧水淳涵，荇藻交漾"[②]，湖水南注入湘水。如此，高地周围的龙山、白竹湖、祁水与湘水仿佛构成一天然边界，王原观于是将新县城定

[①] 据[明]何惟贤《祁阳县修城记》载：明正统末年，广西苗寇入祁阳境内犯乱，县城一带破坏严重。景泰三年（1452），右都御史李实奉敕旨巡抚湖广，他考察祁阳县城后指出："是邑襟带岭峤，与苗寇接境，种落蜂屯蚁聚，殆非一族，强则行抢，穷则为盗，莫非污染，气习使然也。今是邑之民丛居，地无峻山险川为之限域，苗伺隙而出，财物皆为所有。……欲求经久之计，莫若设城郭以为屏蔽。固安永逸，乃策之善者也"。（（乾隆）《祁阳县志》卷7艺文：312）
此外，祁阳旧县城还有屡遭水淹的问题："居水次，地势卑下，每江水泛涨，居皆浸没，非立城之所"。
[②] （道光）《永州府志》卷2名胜：155。

基于此围合之中。可见，王原瓤的城市选址综合考虑了"择高"、"依山"、"界水"、"临泉"等基本原则。

（2）城市总体空间布局

选址定基之后，王原瓤对城内空间布局进行了系统规划。根据明人何维贤《祁阳县修城记》[①]，其主要内容包括：

城墙规划	周围480余丈；城墙高1丈8尺，广1丈2尺；
	四门甃以石，铁扇石枢，覆以重楼；
	沿城墙作串楼以抵风雨，列以粉堞；
道路规划	城中开大街2条、小街4条；
分号割宅	将城中土地划分为"号"，以"天""地"等字命名；
	每"号"地阔1丈5尺，深6丈，俾一家居住，若古"比闾之制"；
公建布局	各官署星罗基布，皆有伦序；
	县署前立谯楼，上置壶箭以授时，鼓角以警众。

在王原瓤的规划中，城池、道路、住区、公建皆按部就班，井井有条。其中，住区规划以"号"为基本单位，每"号"规模为1.5丈乘6丈，供一家而居；约相当于今天5米乘20米，面积100平方米左右。关于城中公建，王原瓤亲自主持了县署、谯楼、申明旌善二亭的规划建设[②]，其余则待后任陆续完善。

6.3.1.3 "循吏"规划设计实践的基本特征：统领与变通

上述两个案例发生于不同时代，其规划设计的系统性和整体性不可避免地存在时代差异。但从"循吏"在规划设计中的主导地位和负责内容来看，也表现出明显的共性特征。首先，从城市的相地选址、空间布局，到郊野胜地的重点设计，甚至风景发掘，地方长官都把握着规划设计的总体方向，扮演着"总规划师"的角色。其次，从地方城市规划设计的中央规制与地方实操关系来看，作为地方长官的循吏又起到"变通"的重要作用。他们肩负着将官方定式与地方条件（或需求）相结合的使命，这与他们在政治上、文化上的"上下沟通"作用一脉相承。在地方城市的规划设计中，他们尤其要回答的是如何在特定的地方自然条件、社会背景中建立起一个符合官方规制、传播社会主流价值观念

---

① ［明］何维贤. 祁阳县修城记. （乾隆）《祁阳县志》卷7艺文：313。
② （乾隆）《祁阳县志》卷3官署：100，105。

的人居环境的问题。正如（康熙）《永州府志》所云，"相阴阳、揣刚柔、度燥湿，因土兴利，依险设防，是在守土者因时变通矣"[①]，"变通"正是地方守土者，即循吏，在地方城市规划设计中的核心作用与贡献。

6.3.2 "文人"的规划设计实践与理论建树

如果说"循吏"身份下的士人主要着眼于大尺度的、公共人居环境的规划设计，那么"文人"身份下的士人则更多贡献于小尺度的、个人人居环境的规划设计。规划设计对于前者而言是"职责"，是行惠政、恤民情、造福一方的手段；对于后者则更多是"乐趣"，是表达自我、抒发情感、实现理想的方式。

文人群体对规划设计的热情受到自身两方面优势的支撑。一方面，良好的文学艺术修养使他们对空间环境具有更敏锐的观察力和感受力，也往往具有更强的创造力和表现欲。对他们而言，规划设计居处环境与写一首诗、作一幅画、谱一支曲并无二致，是艺术创造与个性表达的另一个舞台。正因为具备这种作为规划师或设计师的得天独厚的基本素养，明清文人中首先出现了更具现代意味的建筑师、造园师，而区别于工匠群体中从事设计者。另一方面，物质条件的相对宽松也为文人的规划设计实践提供了基础。他们或依靠为官俸禄或仰仗祖产经营而获得实践其规划设计理想的机会。例如柳宗元在永州建龙兴寺西轩、法华寺西亭、营建愚溪宅园并开发钴鉧潭及小丘等，主要依靠其作司马的官俸。

魏晋以降，随着自然"逐渐成为独立观赏的审美对象"[②]，发生在自然山林中的营居行为逐渐增多，如陶渊明《归田园居》中所云"方宅十余亩，草屋八九间，榆柳荫后檐，桃李罗堂前"的"田园居"，谢灵运《山居赋》中所云"左湖右江，往渚还汀，面山背阜，东阻西倾，抱含吸吐，款跨纡萦，绵联邪亘，侧直齐平"的"山居"等等。到了唐代，士人们营居山水间更成为一种流行风尚，如王维的辋川别业、杜甫的浣花溪草堂、白居易的庐山草堂等皆堪称经典。在这种时代潮流中，不论是任命为官或遭贬谪，士人们或多或少带着"山水营居"的理想来到永州山水间。而永州的广阔天地和奇山异水，又恰恰为这些士人提供了规划设计实践甚至理论创建的"试验场"。永州山水不仅容其身，也抚其心、承其行、助其志。正所谓"是地固以人传，而地亦非无功于人也！岂天之位置于

---

① （康熙）《永州府志》卷2舆地：40。
② 周维权. 中国名山风景区[M]. 北京：清华大学出版社，1996：25.

此固将以成就寓贤欤？"①。因此说，人与环境是互相成就、交相辉映。

"文人"身份下的士人在永州地区的规划设计主要表现为以下三种形式：私人宅园规划设计、地方风景发掘与风景地设计，以及规划设计理论探索。前两者常常紧密关联，风景发掘常是卜居、营居的第一步，而名人故居又往往成为新的风景区。在规划设计实践的基础上，一些文人又通过思辨上升至理论层面的总结，例如唐代柳宗元贬永十年间所作的许多文章中已提出规划设计的理论与方法，不能不说是古代人居规划设计的宝贵财富。本节选取两个案例，即元结在祁阳浯溪的三吾别业设计和柳宗元贬永期间的设计理论总结，以分别讨论文人的设计实践和理论建树。元、柳二公的规划设计实践与理念，都对永州地区后世文人的规划设计产生了深远影响。

6.3.2.1 实践探索：以元结浯溪别业设计为例

元结（719—772），字次山，出身河南望族元氏，"世业载国史，世系在家谍"②。天宝十三年（754）元结进士及第，正准备举官，旋遇安禄山反。乾元二年（759）史思明反，元结因"有谋略"③而被唐肃宗启用，平定战乱有功，上元二年（761）写下《大唐中兴颂》。广德元年（763），元结出任道州刺史，永泰元年（765）罢，次年再任道州刺史，至大历三年（768）离任。在任期间，元结体恤民情，治理有方，"为民营舍给田，免徭役"，使"流亡归者万馀"④。百姓爱戴他，"请立生祠"⑤。但元结并不喜欢为官的生活，他生性"雅好山水，闻有胜绝，未尝不枉路登览而铭赞之"⑥。他自号"浪士""漫郎"，曾多次辞官，并在许多诗歌中表达归隐之志⑦。事实上，元结出任道州期间遍览永、道二州山水，一直在寻找一个可以归隐终老的地方，并最终在祁阳浯溪得其所愿。

---

① （道光）《永州府志》卷14寓贤：895。
② 《新唐书》卷143列传68元结。
③ [唐]颜真卿. 唐故容州都督兼御史中丞本管经略使元君表墓碑铭并序//[唐]元结著. 孙望校. 元次山集[M]. 上海：中华书局，1960：167.
④ 《新唐书》卷143列传68元结。
⑤ [唐]颜真卿. 唐故容州都督兼御史中丞本管经略使元君表墓碑铭并序//[唐]元结著. 孙望校. 元次山集[M]. 上海：中华书局，1960：168.
⑥ 同上。
⑦ 元结在道州刺史任内就作《说洄溪招退者诗》、《宿洄溪翁宅》、《石鱼湖上作》、《宿丹崖翁宅》等篇，表达归隐之志。例如他在《说洄溪招退者诗》中写道："吾今欲作洄溪翁，谁能住我舍西东。勿惮山深与地僻，罗浮尚有葛仙翁"。在《宿洄溪翁宅》中写道："吾羡老翁居幽处，吾爱老翁无所求。时俗是非何足道，得似老翁吾即休"。在《石鱼湖上作》中写道："金玉吾不须，轩冕吾不爱。且欲坐湖畔，石鱼长相对"。在《宿丹崖翁宅》中写道："丹崖翁，爱丹崖，弃官几年崖下来。儿孙棹船抱酒瓮，醉里长歌挥钓车。吾将求退与翁游，学翁歌醉在鱼舟。官吏随人往未得，却望丹崖惭复羞"。

浯溪是湘水南岸一条小溪流。大约永泰二年（766）元结第二次赴任道州舟行途中，在湘水之畔发现了这条溪流，“爱其胜异，遂家溪畔”①，于是开始营建浯溪别业。他的规划设计主要包括以下三个步骤。②

（1）三吾定基，建立框架

“浯溪”、“峿台”、“吾庼”世称三吾，是元结在浯溪一带最早发掘的胜景，是浯溪形胜的代表，也是整个浯溪别业开发的基础和框架（图4-21）。

从浯溪一带的自然环境特点来看，沿湘水舟行最先映入眼帘的应该是南岸一片高30余米、横亘100余米、数峰错立的绝壁石崖（元结称之为“怪石”）。当年元结或许正是先被这片石崖吸引，泊船上岸一探究竟，才发现了后来的浯溪。不过，元结的命名和规划设计思路仍然是从“溪”开始的。他首先为溪命名：“溪，世无名称者也，为自爱之，故命曰浯溪”③。接下来，他详细考察了那座最初吸引他的石崖，“浯溪东北廿余丈得怪石焉，周行三四百步，从未申至丑寅，崖壁斗绝；左属回鲜，前有磴道，高八九十尺；下当洄潭，其势硱磳，半出水底，苍然泛泛，若在波上”④。元结在怪石最高处筑为台，命曰“峿台”，并阐明了筑台以登眺的意图：“古人有畜愤闷与病于时俗者，力不能筑高台以瞻眺，则必山巅海畔，伸颈歌吟，以自畅达。今取兹石，将为峿台，盖非愁怨，乃所好也”⑤。继而，他在峿台与浯溪之间的溪口处发现了“异石”，“高六十余丈，周回四十余步，西面在江中，东望峿台，北面临大渊，南枕浯溪”⑥。异石正当浯溪入湘水口，既能听到溪流的潺潺水声，又能看到湘江的顷顷碧波，于是元结在石巅作为庼，命曰“吾庼”。

溪名“浯”，是“吾”从“水”；台名“峿”，是“吾”从“山”；庼名“广吾”，是“吾”从“广”。皆名“吾”，是“旌吾独有”之意，足见元结对这三处风景喜爱至极，也侧面说明它们在别业整体环境中的核心地位。

“三吾”的选择和命名并不仅仅停留在造字，还体现着元结对人居空间要素的深层考虑：“溪”、“台”、“庼”分别喻义“水”、“山”、“居”，构成他心

① [唐]元结．浯溪铭//元次山集[M]．上海：中华书局，1960：152.
② 详见：孙诗萌．唐宋士人在永州的“山水营居”实践及对当地人居环境开发的作用//贾珺主编．建筑史．第33辑[M]．北京：清华大学出版社，2014：95-108.
③ 同①。
④ [唐]元结．峿台铭//元次山集[M]．上海：中华书局，1960：152.
⑤ 同上。
⑥ [唐]元结．吾庼铭//元次山集[M]．上海：中华书局，1960：152.

中理想人居的三大要素。因此，元结在规划设计的第一步骤就将它们标识出来，作为整个别业人居环境的纲领；此后几个步骤也都紧紧围绕"三吾"而展开。"三吾"甚至一度成为祁阳县的别称，也说明元结在风景命名上的成功（图6-6～图6-8）。

图6-6　祁阳浯溪"怪石"及《大唐中兴颂》摩崖

图6-7　祁阳峿台

图6-8　自祁阳峿台北望湘水

（2）立宅营舍，掘景造园

"三吾"核心既定，接下来则是围绕它们展开住宅建筑及庭院的规划布局。崎台所据的"怪石"体型巨大，山石沿江展开，形如屏障，乃浯溪之"镇"；溪水在其东侧蜿蜒屈曲，向北汇入湘水，形成了一道天然边界。别业建筑即以"怪石"和"浯溪"所围合的地带为其基本范围。元结先倚靠"怪石"建为"中堂"自己居住，又在中堂之西建"右堂"为客舍。"中堂"在宋代被改建为"元颜祠"，后世变迁皆有记载，因此能确定其位置即在今陶铸纪念馆。至于右堂，后世曾以其旧基相继改建为"笑岘亭"、"古右堂"、"虚白亭"、"胜异亭"等，据"胜异亭"位置推测，右堂即在怪石东崖之巅。关于二堂朝向，根据中堂与怪石的位置关系推测应是背倚怪石为镇，坐北朝南；右堂则坐西朝东。

随后，元结以"三吾""二堂"为核心在周围继续发掘新的风景，增设亭台。"怪石"仍然是经营的重点：其半腰有一片较为宽阔的平地，北界石峰错起，东北有石阶可上行至崎台，元结即于"石巅胜异处悉为亭堂"。其上"小峰堪窦，宜间松竹，掩映轩户，毕皆幽奇"[1]，可知元结在此间次布置亭堂、松竹，营造出幽奇之"奥趣"。笔者实地调研中所见平地及其南坡上茂密的松竹，或许就是元结当年栽种之遗存（图6-9）。相比之下，怪石另一端的"崎台"则视野开阔、一目千里，是典型的"旷趣"。这里"奥"与"旷"的并置对比是元结的有意为之，体现出其空间设计手法之精妙。

此后约大历五、六年间（770—771），元结又将怪石东部命名为"东崖"，将东崖之西名为"石屏"，将石屏与东崖的相对之势名为"石门"。他作《东崖

图6-9　祁阳浯溪"怪石"半腰

---

① [唐]元结. 崎台铭//元次山集[M]. 上海：中华书局，1960：152.

铭序》云："峿台西面，支危高迥，在吾廎为东崖；下可行坐八九人。其为形胜，与石门石屏亦犹宫羽之相资也"①。在浯溪以西的石穴中，元结又发现了隐蔽的泉水，名为"寒泉"。他作《寒泉铭序》云，"湘江西峰直平阳江口，有寒泉出于石穴。峰上有老木寿藤，垂阴泉上。近泉堪戢维大舟，惜其蒙蔽，不可得见"②。寒泉如此隐蔽，却逃不过元结善于发现美的眼睛。

（3）选石镌刻，人文山水

在掘景营园之外，元结还精心挑选了几处特别的石壁，将自己得意的"七铭一颂"镌刻其上，成为浯溪山水间永恒的印迹。"七铭"，包括元结为浯溪别业诸景专门所作的《浯溪铭》《峿台铭》《吾廎铭》《中堂铭》《右堂铭》《东崖铭》六铭，以及略早在道州所作的《寠尊铭》。它们分别记述了元结发掘建设诸景的过程和思路。其中多有"旌吾独有""彰示后人"之语，表达出元结以浯溪为家、如数家珍的珍惜与自豪。元结为诸铭所选的石壁也透出趣味与巧思，例如《浯溪铭》和《吾廎铭》镌刻于"异石"半腰处一块龟形巨石的侧壁，侧壁上端天然出挑的层岩仿佛龟壳罩住石刻，既惟妙惟肖，又遮蔽风雨。《峿台铭》则刻于距中堂附近的石壁，其顶部亦有一块突出的"雨棚"，出挑极深，因此《峿台铭》成为诸铭石刻中保存最完好、字迹最清晰的一个。

"一颂"指元结为纪念安史之乱平定、唐室中兴而作的《大唐中兴颂》。虽然《大唐中兴颂》刻石在"七铭一颂"中最晚，但其位置最为险要、书法最为精道、文章亦是元结最为得意之作，堪称整个浯溪别业的"点睛之笔"。为了实现这篇《大唐中兴颂》与天然山水的完美结合，元结煞费苦心：一方面，他特地邀请大书法家颜真卿从抚州刺史卸任时专程绕道来浯溪书写；另一方面，这块石壁也是元结在浯溪挑选的众多石壁中最为讲究的一块。从位置来看，石壁紧邻湘水，略向浯溪倾斜，与溪口之间形成一片没有遮挡的开阔地带，从湘水行舟而望这里最为显眼；并且此地旧为浯溪渡口，石壁因而正当浯溪门户。从质地来看，石壁极为平整细密，适宜镌刻③。从形态来看，石壁顶部亦有天然层岩向外突出，形如雨棚，使《大唐中兴颂》摩崖历经千余年仍字迹完整清晰。《大唐中兴颂》始作于上元二年（761），但最终刻石却在大历六年（771）。可以想象，

① [唐]元结. 东崖铭//元次山集[M]. 上海：中华书局，1960：158.
② [唐]元结. 寒泉铭//元次山集[M]. 上海：中华书局，1960：159.
③ 浯溪一带的石崖属石灰层岩，层间多有缝隙。但这块石壁不见缝隙，相当完整，十分难得。

这十年间元结游历山川，最终在湘水畔找到这块理想的天然石壁，得以安放他的文章与豪情。面对此绝佳石壁，颜真卿的书法也尽力配合，字大 20 厘米，全幅高宽约 4.5 米，整体雄浑有力、有金戈铁马之气，明代大文士王世贞称其"字画方正乎稳，不露筋骨，当是（颜）鲁公法书第一"[①]。元结将这幅千古文章嵌入浯溪天然山水间，为自然环境赋予了灵魂和意义，也使人文精神借山水之形而永存——成为浯溪别业规划设计中最精彩的一笔（图 6-10，图 6-11）。

综上所述，元结的浯溪别业规划设计突出表现出以下四点匠心：其一，以"溪"、"台"、"庼"分别喻义"水"、"山"、"居"，表达出理想人居环境的基本构成。其二，整个设计以充分发掘和彰显自然山水特点为主，以人工建设点缀为辅。其三，特别运用"旷奥"对比的设计手法，既加强了自然环境固有之特征，亦带来富于变化的空间感受。其四，以文字为自然环境点题，并刻石长留山水间，无论庄严或谐趣，人文与自然相互凭依、相互交融，恰到好处。

图 6-10　祁阳浯溪《大唐中兴颂》摩崖

① ［明］王世贞《弇州山人稿》。

图 6-11　祁阳浯溪《浯溪铭》《吾庼铭》《峿台铭》摩崖

元结对浯溪别业的规划设计是文人在永州地区最早的、自觉的"山水营居"实践之一。他为永州地区的"紧密结合山水"的文人营居和风景开发建立起一种范式，得到后人不断的借鉴与模仿。唐代柳宗元的愚溪宅园营建、宋代汪藻的玩鸥亭营建等，都是后继者中的佼佼者。永州丰富而美好的山水环境为文人的规划设计提供了物质基础，文人对山水的眷恋和对规划设计的热爱也促成了这种营居模式的发展和传承。

6.3.2.2　理论建树：以柳宗元设计理论为例

柳宗元贬永十年间，不仅在规划设计实践方面有突出作为，也在理论层面进行了深入思考与总结。他关于规划设计的观点和主张，散见于其贬永期间所作的文章中，可概括为以下十点。其内容主要涉及两个部分，一是关于人居环境及人与环境关系的理性思考（下文 1 ～ 4）；二是关于规划设计的理念与方法总结（下文 5 ～ 10）[①]。

① 详见：孙诗萌. 中国古代文人的人居环境设计思想初探：以柳宗元永州实践为例//城市与区域规划研究（第5卷第2期）[M]. 北京：商务印书馆. 2012, 5（2）：204-223.

（1）人居环境是一个包含多要素、多层次的综合整体

柳宗元虽然没有提出人居环境的术语，但在他的记述和实践中已存在人居环境的概念。他意识到，人居环境是一个包含多项要素、多个层次的环境整体。他通过规划设计"八愚"宅园建构起一个人居环境的理论模型——以"山"、"水"、"宅"、"园"四个范畴为基本构成；以生存（大）、活动（中）、居住（小）三个尺度为基本空间层次；以人工与自然环境的均衡和融汇为其基本追求（详见第1.3节，图1-5）。

（2）美好人居环境的形成需要人的积极创造

在柳宗元记录和主持的规划设计实践中，他深刻体会到美好人居环境的形成需要人的积极创造。在《永州韦使君新堂记》、《永州崔中丞万石亭记》、《零陵三亭记》等文章中，柳宗元记述了一个个从"发现"到"改造"，从"混沌"到"有序"的人居环境发掘整治过程。正是通过人的发掘、治理、规划与设计，"荒蛮污涂""号为秽墟"的弃地才能变身为风景美好、功能完善的人居环境。

（3）人工建设亦追求"因其地，全其天，逸其人"的自然生态境界

柳宗元倡导对自然环境施以积极的人工开发和建设，但仍追求一种"天作地生之状"的至高境界，他称之为"因其地，全其天，逸其人"[1]。他主张通过尽可能少的人工改造，焕发出自然最本真的美好状态。所谓"不植而遂，不蓄而富"，正是通过养护自然，使它恢复原本的生态健康。在良好的生态环境基础上，再施以适当的人工建设，才能形成完整而自然的人居环境。具体的策略包括：疏导整治，伐恶彰美；就地取材，节省人力；合理规划，发扬特色等。柳宗元"因其地，全其天，逸其人"的思想与明代计成所云"虽由人作，宛自天开"有异曲同工之妙，但却早了700余年。

（4）人工与自然相得益彰，道德与环境"交相赞也"

柳宗元认为，人与自然的交融不仅是功能、物质层面的，更是道德、精神层面的。"地虽胜，得人焉而居之，则山若增而高，水若辟而广，堂不待饰而已奂矣"；而人"以泉池为宅居，以云物为朋徒，搜幽发粹，日与之游，则行宜益高，文宜益峻，道宜益懋"[2]。这是说自然环境会因为有德者的青睐和居处而更加熠熠生辉、超凡脱俗；居处者也会因为自然林泉的感染浸润而更加文华横溢，道德

---

① ［唐］柳宗元. 永州韦使君新堂记//柳宗元集[M]. 北京：中华书局，1979：732.
② ［唐］柳宗元. 潭州杨中丞作东池戴氏堂记.

生光。人与环境是相互影响、相互成就、相互衬托、相互提升的。因此在人居环境的营造中，要始终谨记这种"交相赞也"的互动关系，使人与环境实现更高层次的交融。

（5）人居环境选址尤以近水、得高、阔美、特色为原则

从柳宗元记述他人规划设计实践的文章中可以发现他对选址问题格外关注；在他自己的规划设计实践中更是总结形成了一定的选址原则。从龙兴寺西轩、法华寺西亭、到愚溪之畔的"八愚"宅园，这一选址原则逐渐清晰，主要表现为"近水""得高""阔美""特色"四项。当然，柳宗元的选址原则亦有禁忌，例如他认为小石潭"四面竹树环合，寂寥无人，凄神寒骨，悄怆幽邃，以其境过清，不可久居"①，可知过于凄寒而无人气的地段纵然风景秀美也并非适合人居的理想选址。

（6）重视对人居环境中"高点"的营造，使之成为规划设计的"点睛之笔"

柳宗元偏爱高远辽阔的空间形态，故尤其重视对人居环境中"高点"的经营。最简单的方法是大刀阔斧、伐木除秽，清理出一片天然而开阔的视野。例如他对钴鉧潭西小丘的处理，就极好地展现出其天然趣味和居高而备的清净超然："山之高，云之浮，溪之流，鸟兽之遨游，举熙熙然回巧献技，以效兹丘之下"②。再如他在法华寺西庑一带的改造，则辟山破竹，以高度衬托广度，使奇景自现："丛莽下颓，万类皆出；旷焉茫焉，天为之益高，地为之加辟；丘陵山谷之峻，江湖池泽之大，咸若有而增广之者"③。

（7）因土得胜，借势成景

前文提到柳宗元追求"因其地，全其天，逸其人"的天然境界，以"因土得胜、借势成景"为具体规划设计手段。他在永州的规划设计实践中曾多次使用这一手法，其中尤以龙兴寺西轩设计中的"因借"最为经典。起初，柳子所寄居的龙兴寺西轩十分隐蔽，"其户北向，居昧昧也"，而西序之西正"当大江之流，江之外山谷林麓甚众"④。如此风景，怎能荒废？于是柳宗元凿西墉为户，又在其外建为轩，一时间"临群木之杪，无不瞩焉"⑤。他的规划设计"不迁席，不运几"，

---

① ［唐］柳宗元. 至小丘西小石潭记//柳宗元集[M]. 北京：中华书局，1979：767.
② 同上.
③ ［唐］柳宗元. 永州法华寺新作西亭记//柳宗元集[M]. 北京：中华书局，1979：749.
④ ［唐］柳宗元. 永州龙兴寺西轩记//柳宗元集[M]. 北京：中华书局，1979：751.
⑤ ［唐］柳宗元. 永州龙兴寺东丘记//柳宗元集[M]. 北京：中华书局，1979：751.

而将"大观"借入室内，正体现出因借之妙。

（8）旷奥有别，发扬特色

"旷奥说"是柳宗元规划设计理论中的又一创造，其核心思想是应对自然地形的"旷奥"有别，在人工规划设计中扬长避短突显其特色，而切不可削足适履抹杀了天然之趣味。他提出，"其地之陵阻峭，出幽郁，寥廓悠长，则于旷宜；抵丘垤，伏灌莽，迫遽回合，则于奥宜。因其旷，虽增以崇台延阁，回环日星，临瞰风雨，不可病其敞也；因其奥，虽增以茂树丛石，穹若洞谷，蓊若林麓，不可病其邃也"[①]。在永州龙兴寺东丘的环境治理中，柳宗元恰到好处地运用了这一设计方法，创造出旷奥有致、妙趣横生的空间变幻。

（9）多感官并重的综合型环境设计

柳宗元对人居环境的认知是立体的、多感官体验的。他在《钴鉧潭西小丘记》有"清泠之状与目谋，瀯瀯之声与耳谋，悠然而虚者与神谋，渊然而静者与心谋"[②]之语，已表露出他对环境的多维度要求。在规划设计实践中，他进一步尝试综合音、色、影、气等多感知并举的新方法，例如对钴鉧潭的改造："崇其台，延其槛，行其泉于高者而坠之潭，有声潀然；尤与中秋观月为宜，于以见天之高、气之迥"[③]。他首先从泉"音"的设计入手，抬高水流使泉水凌空落下，放大了泉水叮咚的声响。而后"崇其台、延其槛"，使人在水声的吸引下能更接近泉水，并一步步落入他精心设计的情境之中——泉水从高处泻落，如白丝带般冲入潭中。溅起洁白的水花，或许洒落在凭栏观望的游人身上，带来泉水的清爽气息。中秋时节，水中又映出皎洁的明月倒影——如此这般，声音、色彩、气息、冷暖、影像、甚至阴晴雾雨，都融汇在这一方清潭的改造之中，使人"乐居夷而忘故土"。即便以今天的眼光衡量，柳宗元的这次设计也独具巧思、令人称奇。

（10）美不自美，因人而彰

柳宗元曾感叹"兰亭也，不遭右军，则清湍修竹芜没于空山矣"[④]，由此提出"美不自美，因人而彰"的观点。他所谓"因人而彰"，重点不仅在发掘之功，还在设计者的独到见解——设计者对环境的理解、对地段的把握、对各种设计要素

① ［唐］柳宗元. 永州龙兴寺东丘记//柳宗元集［M］. 北京：中华书局，1979：151.
② ［唐］柳宗元. 钴鉧潭西小丘记//柳宗元集［M］. 北京：中华书局，1979：765.
③ ［唐］柳宗元. 钴鉧潭记//柳宗元集［M］. 北京：中华书局，1979：764.
④ ［唐］柳宗元. 邕州柳中丞作马退山茅亭记//柳宗元集［M］. 北京：中华书局，1979：729.

的处理、对设计方法的使用，会形成不同的规划设计结果。柳宗元因此十分重视设计者的思想，在他记述别人实践的文章中，可以读出他对设计者思路的理解和揣度；在他记叙自己实践的文章中，更是务求阐明设计的思路和意图。在1200余年前能对"设计"和"设计者"有如此关注，难能可贵。

第 7 章 —— 结论与启示

本书以古代地方城市为研究对象，探索其规划设计的核心价值、基本命题、理论方法与实践机制。基于对永州地区府县城市规划设计实例的深入考察，本书有以下发现：

一、"自然和谐"与"道德教化"是深刻影响古代地方城市规划设计的两项核心价值。在其引导下，中国古代地方城市中普遍存在着与自然环境和谐共生的"自然之境"，和辅助地方社会道德教化的"道德之境"。

二、地方城市对"自然之境"与"道德之境"的追求，使得其规划设计实践中逐渐发展出专门的理论与方法体系。地方城市"自然之境"的整体塑造，形成了一系列紧密结合自然的规划设计理论与方法。地方城市"郊野自然"的人居开发，形成了"郊野胜地"、"地方八景"等具体的规划设计理论与方法。地方城市"道德之境"的建构，则发展出一整套辅助地方社会道德教化的规划设计理论与方法，包括塑造基本功能空间场所、建立整体空间秩序、营造文字环境等。

三、古代地方城市的规划设计主要由地方官员、地理先生、民间工匠、文人士绅等群体共同参与。其中的主要实践机制，可概括为地方城市规划设计的"三个传统"——即官方传统、民间传统和士人传统。

本章分别对上述两个目标指导下、着眼于三种类型空间的规划设计理论与方法，以及地方城市规划设计的"三个传统"进行总结，进而探讨这些传统理论与方法对今天城市规划设计的启示。

7.1 "自然之境"营造的规划设计理论与方法

为了实现地方城市与自然环境的和谐共生，规划设计要解决的基本问题是在广阔的自然环境中选择适宜人居的城市选址，并依托自然山水特征建立起能满足人类多层次需求的人工环境。长期的选址营建实践中逐步发展出"紧密结合自然"的规划设计理论与方法，主要包括"形胜评价"、"相土尝水"、"因土兴利"、"依险设防"、"随形就势"、"镇应向避"、"裁成损益"、"穿插游走"等八项基本原则，分别应对城市规划设计中的定性与定量选址、定基、划界、布局、择向、修补点景、节奏控制等若干基本步骤（图7-1）。

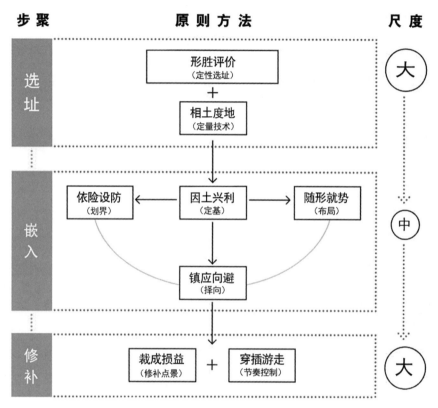

图7-1 紧密结合自然的规划设计逻辑与原则

（1）选址——"形胜评价"，指主要基于对自然山水格局的形态观察和经验认知而评价一地作为城市选址之性能。这一理论起源较早，南宋以降、特别至明清时期逐渐形成一套相对固定的评价模式和表述方式。各地方志中的"形胜／形势"篇记录了当地应用此理论方法指导城市选址实践的普遍情况。就永州地区而言，"形胜评价"理论指导下的城市选址主要表现出三个共性特征：一是"水抱"，即城市选址于二水交汇处之凸岸；二是"山环"，即城市选址后以高山为屏、周有横岭环绕；三是"高阜为基"，即作为城市中心的治署往往择选址范围中之高阜而定基。永州地区有些府县城址系在明代以前选定，但在明清时期发生了根据上述理论调整或重塑其"山水格局"的状况（如道州、宁远等）。

（2）相地——"相土尝水"，指通过特定技术手段详细考察基地的日照、地形、水文、土壤、植被等指标，以确定最终选址。这一步骤通常发生于前述"形胜评价"之后，是对已经产生的一定选址范围或若干备选基址的具体评价或比较，相当于定性选址基础上的定量评价。古代文献中对"观泉流法"、"观草木法"、"察土质法"等有颇为详细的记载。永州地区的东安县城于北宋雍熙年间采用"称土法"最终确定了城市选址，则提供了一个相土尝水选址的实例。

（3）定基——"因土兴利"，指在城市选址范围大致确定后，往往先以平原中的高阜或山麓地带为起点开始整个城市的规划建设。地方城市的基点，府县治署，总是最先占据这些高阜或山麓地段，学宫文庙及其他重要祠庙也常选址于此。这些地段可谓地方城市人居环境的"生长点"，也往往获得持续的开发与更新。

（4）划界——"依险设防"，指充分利用选址范围内的天然山水要素而确立城池边界。这一原则和方法尤其对古代地方城市的安全防御、快速建设、和节约成本具有重要现实意义。在永州这样多山、多水的丘陵地区，"因山为城"、"凭溪为阻"是最常见的具体手段。有意识地选择能形成环护、甚至能直接限定城市空间边界的自然山水要素，也是城市选址阶段"山水体察"的目标和重点之一。永州府城和新田县城就是应用这一原则进行选址划界的典型案例。

（5）布局——"随形就势"，指依据城市选址范围内的自然地形和山水特征进行城市的功能布置与空间布局，包括：城池形态、道路格局、城门位置、功能分区、主要公建分布等。在永州地区，城市的空间布局主要受到河流形态和地形等高线的影响。这种充分利用自然山水条件而形成城市功能及空间布局的原则和方法在我国广大南方地区都十分普遍。

（6）择向——"镇应向避"，指以城市中尺度自然边界上的特定山水标志物为依据，而确立城市及主要建筑的"朝向"，或对城市与这些山水标志物的空间关系进行特别控制。在永州地区及广大南方地区，以山水标志物确立空间轴线的择向原则，常常优先于依据天文或地磁子午线的择向原则。根据人工要素对山水标志物的空间关联需求，具体又有"镇""应""向""避／对"四种具体规划设计手法。在永州地区，这些被精心选择的山水标志物大多位于一个距府县城市10～15里的"环状地带"。从形态上说，它们是城市层层"山水环护格局"中的最近一个层次。从功能上说，这一层次限定出一个山环水抱、宜居宜舍的人居环境基本空间范围——即能满足城市的生产、生活、防御、抗灾等基本需求和居住、农耕、祭祀、贸易、文教、游憩等日常功能的"最小空间范围"。这些作为城市轴线对景的山水标志物，也常常被开发为近城风景区。

（7）修补——"裁成损益"，指以人工建设修补自然山水形势，使其达到更符合人类理想的状态。在地方城市中，楼阁、高塔是最常见的人工补势建筑，用以实现如镇水口、兴文风等世俗目的。关于补势建筑的选址定位、形态设计等，均有十分成熟的理论方法和文献记载。这些补势建筑往往形成地方城市内外极富特色的标志性景观，是中国古代追求"参赞天地之化育"、人工与自然融合的典型代表。在永州地区，至今仍有 7 座明清时期的补势古塔及其山水格局完好地保存下来。

（8）节奏——"穿插游走"，指对城市内外不同空间层次上人工环境与自然环境的比例和节奏有所控制。这一原则涉及不同空间层次间人工与自然环境的渗透，强调人在其间的动态空间感受。

此外应当指出，这一套紧密结合自然的城市规划设计理论与方法也有其特定的作用层次——即在区域性城镇空间格局基本确定的基础上，主要处理中观尺度上人工环境与自然环境的空间关系。以永州地区为例，地区性的分县格局在唐宋时期已初步形成，而部分城市在明代前中期又发生了遵循上述规划设计理论的选址变动和重新规划，反映出城市对其与中观尺度自然环境关系的再调整。

7.2 "郊野胜地"开发的规划设计理论与方法

城墙之外的"郊野地带"是地方城市人居环境的有机组成部分。作为从城市核心空间向荒野自然的过渡地带，郊野自然中容纳着特定类型的人居功能和专门场所，也形成了专门解决郊野自然中人居开发的规划设计理论与方法，如"郊野胜地"、"地方八景"等理论。

地方城市"郊野自然"中的非生产性人居功能主要包括"祀"、"修"、"学"、"居"、"游"五种，其相关活动分别主要发生在坛壝、寺观、书院、别业、风景地等专门场所中。这些场所的选址规划各有其规律，总体上又呈现一定的共性和关联。空间层面，它们常常集中布置，偏爱选址于城市近郊、风景佳美、交通便捷的地段。时间层面，城市郊野自然中往往以寺观、别业的选址建设最早，逐渐增加书院、坛庙等功能场所，其间伴随着风景的发掘和风景地的建设。

地方城市郊野自然的人居开发中，普遍存在着"郊野胜地"的规划理念。"郊野胜地"，指城市近郊那些自然山水条件突出、交通便捷、功能综合、历史上长期开发、持续更新的地段。它们往往最终形成以文教／祭祀为主的综合型自然人文风景区，并成为当地的代表性人居景观。"郊野胜地"的规划开发常见两种模式，可概括为"因人而重"模式和"因地而重"模式。前者始于某位历史名人对该地段的发掘，后续开发仍主要围绕对这位故人的纪念、追思、弘扬而展开——"人"是此类郊野胜地规划形成的线索。后者缘起于不同时期、不同群体被同一地段共同吸引而叠加的开发——"景"是此类郊野胜地规划形成的主题。明清时期，地方城市中还存在对"郊野胜地"统筹布局的作法，即依托各地段的资源优势精准定位、错位发展。永州地区宁远县城四郊"郊野胜地"的总体规划即属此例。

南宋以降尤其明清时期，地方城市中出现以总结"地方八景"为主要形式的城市风景体系规划。"地方八景"在内容筛选、空间分布、类型比例等方面都遵循一定法则，反映出规划者对城市风景体系的有意控制。此外，"八景"形式也起到促进地方风景发掘与更新、保护传承自然人文古迹的作用。

7.3 "道德之境"建构的规划设计理论与方法

古代地方城市营建中总是有意识地对社会共识的道德观念、行为准则与文化精神进行表达，形成了地方城市的"道德之境"。"道德之境"旨在辅助地方社会的道德教化。其主动建构，一方面源于古代人居理想的主观表达；另一方面则是地方政治治理、社会教化、文化传播乃至民族融合的客观需要。唐宋以来，地方城市"道德之境"的规划设计逐渐形成一个层次丰富、要素众多、结构清晰的完整体系。

"道德之境"的作用机制主要包含三个层次。第一层次是为各种类型的道德教化活动提供功能性的空间场所。这些场所主要包括分属于5个功能层次的12种场所类型：即属于"行为规范"层次的（1）城池，（2）城门，（3）谯楼；属于"道德宣教"层次的（4）学宫，（5）治署前广场；属于"旌表纪念"层次的

（6）申明旌善亭，（7）牌坊，（8）教化性祠；属于"信仰保障"层次的（9）社稷、山川、邑厉三坛，（10）城隍庙，（11）其他官方神庙；和属于"慈善救济"层次的（12）养济院、育婴堂、漏泽园等。这些功能场所在地方城市中的规划布局与具体设计是"道德之境"规划设计的首要任务。以永州地区为例，这些场所的规划设计表现出以下规律：

(1) 城池规模与城市的行政等级有明显关联。城池形态主要受自然山水要素限定。

(2) 城门设置以东、西、南、北四向为基准，滨河界面常有增辟。

(3) 谯楼位于府县治署头门前，是城内的建筑制高点和标志物。

(4) 学宫文庙选址偏爱高阜或山麓，尤喜天然水形"环合如泮宫形"者。天然不得，则以人工泮池补足。学宫多以自然文笔峰为朝向，与城内外的其他文教建筑共同形成以学宫为中心、文塔—文阁—奎楼环绕的"大文教环境"。

(5) 治署前广场是经过专门设计的公共宣教场所，由特定空间要素组成，有明确限定边界，以谯楼建筑为中心，以匾额、书额文字等直抒道德意义。

(6) 申明旌善亭位于治署前广场的中心位置，在形态、高度上有特殊设计。

(7) 牌坊主要规划布置于城内外的主要公共广场、十字路口、城门内外、桥渡两端等人流密集的公共地段，借助文字传播道德精神。

(8) 教化性祠或依托道德典范的故居、故迹建立，或与文教建筑相结合建设，有时也集中规划。

(9) 社稷、山川、邑厉三坛按明初规制应布置于地方城市郊外的特定方位，但现实中未必严格遵行。

(10) 城隍庙常位于城市中心，靠近治署。具体规划设计参照治署。

(11) 其他保障性官方坛庙多靠近与之相关联的官署布置。

(12) 养济院、育婴堂、漏泽园多布置于地方城市的近郊地带。

"道德之境"作用机制的第二层次是其整体空间秩序与结构，即上述12项场所要素在整体布局中遵循的空间逻辑。其空间秩序本身也具有传播道德精神、辅助道德教化的作用。"道德之境"的空间结构并不存在一个"终极理想蓝图"，而是通过一系列空间组织逻辑来实现，包括：中心定基、朝对轴线、高下控制、方位布局、重复强调、组合叠加等六种主要方式。

"道德之境"作用机制的第三个层次是"文字环境"，主要包括城门匾额、牌坊书额、风景题刻三种类型。这一以"文字"为主体的物质环境，更加直白、高效、持续地发挥着道德宣教作用。作为"文字"之物质支撑的建筑和设施（如城门、牌坊、碑刻），其规划布局决定了"文字"出现的位置、形态、强度和频率。

7.4 地方城市规划设计实践的"三个传统"

地方城市的规划设计实践主要由中央及地方官吏、地方士绅、地理先生、民间工匠、僧道、文人等多个群体共同参与。其中发挥主要作用者可概括为三种机制，或称"三个传统"：一是由中央政府或相关部门颁布的控制或引导地方府县城市规划设计的法令与规制，可称为"官方传统"。二是民间普遍流行的规划设计理论与技艺，可称为"民间传统"。其中以旨在解决人工空间形态与自然地理环境关联的堪舆地理学和实际指导工程建设的营建技艺为两项最主要内容，地理先生和民间工匠分别是其参与主体。三是士人群体所创造的规划设计思想与理论，可称为"士人传统"。它们共同构成了地方城市规划设计的"三个传统"，即"官方传统"、"民间传统"和"士人传统"。

"三个传统"分别作用于地方城市规划设计的不同方面或阶段。"官方传统"主要控制和引导城池规模确定、公建配置、特定官方建筑规划设计以及官民建筑的等级禁限等方面。"民间传统"支撑着地方城市中官方无需或无法控制的、大量而基层的规划设计活动。其中，地理先生们主要参与城市及重要官方建筑的选址和前期规划设计（风水学说较为广泛地影响着基层项目的规划设计全过程）；民间工匠们主要承担着大量中小尺度项目的具体规划设计工作。士人群体广泛地参与着地方城市的规划设计实践。其中，循吏身份下的士人担任着地方城市规划设计的决策者和领导者，他们更关注公共人居环境的建设。文人身份下的士人则更多主导或参与个人化的规划设计实践，并且在规划设计的理论层面有所建树。虽然"士人传统"与前述两个传统存在一定交叠和渗透，但它更主要的作用在于对既有规划设计规制与通法的思辨和创新。如果说"官方传统"和"民间传统"主要支撑着地方城市规划设计的日常运转，那么"士人传统"则主要为规划设计带来理念的提升与方法的创新。

关于"三个传统"与两个"之境"的关系，概言之，"道德之境"的规划设计主要受到"官方传统"和"士人传统"的综合影响。"自然之境"的规划设计则主要依赖"民间传统"和"士人传统"的共同作用。循吏身份下的士人群体往往在地方城市的整个规划设计过程中发挥核心作用。

7.5 传统规划设计理论方法的当代启示

如前文所述，千百年来地方城市规划设计的大量实践积累了丰富的经验和深邃的智慧，它们对今天的地方城市规划设计实践仍有启发。以笔者浅见，至少有如下三点。

第一，认知历史城市的空间要素、结构特征及其规划设计的内在逻辑，明确当代历史城市保护的对象与目标。

古代地方城市的空间组成要素和整体空间结构皆有其基本规律。地方城市的规划设计遵循着"自然和谐"与"道德教化"的核心原则。为了实现这两方面目标，地方城市中形成了特定的空间场所、空间秩序和整体空间结构。从城市人工空间与外部自然环境的关系来看，城市中的核心空间要素，如治署、学宫等，总是与外部自然环境中的山水标志物建立起明确而有意义的空间关联。换句话说，城市的人工空间秩序通过特定的方式遵循着其所处自然环境的空间秩序。而对这种空间秩序的识别、理解、遵循、甚至发展，正是当时规划设计活动的主要任务。再从城市人工空间的内部结构来看，前文考察的12种功能场所要素正是古代地方城市物质空间的基本构成要素，也是构成城市公共空间环境的主体。这些空间要素从行为规范、道德宣教、旌表纪念、信仰保障、慈善救济的不同层次参与着道德教化的实现，虽然它们的规划设计各有其规制和逻辑，但又相互关联，共为整体。

对地方城市基本空间要素、空间结构及其背后形成机制的深度探索，将有助于我们更全面、深刻地认识地方城市的本质特征，并在历史城市的当代保护中更准确地识别保护对象、制定保护目标、展现历史价值。城市是文明的载体，也是文明的表现。对历史城市的保护，不仅仅是为了保护物质遗存本身，更是为了保护它们所见证和呈现的人类文明、思想文化，以使后人凭借这些物质证据还能理解古人的文明和创造。因此，笔者认为，对历史城市空间要素的保护不应只局限于要素本体，还应尽力保护与之存在深层结构关系的其他人工空间要素或自然山水要素，积极呈现它们之间的历史性空间关联。

第二，历史城市空间特色的根本在于因应山水的人工创造，应保护城市山水格局，塑造新时代山水城市。

纵然地方城市的规划设计千姿百态，但其本质都是在自然环境中嵌入一个人工环境、建构一套空间逻辑。自然环境，作为城市规划设计的基底和参照，从根本上决定着城市空间环境的秩序、形态与特色。从这个意义上说，地方城市规划设计的本质是"因应自然的人工创造"。抓住自然山水特征并巧妙应对而创造出人工空间特色，是规划设计的目标，也是其成功的关键。

以永州地区为例，丰富多样的自然山水条件提供了良好基础，但古人的善于捕捉、巧妙应对方成就了一个个规划设计佳例。分别位于永州南、北两端的宁远、祁阳二县，就分别抓住了"山"与"水"作为规划设计的切入点，形成了各具特色的人居环境。宁远县城位于九嶷山北麓，其境内山峦层叠、丘峰错布是显著特色，水形违背理想格局则是不利条件[①]。因此历史上宁远县城的规划设计重"山"而弱"水"——治署主轴以金印、鳌头二山为"阙"，遥指九嶷主峰三分石，形成气势宏大的城市轴线；学宫主轴朝对金印山，以之为文笔；近郊风景开发也多依托名山，地方八景中山景居多。由于水形格局欠佳，宁远县城的规划设计中较少突出水的元素，宁远也是永州八府县中唯一一个未建水口塔者。祁阳县城位于永州境内的潇湘水系下游，湘水、祁水环抱，水资源丰沛。因此历史上祁阳县城的规划设计着重处理城与"水"的关系——治署主轴垂直于湘水走向；城内外道路多平行于湘水展开；城门沿湘水和祁水增辟；学宫依托天然泮池[②]而选址布局；下游水口一带则汇集阁塔、祠庙、书院等公共建筑形成滨水"郊野胜地"。对比两个案例，虽然山水条件各异，但古人懂得扬长避短，都实现了巧妙因应的人工创造。

上述这种发现自然、因应自然、参赞自然的规划设计思维，是塑造出古代地方城市丰富形态的根本原因，也是今天应当被发掘保护的传统文化精髓，更是值得在当代城市规划设计中继续发扬的"传家法宝"。对于今天的城市规划设计而言，无论是从生态文明建设、生态安全保障、传统文化保护或城市特色塑

---

① 冷水走向为自东向西，过宁远县城后汇入潇水。这一水形格局与传统理想格局相反。
② 即莲子塘，注入祁水。

造等不同角度来看，都应该积极保护历史形成的"城市山水格局"，并抓住城市的自然山水特色。依托其历史山水格局，进一步创造当代城市的山水空间特色。以永州古城为例，笔者曾提出历史山水城市复兴的具体策略：（1）保护与呈现历史山水城市营建的"山水逻辑"；（2）应对决定性山水要素属性变迁，调整历史城区功能－空间结构；（3）建立"文化旅游发展架构"，带动历史城区文化环境建设与文化产业发展；（4）在城市设计中延续传统空间营造法则，续写山水城市特色[①]。

第三，关注城市物质空间环境对价值共识、城市文化、时代精神的表达，建构和谐美好的城市空间秩序。

古代地方城市总是着力建构一个规范社会行为、弘扬道德精神、传播价值观念的物质空间环境，其核心目标是为辅助地方社会的"道德教化"。这一人工空间环境以"道德教化"为宗旨，形成了各种空间场所要素各司其职、互补互促的城市整体空间秩序。

今天，虽然社会的核心价值不再是"道德教化"，但城市的物质空间环境仍然具有表达社会价值共识、规范与引导公众行为、传播时代文化与精神的重要作用；也具有这样做的必要性。在一定程度上，城市物质空间环境具有公共物品属性，它影响着公众的认知与行为。芬兰建筑大师伊利尔·沙里宁曾说，"让我看看你的城市，我就能说出这个城市居民在文化上追求的是什么"。美国历史学家芒福德曾指出，"城市是教育人的场所"。这些观点都说明，城市的物质空间形态具有影响社会精神的巨大力量。

中国古代地方城市的规划设计中，特别在"关联"目标与物质空间形态、建立人工空间秩序方面，积累了丰富的经验，甚至理论、方法和技术——正如前文所述"道德之境"的塑造。当古代的"道德之境"转变为今天的"文化之境"，这些经验仍可为今天的城市规划设计所借鉴。

---

① 详见：孙诗萌，［英］蒂姆·希思. 永州历史山水城市复兴的空间策略[J]. 城市设计，2016（02）：64-75.

参考文献

地方志

[1] ［明］薛刚纂修，吴廷举续修 . ［嘉靖］湖广图经志书 . 据嘉靖元年刻本影印 // 日本藏中国罕见地方志丛刊［M］. 北京：书目文献出版社，1990.

[2] ［明］虞自明，胡琏纂修 . ［洪武］永州府志（12 卷）. 洪武十六年刻本 . 国家图书馆古籍馆 . 缩微胶卷 . DJ0680.

[3] ［明］史朝富纂修 . ［隆庆］永州府志（17 卷）. 隆庆五年刻本 . 国家图书馆古籍馆 . 缩微胶卷 .

[4] ［清］刘道著修，钱邦芑纂 . ［康熙］永州府志（24 卷）. 据康熙九年刻本影印 // 日本藏中国罕见地方志丛刊［M］. 北京：书目文献出版社，1992.

[5] ［清］吕恩湛，宗绩辰纂修 . ［道光］永州府志（18 卷首 1 卷） 据清道光八年刊本影印［M］. 长沙：岳麓书社，2008.

[6] ［清］嵇有庆修，刘沛纂 . ［光绪］零陵县志［M］. 台北：成文出版社有限公司，1975.

[7] ［清］李莳修，旷敏本纂 . ［乾隆］祁阳县志（8 卷）. 据乾隆三十年刻本影印［M］. 南京：江苏古籍出版社，2002.

[8] ［清］陈玉祥修，刘希关纂 . ［同治］祁阳县志（24 卷首 1 卷）. 据清同治九年刊本影印［M］. 台北：成文出版社有限公司，1970.

[9] ［民国］李馥纂修 . ［民国］祁阳县志（11 卷）. 据民国 22 年刻本影印［M］. 南京：江苏古籍出版社，2002.

[10] ［清］黄心菊修，胡元士纂 . ［光绪］东安县志（8 卷）. 据清光绪二年刊本影印［M］. 台北：成文出版社有限公司，1975.

[11] ［明］佚名 . ［万历］道州志（仅存 12-14 卷）. 万历刻本 . 国家图书馆古籍馆 . 缩微胶卷 .

[12] ［清］李镜蓉修，许清源纂 . ［光绪］道州志（12 卷首 1 卷）. 据清光绪三年刊本影印［M］. 台北：成文出版社有限公司，1976.

[13] ［清］沈仁敷纂修 . ［康熙］宁远县志（6 卷,仅存 3-4 卷）. 康熙二十二年刻本 . 国家图书馆古籍馆 . 缩微胶卷 .

[14] ［清］曾钰纂修.［嘉庆］宁远县志（10卷）. 据清嘉庆十六年刊本影印 [M]. 台北：成文出版社有限公司，1975.

[15] ［清］张大煦修，欧阳泽闿纂.［光绪］宁远县志（8卷）. 据清光绪元年刊本影印 [M]. 台北：成文出版社有限公司，1975.

[16] ［明］刘时徽，滕元庆纂修.［清］王克逊，林调鹤补修.［万历］江华县志（4卷）. 万历二十九年刻清修本. 国家图书馆古籍馆. 缩微胶卷.

[17] ［清］刘华邦纂修. 唐为煌纂.［同治］江华县志（12卷首1卷）. 据同治九年刊本影印 [M]. 台北：成文出版社有限公司，1975.

[18] ［清］周鹤修，王缵纂.［康熙］永明县志（14卷）. 据康熙四十八年刻本影印 [M]. 南京：江苏古籍出版社，2002.

[19] ［清］万发元修，周铣诒纂.［光绪］永明县志（50卷）. 据光绪三十三年刻本影印 [M]. 南京：江苏古籍出版社，2002.

[20] ［清］黄应培等修，乐明绍等纂.［嘉庆］新田县志（10卷）. 据清嘉庆十七年刊本，民国二十九年翻印本影印 [M]. 台北：成文出版社有限公司，1975.

[21] ［宋］罗叔韶修，常棠纂. 澉水志 // 中华书局编辑部编. 宋元方志丛刊 [M]. 北京：中华书局，1990.

[22] ［宋］赵与泌修，黄岩孙纂. 仙溪志 // 中华书局编辑部编. 宋元方志丛刊 [M]. 北京：中华书局，1990.

[23] ［宋］马祖光修，周应合纂. 景定建康志 // 中华书局编辑部编. 宋元方志丛刊 [M]. 北京：中华书局，1990.

[24] 湖南省永州、冷水滩市地方志联合编纂委员会编. 零陵县志 [M]. 北京：中国社会出版社，1992.

[25] 祁阳县志编纂委员会编. 祁阳县志 [M]. 北京：社会科学文献出版社，1993.

[26] 湖南省道县县志编纂委员会编. 道县志 [M]. 北京：中国社会出版社，1994.

[27] 湖南省宁远县地方志编纂委员会编. 宁远县志 [M]. 北京：社会科学文献出版社，1993.

[28] 湖南省江华瑶族自治县志编纂委员会编. 江华瑶族自治区志 [M]. 北京：中国城市经济社会出版社，1994.

[29] 湖南省江永县志编纂委员会编. 江永县志 [M]. 北京：方志出版社，1995.

[30] 新田县志编纂委员会编. 新田县志 [M]. 北京：社会科学文献出版社，1990.

[31] 湖南省宁远县《九嶷山志》编纂委员会编著. 九嶷山志 [M]. 北京：方志出版社，2005.

[32] 桂多荪撰. 浯溪志 [M]. 长沙：湖南人民出版社，2004.

普通古籍

[33]［春秋］管仲 . 管子 [M]. 杭州：浙江人民出版社，1987.

[34]［春秋］孙武，孙膑 . 孙子兵法 孙膑兵法 [M]. 北京：中华书局，2006.

[35]［战国］商鞅 . 商君书 [M]. 北京：中华书局，2009.

[36]［战国］荀况 . 荀子 [M]. 北京：中华书局，2011.

[37]［汉］班固 . 汉书 [M]. 北京：中华书局，1962.

[38]［汉］董仲舒 . 春秋繁露 [M]. 北京：中华书局，1975.

[39]［汉］刘安 . 淮南子 [M]. 上海：上海古籍出版社，1989.

[40]［汉］许慎撰 .［清］段玉裁注 . 说文解字注（第 2 版）[M]. 上海：上海古籍出版社，1988.

[41]［魏］郦道元 . 陈桥驿译注 . 水经注 [M]. 北京：中华书局，2009.

[42]［晋］陶渊明 . 陶渊明集 [M]. 北京：中华书局，1979.

[43]［南朝宋］范晔 . 后汉书 [M]. 北京：中华书局，1965.

[44]［南朝梁］沈约 . 宋书 [M]. 北京：中华书局，1974.

[45]［北齐］魏收 . 魏书 [M]. 北京：中华书局，1974.

[46]［唐］房玄龄 . 晋书 [M]. 北京：中华书局，1974.

[47]［唐］元结 . 孙望校 . 元次山集 [M]. 北京：中华书局，1960.

[48]［唐］柳宗元 . 柳宗元集（全四册）[M]. 北京：中华书局，1979.

[49]［唐］李吉甫 . 元和郡县图志 [M]. 北京：中华书局，1983.

[50]［唐］李林甫等撰；陈仲夫点校 . 唐六典 [M]. 北京：中华书局，1992.

[51]［唐］长孙无忌等撰，刘俊文点校 . 唐律疏议 [M]. 北京：中华书局，1983.

[52]［五代］刘昫 . 旧唐书 [M]. 北京：中华书局，1975.

[53]［宋］欧阳修 . 新唐书 [M]. 北京：中华书局，1975.

[54]［宋］李诫 . 营造法式 [M]. 北京：中国书店，2006.

[55]［宋］乐史撰，王文楚等点校 . 太平寰宇记 [M]. 北京：中华书局，1985.

[56]［宋］王存撰，王文楚 魏嵩山等点校 . 元丰九域志 [M]. 北京：中华书局，1984.

[57]［宋］欧阳忞撰；李勇先，王小红校注 . 舆地广记 [M]. 成都：四川大学出版社，2003.

[58]［宋］祝穆撰，祝洙增订，施和金点胶 . 方舆胜览 [M]. 北京：中华书局，2003.

[59]［宋］王象之著，李先勇先校点 . 舆地纪胜 [M]. 成都：四川大学出版社，2005.

[60]［元］脱脱 . 宋史 [M]. 北京：中华书局，1975.

[61] 怀效锋点校 . 大明律 [M]. 北京：法律出版社，1999.

[62]［清］张廷玉 . 明史 [M]. 北京：中华书局，1984.

[63] ［清］阮元校刻．十三经注疏：附校勘记 [M]．北京：中华书局，1980.

[64] ［清］张玉书等编撰；王引之等校订．（王引之校改本）康熙字典 [M]．上海：上海古籍出版社，1996.

[65] ［魏］管骆．管氏地理指蒙．

[66] ［晋］郭璞．葬书．

[67] ［唐］卜则巍 著；顾乃德 集；［明］徐之镆 重编删补；陈孙贤 重繡梓行．雪心赋（重镌官板地理天机会元正篇体用括要）．

[68] ［明］徐善继 徐善述．地理人子须知 [M]．北京：世界知识出版社，2011.

[69] ［清］高见南．相宅经纂（道光甲辰刊本）[M]．味根草堂藏板．

[70] ［清］吴鼎．阳宅撮要．

[71] ［清］姚廷銮．阴阳二宅全书．

[72] 闻人军译注．考工记译注 [M]．上海：上海古籍出版社，2004.

[73] 骈宇骞．银雀山汉简文字编 [M]．北京：文物出版社，2001.

[74] 天一阁博物馆，中国社会科学院历史研究所天圣令整理课题组校证．天一阁藏明抄本天圣令校证：附唐令复原研究 [M]．北京：中华书局，2006.

今人专著

[75] 吴良镛．广义建筑学 [M]．北京：清华大学出版社，1989.

[76] 吴良镛．人居环境科学导论 [M]．北京：中国建筑工业出版社，2001.

[77] 吴良镛．中国建筑与城市文化 [M]．北京：昆仑出版社，2009.

[78] 梁思成．中国建筑史 [M]．天津：百花文艺出版社，1998.

[79] 梁思成．梁思成全集 [M]．北京：中国建筑工业出版社，2001-2007.

[80] 刘敦桢．中国古代建筑史 [M]．北京：中国建筑工业出版社，1980.

[81] 傅熹年．中国古代建筑史（第二卷）[M]．北京：中国建筑工业出版社，2001.

[82] 郭黛姮．中国古代建筑史（第三卷）[M]．北京：中国建筑工业出版社，2003.

[83] 贺业钜．考工记营国制度研究 [M]．北京：中国建筑工业出版社，1985.

[84] 贺业钜．中国古代城市规划史 [M]．北京：中国建筑工业出版社，1996.

[85] 董鉴泓．城市规划历史与理论研究 [M]．上海：同济大学出版社，1999.

[86] 董鉴泓．中国城市建设史．第 3 版 [M]．北京：中国建筑工业出版社，2004.

[87] 郭湖生．中华古都：中国古代城市史论文集 [M]．台北：空间出版社，2003.

[88] 杨宽．中国古代都城制度史研究 [M]．上海：上海人民出版社，2003.

[89] ［美］施坚雅．中华帝国晚期的城市 [M]．北京：中华书局，2000.

[90] 汉宝德．明清建筑二论 [M]．台北：明文书局，1982.

[91] 汉宝德 . 中国建筑文化讲座 [M]. 北京：生活·读书·新知三联书店，2008.

[92] 周维权 . 中国古典园林史（第二版）[M]. 北京：清华大学出版社，2007.

[93] 汪德华 . 中国山水文化与城市规划 [M]. 南京：东南大学出版社，2002.

[94] 汪德华 . 中国城市设计文化思想 [M]. 南京：东南大学出版社，2009.

[95] 鲍世行 . 杰出科学家钱学森论山水城市与建筑科学 [M]. 北京：中国建筑工业出版社，1999.

[96] 傅礼铭 . "山水城市"研究 [M]. 武汉：湖北科学技术出版社，2004.

[97] 傅熹年 . 中国古代城市规划、建筑群布局即建筑设计方法研究 [M]. 北京：中国建筑工业出版社，2001.

[98] 傅熹年 . 傅熹年建筑史论文集 [M]. 北京：文物出版社，1998.

[99] 杨永生 . 哲匠录 [M]. 北京：中国建筑工业出版社，2004.

[100] 李允禾 . 华夏意匠：中国古典建筑设计原理分析 [M]. 香港：广角镜出版社，1982.

[101] 王世仁 . 理性与浪漫的交织：中国建筑美学论文集 [M]. 北京：中国建筑工业出版社 .1987.

[102] 侯幼彬 . 中国建筑美学 [M]. 哈尔滨：黑龙江科学技术出版社，1997.

[103] ［英］崔瑞德编 . 剑桥中国隋唐史 [M]. 北京：中国社会科学出版社，1990.

[104] ［美］牟复礼 . ［英］崔瑞德编 . 剑桥中国明代史 [M]. 北京:中国社会科学出版社，1992.

[105] 周振鹤 . 中国历代行政区划的变迁 [M]. 北京：商务印书馆，1998.

[106] 周振鹤 . 中国地方行政制度史 [M]. 上海：上海人民出版社，2005.

[107] 王天有 . 明代国家机构研究 [M]. 北京：北京大学出版社，1992.

[108] 瞿同祖 . 清代地方政府 [M]. 北京：法律出版社，2003.

[109] 张德泽 . 清代国家机关考略 [M]. 北京：中国人民大学出版社，1981.

[110] 严耕望 . 唐代交通图考 [M]. 上海：上海古籍出版社，2007.

[111] 白寿彝 . 中国交通史 [M]. 北京：商务印书馆，1993.

[112] 王子今 . 中国古代交通文化 [M]. 海口：三环出版社，1990.

[113] 钱穆 . 中国历史精神 [M]. 北京：九州出版社，2011.

[114] 钱穆 . 中华文化十二讲 [M]. 台北：联经出版事业公司，1998.

[115] 钱穆 . 中国文化史导论 [M]. 北京：九州出版社，2011.

[116] 钱穆 . 中国历史研究法 [M]. 北京：生活·读书·新知三联书店，2001.

[117] 冯友兰 . 新原道：中国哲学之精神 [M]. 北京：生活·读书·新知三联书店，2007.

[118] 罗国杰 . 中国传统道德（理论卷）[M]. 北京：中国人民大学民出版社，2012.

[119] 李承贵 . 德性源流：中国传统道德转型研究 [M]. 江西教育出版社，2004.

[120] 姚剑文 . 政权、文化与社会精英：中国传统道德维系机制及其解体与当代启示 [M].
长春：吉林人民出版社，2004.

[121] 任剑涛 . 伦理王国的构造：现代性视野中的儒家伦理政治 [M]. 北京：中国社会
科学出版社，2005.

[122] 林存光 . 儒教中国的形成：早期儒学与中国政治文化的演进 [M]. 济南：齐鲁书社，
2003.

[123] 葛兆光 . 中国思想史 [M]. 上海：复旦大学出版社，1998.

[124] 葛兆光 . 道教与中国文化 [M]. 上海：上海人民出版社，1987：37-46.

[125] ［德］W. 顾彬 . 中国文人的自然观 [M]. 上海：上海人民出版社，1990.

[126] ［日］小尾郊一 . 中国文学中所表现的自然与自然观 [M]. 上海：上海古籍出版社，
1989.

[127] ［日］小野泽精一 . 气的思想：中国自然观和人的观念的发展 [M]. 上海：上海人
民出版社，1990.

[128] 萧无陂 . 自然的观念：对老庄哲学中一个重要观念的重新考察 [M]. 长沙：湖南
人民出版社，2010.

[129] 李零 . 兵以诈立：我读《孙子》[M]. 北京：中华书局，2006.

[130] 张震泽 . 孙膑兵法校理 [M]. 北京：中华书局，1984.

[131] ［法］余莲 . 势：中国人的效力观 [M]. 北京：北京大学出版社，2009.

[132] 李零 . 中国方术续考 [M]. 北京：东方出版社，2000.

[133] 侯仁之 . 侯仁之文集 [M]. 北京：北京大学出版社，1998.

[134] 唐晓峰 . 从混沌到秩序：中国上古地理思想史论述 [M]. 北京：中华书局，2010.

[135] 唐晓峰 . 人文地理随笔 [M]. 北京：生活·读书·新知三联书店，2005.

[136] 陈正祥 . 中国文化地理 [M]. 北京：生活·读书·新知三联书店，1983.

[137] 陈正祥 . 中国地图学史 [M]. 北京：商务印书馆，1977.

[138] ［美］余定国 . 中国地图学史 [M]. 北京：北京大学出版社，2006.

[139] 萧琼瑞 . 怀乡与认同：台湾方志八景图研究 [M]. 台北：典藏艺术家庭股份有限
公司，2007.

[140] 李孝聪 . 历史城市地理 [M]. 济南：山东教育出版社，2007.

[141] 周长山 . 汉代城市研究 [M]. 北京：人民出版社，2001.

[142] 程存杰 . 唐代城市史研究初篇 [M]. 北京：中华书局 .2002.

[143] 武廷海 . 六朝建康规画 [M]. 北京：清华大学出版社，2011.

[144] 王树声 . 黄河晋陕沿岸历史城市人居环境营造研究 [M]. 北京：中国建筑工业出
版社，2009.

[145] 刘先觉，张十庆主编 . 建筑历史与理论研究文集（1997-2007）[M]. 北京：中国

建筑工业出版社，2007.

[146] ［日］妹尾达彦 . 中国城市史研究在日本 // 东南大学建筑学院 . 刘敦桢先生诞辰 110 周年纪念：暨中国建筑史学史研讨会论文集 [M] . 南京：东南大学出版社，2009：117-125.

[147] 成一农 . 古代城市形态研究方法新谈 [M] . 北京：社会科学文献出版社，2009.

[148] 成一农 . 宋、元及明代前中期城市城墙政策的演变及其原因 // 中日古代城市研究 [M] . 北京：中国社会科学出版社，2004.

[149] 单军 . 城市与建筑的地区性：一种人居环境理念的地区建筑学研究 [M] . 北京：中国建筑工业出版社，2010.

[150] 张杰 . 中国古代空间文化溯源 [M] . 北京：清华大学出版社，2012.

[151] 张钦楠 . 中国古代建筑师 [M] . 北京：生活·读书·新知三联书店，2008.

[152] 王其亨 . 风水理论研究 [M] . 天津：天津大学出版社，1992.

[153] 俞孔坚 . 理想景观探源：风水的文化意义 [M] . 北京：商务印书馆，1998.

[154] 亢亮，亢羽 . 风水与城市 [M] . 天津：百花文艺出版社，1999.

[155] 龙彬 . 风水与城市营建 [M] . 南昌：江西科学技术出版社，2005.

[156] 何晓昕 . 风水探源 [M] . 南京：东南大学出版社，1990.

[157] 王玉德 . 神秘的风水：传统相地术研究 [M] . 南宁：广西人民出版社，1991.

[158] 刘晓明 . 风水与中国社会 [M] . 南昌：江西高校出版社，1995.

[159] 刘沛林 . 理想家园：风水环境观的启迪 [M] . 上海：上海三联书店，2001.

[160] 于希贤 . 中国传统地理学 [M] . 昆明：云南教育出版社，2002.

[161] 于希贤 . 法天象地：中国古代人居环境与风水 [M] . 北京：中国电影出版社，2006.

[162] 高友谦 . 中国风水文化 [M] . 北京：团结出版社，2004.

[163] 郭彧 . 风水史话 [M] . 北京：华夏出版社，2006.

[164] 王铭铭 . 逝去的繁荣：一座老城的历史人类学考察 [M] . 杭州：浙江人民出版社，1999.

[165] ［英］李约瑟 . 中国科学技术史 [M] . 北京：科学出版社，1975.

[166] ［英］李约瑟 . 大滴定 [M] . 台北：帕米尔书店，1984.

[167] ［英］李约瑟 . 中国古代科学 [M] . 上海：上海书店出版社，2001.

[168] 吴庆洲 . 中国古代城市防洪研究 [M] . 北京：中国建筑工业出版社，1995.

[169] 郑连第 . 古代城市水利 [M] . 北京：水利电力出版社，1985.

[170] 傅熹年 . 中国科学技术史（建筑卷）[M] . 北京：科学出版社，2008.

[171] 冯立升 . 中国古代测量学史 [M] . 呼和浩特：内蒙古大学出版社，1995.

[172] 吴文俊 . 《九章算术》与刘徽 [M] . 北京：北京师范大学出版社，1982.

[173] 吴文俊 . 秦九韶与《数学九章》[M]. 北京：北京师范大学出版社，1987.

[174] 白尚恕 . 中国数学史研究：白尚恕文集 [M]. 北京：北京师范大学出版社，2008.

[175] 宋杰 .《九章算术》与汉代社会经济 [M]. 北京：首都师范大学出版社，1993.

[176] 李泽厚 . 美的历程 [M]. 天津：天津社会科学出版社，2001.

[177] 徐复观 . 中国艺术精神 [M]. 桂林：广西师范大学出版社，2007.

[178] [美] 巫鸿 . 礼仪中的美术：巫鸿中国古代美术史文编 [M]. 北京：生活·读书·新知三联书店，2005.

[179] [美] 巫鸿 . 时空中的美术：巫鸿中国古代美术史文编二集 [M]. 北京：生活·读书·新知三联书店，2009.

[180] [美] 方闻 . 心印：中国书画风格与结构分析研究 [M]. 西安：陕西人民美术出版社，2003.

[181] 蒋勋著，[元] 黄公望绘 . 富春山居图卷 [M]. 北京：新星出版社，2012.

[182] 程相占 . 中国环境美学思想研究 [M]. 郑州：河南人民出版社，2009.

[183] [日] 中野美代子 . 龙居景观：中国人的空间艺术 [M]. 兰州：宁夏人民出版社，2007.

[184] 朱汉民 . 邓洪波 . 陈和主编 . 中国书院 [M]. 上海：上海教育出版社，2002.

[185] 邓洪波 . 中国书院史 [M]. 台北：台大出版中心，2005.

[186] 朱汉民 . 中国书院文化简史 [M]. 北京：中华书局，上海古籍出版社，2010.

[187] 赵光辉 . 中国寺庙的园林环境 [M]. 北京：北京旅游出版社，1987.

[188] 段玉明 . 中国寺庙文化论 [M]. 长春：吉林教育出版社，1999.

[189] 程民生 . 神人同居的世界：中国人与中国祠神文化 [M]. 郑州：河南人民出版社，1993.

[190] 赵世瑜 . 狂欢与日常：明清以来的庙会与民间社会 [M]. 北京：生活·读书·新知三联书店，2002：51-115.

[191] 完颜绍元 . 天下衙门：公门里的日常世界与隐秘生活 [M]. 北京：中国档案出版社，2006.

[192] 郭建 . 帝国缩影：中国历史上的衙门 [M]. 上海：学林出版社，1999.

[193] 任立达 . 中国古代县衙制度史 [M]. 青岛：青岛出版社，2004.

[194] 刘敦桢 . 牌楼算例 . 刘敦桢全集（第一卷）[M]. 北京：中国建筑工业出版社，2007：129-159.

[195] 张玉舰 . 中国牌坊的故事 [M]. 济南：山东画报出版社，2011.

[196] 马欣，曹立君著 . 北京的牌楼牌坊 [M]. 北京：北京美术摄影出版社，2005.

[197] 金其桢 . 中国牌坊 [M]. 重庆：重庆出版社，2002.

[198] 桂国强 . 上海城隍庙大观 [M]. 上海：复旦大学出版社，2002.

[199] ［日］仁井田陞．唐令拾遗 [M]．东京：东京文化学院东京研究所刊，1933.

[200] ［日］仁井田陞著；栗进等编译．唐令拾遗 [M]．长春：长春出版社，1989.

[201] 黄正建．《天圣令》与唐宋制度研究 [M]．北京：中国社会科学出版社，2011.

[202] 郑显文．唐代律令制研究 [M]．北京：北京大学出版社，2004.

[203] 李玉生．唐令与中华法系研究 [M]．南京：南京师范大学出版社，2005.

[204] 汪潜编注．唐代司法制度：《唐六典》选注 [M]．北京：法律出版社，1985.

[205] 吕志兴．宋代法律体系与中华法系 [M]．成都：四川大学出版社，2009.

[206] 原瑞琴．《大明会典》研究 [M]．北京：中国社会科学出版社，2009.

[207] 瞿同祖．中国法律与中国社会 [M]．北京：中华书局，1981.

[208] 潘谷西，何建中．《营造法式》解读 [M]．南京：东南大学出版社，2005.

[209] 项隆元．《营造法式》与江南建筑 [M]．杭州：浙江大学出版社，2009.

[210] 袁行霈．陶渊明影像：文学史与绘画史之交叉研究 [M]．北京：中华书局，2009.

[211] ［日］一海知之．陶渊明·陆放翁·河上肇 [M]．北京：中华书局，2008.

[212] 尚永亮．贬谪文化与贬谪文学 [M]．兰州：兰州大学出版社，2003.

[213] 尚永亮．唐五代逐臣与贬谪文学研究 [M]．武汉：武汉大学出版社，2007.

[214] 余英时．士与中国文化 [M]．上海：上海人民艺术出版社，1987.

[215] 孙立群．中国古代的士人生活 [M]．北京：商务印书馆，2003.

[216] 孙望．元次山年谱 [M]．北京：中华书局，1962.

[217] 孙昌武．柳宗元传论 [M]．北京：人民文学出版社，1982.

[218] 孙昌武．柳宗元评传 [M]．南京：南京大学出版社，1998.

[219] 吴文治．柳宗元简论 [M]．北京：中华书局，1979.

[220] 翟满桂．一代宗师柳宗元 [M]．长沙：岳麓书社，2002.

[221] 李茵．永州旧事 [M]．北京：东方出版社，2005.

[222] 永州之野 [M]．长沙：湖南美术出版社，1985.

[223] A.E.J.Morris.History of Urban Form：Before the Industrial Revolution[M]. Prentice Hall，1996.

[224] Nacy Steinhardt.Chinese Imperial City Planning[M].Honolulu：Oniversity of Hawaii Press，1990.

[225] Lynch，Kevin.Good City Form[M].Cambridge，Mass.：MIT Press，1984.

期刊论文

[226] 吴良镛．中国传统人居环境理念对当代城市设计的启发 [J]．世界建筑．2000(1).

[227] 吴良镛．中国城市史研究的几个问题 [J]．城市发展研究，2006(2).

[228] 吴良镛 . 人居环境科学的人文思考 [J]. 城市发展研究，2003(9).

[229] 吴良镛 . 关于中国古建筑理论研究的几个问题 [J]. 建筑学报，1994(4).

[230] 吴良镛 . 从绍兴城的发展看历史上环境的创造与传统的环境观念 [J]. 城市规划，1985(2).

[231] 吴良镛 . 寻找失去的东方城市设计传统：从一幅古地图所展示的中国城市设计艺术谈起 // 建筑史论文集（第 12 辑）[M]. 北京：清华大学出版社，2000(4).

[232] 武廷海 . 中国城市史研究中的区域观念 [J]. 规划师，2000(10).

[233] 武廷海 . 从形势论看宇文恺对隋大兴城的"规画"[J]. 城市规划，2009(12).

[234] 陈薇 . 中国建筑史领域中的前导性突破：近年来中国建筑史研究评述 [J]. 华中建筑 . 1989(4):32-37.

[235] 王其亨 . 探骊折札：中国建筑传统及理论研究杂感 [J]. 建筑师，1990(7):10-19.

[236] 王建国 . 筚路蓝缕　乱中寻序：关于中国古代城市的研究方法 [J]. 建筑师，1990(7):1-9.

[237] 王贵祥 . 中西文化中自然观比较（一）[J]. 重庆建筑，2002(02).

[238] 王贵祥 . 中西文化中自然观比较（二）[J]. 重庆建筑，2002(04).

[239] 陈薇 . 天籁疑难辨　历史谁可分：90 年代中国建筑史研究谈 [J]. 建筑师，1996(4):79-82.

[240] 陈薇 . 解读地方城市 [J]. 建筑师，2001(12):44-47.

[241] 万谦 . 开放领域与专门学科：建筑史学视野中的中国城市史研究概览 [J]. 建筑师，2008(5).

[242] 阎亚宁 . 中国地方城市形态研究的新思维 [J]. 重庆建筑大学学报（社科版），2001,6(2):60-64.

[243] 成一农 . 中国古代地方城市形态研究现状评述 [J]. 中国史研究，2010(1):145-172.

[244] 成一农 . 中国古代地方城市形态研究方法新探 [J]. 上海师范大学学报：哲学社会科学版，2010,39(1):43-51.

[245] 秦建明，张在明，杨政 . 陕西发现以汉长安城为中心的西汉南北向超长建筑基线 [J]. 文物，1995(3):4-15.

[246] 潘晟 . 明代方志地图编绘意象的初步考察 [J]. 中国历史地理论丛，2005,20(4):81-87.

[247] 周长山 . 从《静江府城池图》看宋代桂林城的空间形态 // 张利民主编 . 城市史研究（第 24 辑）[M]. 天津：天津社会科学出版社，2007:18-28.

[248] 王鲁民，韦峰 . 城市历史地图中的城市意象：对安阳两幅城市历史地图的分析与解读 [J]. 建筑师，2003(2):60-66.

[249] 葛兆光 . 古舆图别解：读明代方志地图的感想三则 [J]. 中国测绘，2004(6):4-8.

[250] 吴庆洲. 中国古城选址的实践和科学思想 [J]. 新建筑，1987(3):66-69.

[251] 吴庆洲. 中国古代哲学与古城规划 [J]. 建筑学报，1995(08).

[252] 王铎，王诗鸿. "山水城市"的理论概念 [J]. 城市发展研究，2000(06).

[253] 龙彬. 中国古代山水城市营建思想的成因 [J]. 城市发展研究，2000(05).

[254] 龙彬. 中国古代城市建设的山水特质及其营造方略 [J]. 城市规划，2002(05).

[255] 龙彬. 山水文化与山水城市 [J]. 规划师，2000(05).

[256] 傅熹年. 隋唐长安、洛阳城规划手法的探讨 [J]. 文物，1995(3).

[257] 傅熹年. 中国古代院落布置手法探讨 [J]. 文物，1999(3).

[258] 傅熹年. 试论唐至明代官式建筑发展的脉络及其与地方传统的关系 [J]. 文物，1999(10).

[259] 张十庆.《营造法式》的技术源流及其与江南建筑的关联探析 // 建筑史论文集（第17辑）[M]. 北京：清华大学出版社，2003.

[260] 张杰. 中国古代建筑组合空间透视构图探析 [J]. 建筑学报，1998(4):52-56.

[261] 张杰. 清代皇家园林规划设计控制的量化研究：以圆明三园、清漪园为例 [J]. 世界建筑，2004(11):90-95.

[262] 朱剑飞. 天朝沙场：清朝故宫及北京的政治空间构成纲要 [J]. 建筑师，1997,74.

[263] 朱光亚. 中国古典园林的拓扑关系 [J]. 建筑学报，1988(8).

[264] ［法］程艾蓝（Anne CHENG）. 中国传统思想中的空间观念 // 法国汉学. 第九辑. 人居环境建设史专辑 [M]. 北京：中华书局，2004:3-11.

[265] ［法］皮埃尔·克莱芒（Pierre CLEMENT）. 中国：城市的形式与街区的形成 // 法国汉学. 第九辑. 人居环境建设史专辑 [M]. 北京：中华书局，2004:13-38.

[266] 陆元鼎. 中国传统建筑构图的特征、比例与稳定 [J]. 建筑学报，1991.

[267] 杨宇振. 图像内外：中国古代城市地图初探 [J]. 城市规划学刊，2008.2(174):83-92.

[268] 郑孝燮. 中国中小古城布局的历史风格 [J]. 建筑学报，1985(12).

[269] 宿白. 隋唐城址类型初探（提纲）// 纪念北京大学考古专业三十周年论文集 [M]. 北京：文物出版社，1990.

[270] 沈康身. 我国古代测量技术的成就 [J]. 科学史集刊（第八期），1965.

[271] 罗哲文. 古塔撷谈 [J]. 文物，1982(03).

[272] 萧红颜. 谯楼考 [J]. 建筑师，2003(02):77-84.

[273] 张晓旭. 中国孔庙研究专辑 [J]. 南方文物，2002(4).

[274] 庞洪. 文庙学宫历史文化初探 [J]. 文物世界，2011(2).

[275] 张亚祥. 泮池考论 [J]. 孔子研究，1998(1):121-123.

[276] 张亚祥，刘磊．泮池考论 [J]．古建园林技术，2001(3)：36-39.

[277] 沈旸．泮池：庙学理水的意义及表现形式 [J]．中国园林，2010(09)：59-62.

[278] 高柯立．宋代粉壁考述：以官府诏令的传布为中心 [J]．文史，2004(1)：126-135.

[279] 张佳．彰善瘅恶，树之风声：明代前期基层教化系统中的申明亭和旌善亭 [J]．中华文史论丛，2010，4(100)：244-274.

[280] 申万里．元代的粉壁及其社会职能 [J]．中国史研究，2008(01)：99-110.

[281] 刘志松．高茜．明初申明亭考论 [J]．天津社会科学，2008(03)：140-142.

[282] 曹国媛．曾克明．中国古代衙署建筑中权力的空间运作 [J]．广州大学学报（自然科学版），2006(01)：90-94.

[283] 张映莹．秦汉时期营造类官署及官员的设置 [J]．古建园林技术，2001(3).

[284] 牛来颖．《营缮令》与少府将作营缮诸司职掌 [J]．中国社会科学院院报．2006.11.9．第003版．

[285] 文超祥，黄天其．中国古代城市建设法律制度初探 [J]．规划师，2002,18(5).

[286] 文超祥．传统城市规划法律制度的发展回顾 [J]．城市规划学刊，2009(2).

[287] 周九宜．对长沙马王堆西汉墓出土古地图中泠道、□道、春陵等城址的考证 [J]．零陵师专学报，1996(5).

[288] 王田葵．零陵古城记：解读我们心中的舜陵城 [J]．湖南科技学院学报，2006(10).

[289] 韩开琪．江华寒亭暖谷的摩崖石刻 [J]．档案时空，2007(9).

[290] 孙诗萌．中国古代文人的人居环境设计思想初探：以柳宗元永州实践为例 // 城市与区域规划研究 [M]．北京：商务印书馆，2012：204-223.

学位论文

[291] 成一农．唐末至明中叶中国地方建制城市形态研究 [D]．北京：北京大学，2003.

[292] 李菁．明代南直隶地方城防与行政建筑研究 [D]．北京：清华大学，2011.

[293] 沈旸．中国古代城市孔庙研究 [D]．南京：东南大学，2009.

[294] 彭荣．中国孔庙研究初探 [D]．北京：北京林业大学，2008.

[295] 舒印超．永州古城保护与规划发展研究 [D]．北京：清华大学，2010.

[296] 程彩霞．明清更鼓制度初探 [D]．厦门：厦门大学，2009.

[297] 耿欣．"八景"文化的景象表现与比较 [D]．北京：清华大学，2006.

[298] 杨柳．风水思想与古代山水城市营建研究 [D]．重庆：重庆大学，2005.

[299] 肖爱玲．西汉城市地理研究 [D]．西安：陕西师范大学，2006.

地图册集

[300] 陈述彭 黄剑书编辑，中国科学院地理研究所编制. 中国地势图 /1:4,000,000[M]. 北京：科学出版社，1958.

[301] 中国科学院地理研究所编制. 中国陆地卫星假彩色影象图集 /1:500,000 第二册 [M]. 北京：科学出版社，1983.

[302] 谭其骧主编. 中国历史地图集（八册）[M]. 北京：地图出版社，1982.

[303] 湖南省地图集编纂委员会编. 湖南省地图集 [M]. 长沙：湖南地图出版社，2000.

后记

本书脱胎于笔者2013年完成的博士论文《传统地方人居环境规划设计研究：以永州地区为例》。该论文由吴良镛先生指导，是先生主持之《中国人居史》框架下、专门探讨地方城市规划设计的专题研究成果。毕业后，笔者先后赴我国台湾地区和英国等地访学，回国后又立即投入其他地方城市的研究工作，论文出版遂一度搁置。好在先生时常提醒与鼓励。今年初，幸得空，重拾旧作。重以《自然与道德：古代永州地区城市规划设计研究》为题付梓。

本书得以出版，首先要感谢良镛师的教导与鼓励。先生的人居思想博大精深、融贯古今，领我步入人居的广阔天地。先生对中国传统规划设计的执着探索，指引我前行的方向。先生坚毅之态度、乐观之精神，更是我学术人生的永远榜样。没有先生的传道解惑，不会有本书的写就，也不会有学生对继续探索发扬中国人居传统的笃定。谨以本书，向先生致以最诚挚的感谢与敬意！

同时，要感谢永州市、县领导及专家对本书资料搜集、实地调研的关心与帮助。零陵区史志办黎忠广主任为本研究提供了丰富的地方志资料，并多次陪同笔者深入区县调研。他见证着本书从无到有的整个过程，也提供了许多宝贵建议。永州市委常委、秘书长颜海林，市政府副市长严兴德，零陵区委书记唐烨，零陵区委副书记盘志元，道县人民政府副县长彭德源，道县史志办主任李世荣，江华瑶族自治县政府县长龙飞凤，江华县档案局长韩开骐，江华县规划建设局长伍冠玲，宁远县方志办主任张介立，新田县史志办主任王兴利，祁阳县史志办主任张平，浯溪文物管理处主任张政卿，湖南科技学院杨金砖、张京华教授等，纷纷在笔者调研及研究期间给予热情的接待和充分的支持。在此对他们的帮助表示衷心的感谢！

此外，感谢武廷海、王树声两位教授在本书写作过程中给予的思想上及资料上的无私帮助。能时常聆听武教授对中华历史地理之高见、王教授对传统人居文化之妙悟，实为人居史研究之余的最大乐事。感谢贺从容、张悦、黄鹤等教授在研究陷入困境时的指点迷津。感谢吴唯佳、毛其智、左川、单军、赵万民诸教授对本书的评议与建议。感谢白颖、陈宇琳、李孟颖、商谦、袁琳、周政旭、郭璐等同窗好友相伴，平日里的切磋探讨亦促进了本书的思考。

还要感谢中国建筑工业出版社的徐晓飞主任、张明编辑为本书的辛勤付出。感谢国家自然科学基金、科技部十三五国家重点研发计划、中国博士后科学基金等对本研究的资助。

最后，感谢父母及家人的理解与支持。父亲"行万里路"的宽广豪迈引领着我的志趣；母亲"读万卷书"的严谨执着培养着我的坚持。他们是论文每一稿的忠实读者，也是我人生每一步的忠实观众。

2013年，永州市启动申报国家历史文化名城工作。笔者作为申报专家组成员积极参与了相关准备工作，并将本研究的所有成果贡献于地方申报工作。2016年12月，经国务院批准，永州市成为我国第131座国家历史文化名城。能使个人的研究成果裨益于地方发展，对笔者而言是莫大之欣慰。希望拥有"名城"称号的永州，不负历史，长久传承。

谨以本书，献给学术路上的每一位同行者。